高职高专"十三五"规划教材

辽宁省职业教育改革发展示范校建设成果

U0212075

化工设备维护与维修

陈星 主编 张慧 杨姝 副主编

 化学工业出版社

·北京·

本书是为了满足高等职业教育培养高技能人才的目标，以"工学结合"为出发点，以德国项目化教学法为依托，结合化工装备技术专业课程体系改革而编写的。全书共五个项目。选取了化工设备维修、维护与安装的典型项目，主要包括化工管道的维护与维修、换热器的安装与维修、塔设备的安装与维修、反应器的安装与维修、储罐的安装与维修等。在每个项目中，提供了相应的子项目及项目实施的方案，充分考虑院校的实训条件，具备可操作性。在内容上介绍了维修知识、安装知识、日常维护知识等实用性较强的知识，其间穿插了常用维修及安装机器的选择与使用及其安全内容。书中涉及的材料主要来源于化工设备安装检修的国家标准、行业标准及规范等。

本书项目实施的方案借鉴了德国"双元制"教育中的项目化教学法，按照信息与导入、计划、决策、实施、检查、评估与优化的六步骤进行，并考虑了工作质量、工作安全及环境保护。

本书力求做到内容精炼、深入浅出，是高职院校化工装备技术等专业项目化教学教材，也可作为企业操作工人自学用书。

图书在版编目（CIP）数据

化工设备维护与维修/陈星主编. —北京：化学工业
出版社，2018.12（2024.11重印）
高职高专"十三五"规划教材
ISBN 978-7-122-33149-6

Ⅰ.①化⋯　Ⅱ.①陈⋯　Ⅲ.①化工设备-维修-高等
职业教育-教材　Ⅳ.①TQ050.7

中国版本图书馆 CIP 数据核字（2018）第 230746 号

责任编辑：王海燕　满悦芝　　　　　　　　　　装帧设计：刘丽华
责任校对：杜杏然

出版发行：化学工业出版社（北京市东城区青年湖南街 13 号　邮政编码 100011）
印　　装：北京虎彩文化传播有限公司
787mm×1092mm　1/16　印张 13¼　字数 307 千字　　2024 年 11 月北京第 1 版第 7 次印刷

购书咨询：010-64518888　　售后服务：010-64518899
网　　址：http://www.cip.com.cn
凡购买本书，如有缺损质量问题，本社销售中心负责调换。

序

世界职业教育发展的经验和我国职业教育的历程都表明，职业教育是提高国家核心竞争力的要素之一。近年来，我国高等职业教育发展迅猛，成为我国高等教育的重要组成部分。《国务院关于加快发展现代职业教育的决定》、教育部《关于全面提高高等职业教育教学质量的若干意见》中都明确要大力发展职业教育，并指出职业教育要以服务发展为宗旨，以促进就业为导向，积极推进教育教学改革，通过课程、教材、教学模式和评价方式的创新，促进人才培养质量的提高。

盘锦职业技术学院依托于省示范校建设，近几年大力推进以能力为本位的项目化课程改革，教学中以学生为主体，以教师为主导，以典型工作任务为载体，对接德国双元制职业教育培训的国际轨道，教学内容和教学方法以及课程建设的思路都发生了很大的变化。因此开发一套满足现代职业教育教学改革需要、适应现代高职院校学生特点的项目化课程教材迫在眉睫。

为此学院成立专门机构，组成课程教材开发小组。教材开发小组实行项目管理，经过企业走访与市场调研、校企合作制定人才培养方案及课程计划、校企合作制定课程标准、自编讲义、试运行、后期修改完善等一系列环节，通过两年多的努力，顺利完成了四个专业类别20本教材的编写工作。其中，职业文化与创新类教材4本，化工类教材5本，石油类教材6本，财经类教材5本。本套教材内容涵盖较广，充分体现了现代高职院校的教学改革思路，充分考虑了高职院校现有教学资源、企业需求和学生的实际情况。

职业文化类教材突出职业文化实践育人建设项目成果；旨在推动校园文化与企业文化的有机结合，实现产教深度融合、校企紧密合作。教师在深入企业调研的基础上，与合作企业专家共同围绕工作过程系统化的理论原则，按照项目化课程设计教材内容，力图满足学生职业核心能力和职业迁移能力提升的需要。

化工类教材在项目化教学改革背景下，采用德国双元培育的教学理念，通过对化工企业的工作岗位及典型工作任务的调研、分析，将真实的工作任务转化为学习任务，建立基于工作过程系统化的项目化课程内容，以"工学结合"为出发点，根据实训环境模拟工作情境，尽量采用图表、图片等形式展示，对技能和技术理论做全面分析，力图体现实用性、综合性、典型性和先进性的特色。

石油类教材涵盖了石油钻探、油气层评价、油气井生产、维修和石油设备操作使用等领域，拓展发展项目化教学与情境教学，以利于提高学生学习的积极性、改善课堂教学效果，对高职石油类特色教材的建设做出积极探索。

财经类教材采用理实一体的教学设计模式，具有实战性；融合了国家全新的财经法律法规，具有前瞻性；注重了与其他课程之间的联系与区别，具有逻辑性；内容精准、图文并茂、通俗易懂，具有可读性。

在此，衷心感谢为本套教材策划、编写、出版付出辛勤劳动的广大教师、相关企业人员以及化学工业出版社的编辑们。尽管我们对教材的编写怀抱敬畏之心，坚持一丝不苟的专业态度，但囿于自己的水平和能力，不当和疏漏之处在所难免。敬请学界同仁和读者不吝指正。

周铭

盘锦职业技术学院　院长

2018 年 9 月

前　言

本书是为了满足高等职业教育培养高技能人才的目标，以"工学结合"为出发点，以德国项目化教学法为依托，结合化工装备技术专业课程体系改革编写的。本书从就业的工作岗位及典型的工作任务出发，分析学生应具备的能力、知识和素质，将真实的工作任务转化为学习任务，有针对性地选择内容。在学术研究上，引入了最新的国家标准和行业标准规范，使知识点准确和明确。在内容上，偏重于实际操作，尽量做到通俗易懂，便于职业院校学生和企业操作工人阅读。

本书主要介绍常用化工设备的维修、维护与安装。按照项目化教学改革的思路，选取化工设备维修维护与安装的典型项目，主要包括化工管道的维护与维修、换热器的安装与维修、塔设备的安装与维修、反应器的安装与维修、储罐的安装与维修。在每个项目的执行过程中，选取具备可执行性的子项目。为了保证项目的顺利实施，本书介绍了实用性较强的相关知识，包含维修知识、安装知识、日常维护知识等，其间穿插了常用维修及安装机器的选择与使用知识。同时介绍了项目实施的方案，方案充分考虑院校的实训条件，更具备可操作性。在编写过程中引入了化工管道和储罐的内容，这两项在实际生产中的维修量越来越大，因此进行说明和介绍。内容主要来源于化工设备安装检修的国家标准和规范、石油化工行业规范、化工检修钳工国家职业标准、化工厂机械维修手册等。

本书的特点还在于项目实施的方案借鉴了德国"双元制"教育中的项目化教学法，按照信息与导入、计划、决策、实施、检查、评估与优化的六个步骤进行，充分调动学生的积极性，参与项目。为此，本书提供的知识是围绕项目实施的内容，并考虑了工作质量、工作安全及环境保护。

在编写过程中，我们力求做到内容精炼、深入浅出，便于教学和学生自学。

本书共分五个项目，由陈星主编，张慧、杨姝副主编，张郡浉、彭勇参加编写。盘锦职业技术学院副院长李辉主审。李辉、魏翠娥参与了编写提纲的审定、教材的审稿。本书由张慧编写项目四，杨姝、张郡浉编写项目五，彭勇编写附录部分，其余部分由陈星编写，全书由陈星统稿。书中不妥之处，恳请各位读者予以批评指正。

编者
2018 年 6 月

目　　录

绪 论

化工生产是以流程性物料（气体、液体、粉体）为原料，以化学处理和物理处理为手段，以获得设计规定的产品为目的的工业生产。化工生产过程与化工机械装备密切相关。化工机械是化工生产得以进行的外部条件。如介质的化学反应，由反应器提供符合反应条件要求的空间；质量传递通常在塔设备中完成；热量传递一般在换热器中进行；能量转换由泵、压缩机等装置承担。近年来，随着化工机械技术的发展和进步，促进了新工艺的诞生和实施，促进了化工工艺过程的发展。

化工机械通常可分为化工设备和化工机器两大类。化工设备指静设备，如塔器、换热器、各类储罐等；化工机器指动设备，如各种泵、压缩机等。这些机械在使用中的状态，直接影响到化工生产能否顺利进行，因此，机械设备的安装与维护保养工作就显得尤为重要。本书主要介绍化工设备的维护与维修。

一、化工生产的特点

与其他工业生产相比，化工生产具有其自身的特点。

1. 生产连续性强

由于化工生产所处理的大多是气体、液体和粉体，便于输送和控制，处理过程如传质、传热、化学反应可连续进行，生产过程大都在管道和容器内连续进行，因此化工生产过程一般采用连续的工艺流程。

2. 生产条件苛刻

① 易燃、易爆和有毒、有腐蚀性的物质多。我国经常使用和生产的化工物品（包括产品、原材料和中间产物）大约有两万多种，其中70%以上的化学物品属于易燃、易爆、有毒和有腐蚀性的化学危险品，这些介质一旦泄漏，就会造成环境的污染，甚至发生火

灾、爆炸、中毒或烧（灼）伤等事故。

② 高温、高压、低温、负压的设备多。根据不同的工艺条件要求，介质的温度和压力各不相同。介质的温度从深冷到高温，压力从真空到数百兆帕。多数化工生产过程都离不开高温、高压、低温、负压等，所使用的设备50％以上属于压力容器。

③ 工艺复杂、操作要求严格。化工生产过程按作用原理可分为质量传递、热量传递、能量传递和化学反应等若干类型，同一类型中的功能原理也多种多样，所使用化工设备的用途、操作条件、结构形式也千差万别。此外，化工产品的生产还具有工序繁多、连续性强的特点，每个工序或操作单元包含有许多特殊要求的设备和仪表，对操作的要求十分严格，在操作上微小的失误，就有可能导致不幸事故的发生。

④ "三废"多、污染严重。化工生产的过程总是伴随着废气、废水、固体废物的不断产生，如果处理不及时，或者没有进行处理，不但对环境造成污染，也存在许多潜在的不安全因素，会危害人体健康或引起中毒、着火、爆炸等灾害性事故。

⑤ 生产的技术含量高。现代化工生产既包含了先进的生产工艺，又需要先进的生产设备，还离不开先进的控制与检测手段。因此，生产技术含量要求高。并呈现出学科综合，专业复合，化、机、电一体化的发展态势。

二、化工生产对化工设备的基本要求

1. 安全性能要求

（1）足够的强度　材料强度是指载荷作用下材料抵抗永久变形和断裂的能力。屈服点和抗拉强度是钢材常用的强度指标。化工设备是由材料制造而成的，其安全性与材料的强度紧密相关。在相同的设计条件下，提高材料强度，可以增大许用应力，减薄化工设备的壁厚，减轻重量、便于制造、运输和安装，从而降低成本，提高综合经济性。对于大型化工设备，采用高强度材料的效果尤为显著。

（2）良好的韧性　韧性是指材料断裂前吸收变形能量的能力。由于原材料制造（特别是焊接）和使用（如疲劳、应力腐蚀）等方面的原因，化工设备的构件常带有各种各样的缺陷，如裂纹、气孔、夹渣等。如果材料的韧性差，就可能因其本身的缺陷或在波动载荷作用下发生脆性破断。

（3）足够的刚度和抗失稳能力　刚度是化工设备在载荷作用下保持原有形状的能力。刚度不足是化工设备过度变形的主要原因之一。例如，螺栓、法兰和垫片组成的连接结构，若法兰因刚度不足而发生过度变形，将导致密封失效而泄漏。

（4）良好的抗腐蚀性　过程设备的介质往往是腐蚀性强的酸、碱、盐。材料被腐蚀后，不仅会导致壁厚减薄，而且有可能导致组织和性能的改变。因此，材料必须具有较强的耐腐蚀性能。

（5）可靠的密封性　密封性是指化工设备防止介质泄漏的能力。由于化工生产中的介质往往具有危害性，若发生泄漏不仅有可能造成环境污染，还可能引起中毒、燃烧和爆炸。因此密封的可靠性是化工设备安全运行的必要条件。

2. 工艺性能要求

（1）达到工艺指标　化工设备都有一定的工艺指标要求，以满足生产的需要。如储罐的储存量、换热器的传热量、反应器的反应速率、塔设备的传质效率等。工艺指标达不到要求，将影响整个过程的生产效率，造成经济损失。

（2）生产效率高、消耗低　化工设备的生产效率用单位时间内单位体积（或面积）所完成的生产任务来衡量。如换热器在单位时间单位传热面积的传热量、反应器在单位时间单位容积的产品数量等。消耗是指生产单位质量或体积产品所需要的资源（如原料、燃料、电能等）。设计时应从工艺、结构等方面来考虑提高化工设备的生产效率和降低消耗。

3. 使用性能要求

（1）结构合理、制造简单　化工设备的结构要紧凑、设计要合理、材料利用率要高。制造方法要有利于实现机械化、自动化。有利于成批生产，以降低生产成本。

（2）运输与安装要方便　化工设备一般由机械制造厂生产，再运至使用单位安装。对于中小型设备运输安装一般比较方便，但对于大型设备，应考虑运输的可行性，如运载工具的能力、空间大小、码头深度、桥梁与路面的承载能力、吊装设备的吨位等。对于特大型设备或有特殊要求的设备，则应考虑采用现场组装的条件和方法。

（3）操作、控制、维护简便　化工设备的操作程序和方法要简单，最好能设有防止错误操作的报警装置。设备上要有测量、报警和调节装置，能检测流量、温度、压力、浓度、液位等状态参数，当操作过程中出现超温、超压和其他异常情况时，能发出警报信号，并可对操作状态进行调节。

4. 经济性能要求

在满足安全性、工业性、使用性的前提下，应尽量减少化工设备的基建投资和日常维护、操作费用，并使设备在使用期内安全运行，以获得较好的经济效益。

三、化工设备维护与检修工作内容

化工设备维修工作是化工生产中的一项很重要的工作，在化工企业中占有十分重要的地位。由于化工生产过程的连续性，化工设备需要按工艺流程依次相连，其操作条件从高温到低温，从高压到高真空，工作范围很广，所处理的物料又多具有易燃、易爆、有毒等特点。因而化工设备一旦发生故障，不但会造成整个生产系统停产，而且会引起着火、爆炸、中毒、灼伤等事故，设备事故会给生产带来重大经济损失。做好化工设备的维护检修工作，提高化工设备的使用可靠性，在经济上和安全上都是极为重要的。

对化工设备进行经常性的维护、检查和修理，是为了防患于未然，使化工设备处于良好的状态，使化工生产能持续、稳产高产、安全地进行下去。

1. 化工设备连续运行中的维护与检查

此项工作又称为日常保养，它是维护检修技术的重要组成部分。从经济效果来看，化工生产装置应尽可能做到长周期连续运转，即便是需要停车检修，也应做到合理和按计划进行。对运行中的化工设备进行维护与检查，目的在于延长设备的使用寿命，及早发现影响设备性能的因素和可能出现的缺陷或故障，并采取适当措施，尽量避免因事故造成的非计划停车，使设备经常处于完好状态，做到长周期连续安全运行。此外，做好运行中的维护与检查，还能为停车检修提供依据，使检修工作迅速，缩短停车时间。

在连续运行中对化工设备进行检查，通常又可分为防止性检查和预测性检查两种。防止性检查主要是靠人的五官感觉，随时观察设备运行情况，目的是及早发现运行中的异常现象。预测性检查主要是指有计划地对设备进行定点壁厚测定、检查污垢堆集情况和表面腐蚀情况，以及进行缺陷探伤等工作，其目的是对设备的优劣及发展倾向作出判断，并找出合理的修理周期，必要时需进行不停车的应急修补工作。

2. 运行中的物理、化学监控

运行中的物理、化学监控是指对设备运行中的各项工艺指标所进行的控制。应严格遵守操作规程中的压力、温度、流量、物料成分、pH 值、电导率以及冷却水的质量等所允许的范围操作。若工艺指标控制不当，常使设备过早出现缺陷或故障。

运行中的物理、化学监控主要由设备操作人员进行，为做好此项工作，要求操作人员能通过五感和仪表（必要时须依靠化工分析），随时掌握和调整工艺指标，并填写操作记录，而且还要熟悉设备的结构、性能等等。其目的在于大致判断出设备可能存在的缺陷，以便为进一步检查提供依据。例如设备运行中存在的泄漏、污物堵塞、水垢堆积、冷凝水排放不畅等缺陷，在压力、温度、流量、物料成分等工艺指标方面均会有所反映。

化工设备运行中经常性检查的项目见表 0-1。

表 0-1 化工设备运行中经常性检查的项目

检查项目		检查方法	说明
设备操作记录		观察、对比、分析	了解设备运行状态
压力变化		查看仪表	(1)压力上升可能是污垢堆积造成阻力增加 (2)压力突然下降可能是泄漏
温度变化		(1)触感 (2)查看仪表	(1)注意设备外壁升温和局部过热现象 (2)内部耐火层损坏引起壁温升高 (3)流体出口温度变化可能是设备传热面结垢 (4)对管式炉可用肉眼观察或借助于光学温度计测定炉管温度的变化
流量变化		查看仪表	开大阀门，流量仍不能增加时，可能是设备堵塞
物料性质变化		(1)目测 (2)物料组成分析	产品变色、混入杂质可能是设备内漏或锈蚀物剥落所致
外观检查	保温层	目视	(1)应无裂口、脱落等现象 (2)外表防水层接口处不得有雨水侵入
	防腐层	目视	涂料剥落、损坏时要注意检查壁面腐蚀情况
	各部连接螺栓	(1)目视 (2)用扳手检查	应无腐蚀、无松动
	主体、支架、附件	目视	应无腐蚀、无变形、接地良好
	基础	(1)目视 (2)水平仪	应无下沉、倾斜、裂纹
内部音响		听音棒	(1)内件固定点脱落时常发生振动和异响 (2)塔类设备内件松脱或堵塞时，可引起液面变化
外部泄漏		(1)嗅、听、目视 (2)发泡剂(肥皂水等) (3)试纸或试剂 (4)气体检测器 (5)超声波泄漏探测器 (6)红外线温度分布器	除检查设备主体及其焊缝外，还要特别注意法兰、接口管、密封、信号孔等处的泄漏情况
设备缺陷		声发射无损探伤技术	根据所发射声波的特点以及引起声发射的外部条件，能够检查出发声的地点，即缺陷所在部位。不但能了解缺陷的目前状态而且能了解缺陷的发展趋势。所以，声发射技术可以对运行中的容器进行连续监视，在预测危险后停止运行，确保安全

3. 停车后的检查和修理

由于化工设备运行中检查尚有一定局限性，对设备的某些检查仍需在停车后进行。而且运行中检查所发现的问题，有时还需通过停车、拆卸和进一步检查来证实，故停车后的检查被作为判断故障的最后手段。停车检修，其根本目的在于用最短的时间，判断并消除设备存在的缺陷或故障，恢复设备的生产能力和效率。

4. 化工机械的检修制度

化工行业中化工机械的检修制度（即对化工机器和设备进行检查和修理的制度）与其他行业不同。化工行业目前普遍实行的是预防检修（简称PM，预检修）制度。即化工机器和设备是按照预先制定好的计划来进行检查和修理的。每一台（类）化工机器的正常运转周期是固定的、是人为地根据估算和经验制定出来的。预检修制度中，针对各种不同的机器和设备，制定出它们各自的检修间隔期、检修工期和检修类别。

（1）检修类别　对于化工机械，按其检修规模，大致可将检修类别分为小修、中修、大修和抢修。检修类别不同，其检修内容也不同。

① 小修。小修是检查性修理，其内容较少，主要是对机器或设备进行检查、维护和保养。清洗、更换和修复少量容易磨损、松动、锈蚀的零部件或部位，检查疏通润滑油系统，更换密封填料。对机器或设备的外围零件进行较简单的修理或更换。

② 中修。中修是对机器或设备的内、外部零件进行比较详细的检查、修理或更换的过程。对设备主要部件及设备主件，进行检查和局部修理，并更换不能使用到下一个检修周期的零部件；对机器或设备进行中修时，往往也包含小修的内容。

③ 大修。大修是对机器或设备的所有零部件进行检查、测量、判断、修理与更换的过程。对单机设备进行恢复性的修理，应严格执行大修方案，大修后一般应达到完好标准；定型设备全部拆卸和更新主要部件，其修理费占设备原值的40%～70%，超过70%的则应列入更新计划，即予以报废。除此之外，还包含对机器或设备的附属设备、电器仪表、辅助装置、润滑装置、管道阀门、机座和混凝土基础等的修理内容，最后还要对机器或设备进行防腐涂漆。大修是对机器或设备进行的全面的、彻底性的修理。检修内容是按照机器或设备的检修规程制定出来的。

④ 抢修。抢修是针对正常生产中出现的设备问题进行恢复性修理，强调时效性；其内容可能包括小、中、大修的部分或全部内容。

（2）检修间隔期　检修间隔期也叫正常运转周期，它是指一台机器相邻两次检修工作之间时间间隔的长短。同一台（类）机器或设备的检修间隔期是相同的，不同的机器有不同的检修间隔期。一般情况下，检修间隔时间的终止，就是这台机器应该进行检修的时间。检修间隔期有长有短。即使同一台机器，其检修间隔期的长短，也不尽相同，它与检修类别有直接的关系。通常情况下，化工机器检修间隔期的规定如表0-2所示。

表0-2　化工机器的检修间隔期

检修类别	小修	中修	大修
检修间隔期(周期)/月	1～3	3～12	12～36

检修间隔期是一个严格的时间概念。当某一台机器只要运行时间达到了检修间隔期，则不论这台机器是正在运行，或者已经停产，也不论是完好无损，或者是已经有所损伤，一律都要按计划进行停车检修。

需要说明的是，一般当年进行过大修就不进行中修，当月进行过大、中修，就不进行小修，隔三个月后再进行小修。

（3）检修工期　检修工期（也称修理时间）是化工检修钳工对化工机器和设备进行检查、维护、修理时，所需要的实际工时。检修工期过长，会贻误化工生产，甚至使化工生产不能持续进行。因而，在保证维修质量的前提下，应尽量缩短检修工期，使修复的化工机器能尽快地用于化工生产。通常情况下，化工机器的检修工期如表 0-3 所示。

表 0-3　化工机器的检修工期

检修类别	小修	中修	大修
检修工期/日	1~1.5	1.5~25	25~45

四、化工设备安装的基本工序

各种不同类型的设备千差万别，其安装方式虽然很多，但安装过程却有共同之处。一般安装过程可分为以下几个工序：

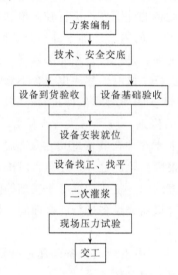

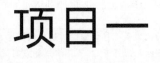

项目一

化工管道的维护与维修

在石油化工企业中，为了实现石油化工工艺的各种单元操作，构成完整的生产工艺系统，各种机器、设备都是借助管道连通。管道成为石油化工生产的大动脉，是化工设备的重要组成部分。同机器、设备一样，管道的安装、维护和检修工作，是石油化工生产中不可忽视的重要环节。

化工管道系统的维护与维修项目的实施以行动为导向，按照项目化教学法的六个步骤实施。每一个子项目都包括完整的行动模式，即信息与导入、计划、决策、实施、检查、评估与优化。

■ 子项目一　管道拆装实训装置维修

项目实施

本项目来源于企业的检修实践。在企业大检修过程中，化工检修车间工人需要对现场存在问题的阀门进行修理、更换，也需要对现场存在泄漏问题的法兰连接部分进行修理，对损坏的垫片进行更换。此外，在检修中，还会有部分新增管路需要进行配管和加工。根据工作岗位的实际工作，以校内流体输送管道拆装实训装置为依托，完成管道图识读、管道系统零件统计、更换法兰垫片、利用盲板对设备进行隔离、管道的拆除与组装、管道试压等。通过对各项工作任务实施和训练，使学生掌握管路系统维修技能。项目实施的具体内容见表1-1。

表1-1 管道拆装实训装置维修项目实施方案

步　骤	工　作　内　容
信息与导入	读任务书、图纸，分析工作任务，明确工作目标；熟悉或回顾相关知识和标准规范，搞清缺乏的知识；选择信息来源（教材、其他书籍、相关标准规范、网络资源等），收集与工作任务相关的信息；学生分组并分工，明确责任。收集的信息主要围绕工作任务，应包括 SHS 01005—2004《工业管道维护检修规程》等标准
计划	根据任务书制订工作计划，包括更换法兰垫片工作计划和隔离设备工作计划。通过小组讨论、综合，在工作步骤、工具与辅助材料、时间（规定时间、实际完成时间）、工作安全、工作质量等方面提出小组实施方案，并考虑评价标准
决策	学生向教师汇报实施方案，认清各个解决方案的优缺点，完善工作计划，确定最终的实施方案
实施	学生自主地执行工作计划，分工进行各项工作。例如选择工具、制作材料表、计算材料费用、领取工具，按照各项维修工作计划实施，记录时间点，记录实施过程中的问题，根据需要对实施计划做必要调整
检查	学生自主按照标准对工作成果进行检查，记录自检结果
评估与优化	教师听取学生小组的工作汇报，给予评价。学生汇报小组工作和自检结果，说明工作中满意之处和不足之处，对出现的故障和错误进行分析，对过程和结果进行评价，提出优化方案，写出评价报告

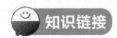

知识点一　化工管道基本知识

管道是指由管道元件连接或装配而成，在生产装置中用于输送工艺介质的工艺管道、公用工程管道及其他辅助管道。管道元件是指连接或装配成管道系统的各种零部件的总称。包括管道组成件、管道支承件、安全装置和附属设施等。

一、管道元件的公称尺寸 DN 和公称压力 PN

按国家标准 GB/T 1047—2005《管道元件 DN（公称尺寸）的定义和选用》规定，DN（公称尺寸）的定义为：用于管道系统元件的字母和数字组合的尺寸标识。它由字母 DN 和无因次的整数数字组成。这个数字与端部连接件的孔径或外径（用 mm 表示）等特征尺寸直接相关。除另有规定外，字母 DN 后面的数字不代表测量值，也不用于计算。DN 与我国工程界惯称的"公称直径"的含义相同。

按国家标准 GB/T 1048—2005《管道元件——PN（公称压力）的定义和选用》规定，PN（公称压力）的定义为：与管道系统元件的力学性能和尺寸特性相关，用于参考的字母和数字组合的标识。它由字母 PN 和无因次的数字组成。PN 后的数字不代表测量值，不应用于计算，除非有关标准中另有规定。除与相关标准有关联外，PN 不具有意义。具有相同 PN 和 DN 数值的所有管道元件同与其相配的法兰应具有相同的配合尺寸。

二、管道组成件

用于连接或装配管道的元件。包括管子、管件、管法兰、盲板、密封组件、紧固件、阀门、热补偿器、安全保护装置以及诸如膨胀节、挠性接头、耐压软管、疏水器、过滤器、管路中的节流装置和分离器等。

1. 管子

（1）管子的表示方法

① 用公称直径 DN 来表示。例如：$DN100$。公称直径既不是管子内径，也不是管子外径，是为了实现化工管道标准化而规定的数值。凡是同一公称直径的管子，外径必定相同，但内径则因壁厚不同而异。例如，$\phi57mm \times 3.5mm$ 和 $\phi57mm \times 4.5mm$ 的无缝钢管，都称为公称直径为 $50mm$ 的钢管，但它们的内径分别为 $50mm$ 和 $48mm$。

公称直径和公称压力都是管道标准化的指标，主要是为了简化管子、管件的品种规格，统一管子、管件的主要参数与结构尺寸，便于成批生产，使产品具有互换性，以满足设计、安装、维护、检修工作的需要。

② 用外径来表示。用管子的外径和壁厚来表达管子的规格。常用于无缝钢管和有色金属管。

例如：$\phi108 \times 6$。其中 ϕ 表示直径，108 为管子外径，6 为管子壁厚。

③ 用英寸来表示。水煤气钢管的公称直径用英寸（符号 in）表示，有 $1/8''$、$1/4''$、$3/8''$、$1/2''$、$3/4''$、$1''$、$1.25''$、$1.5''$、$2''$、$2.5''$、$3''$等。

在英制单位中，1英寸等于8分，常说的4分管是指二分之一英寸，6分管是指四分之三英寸，$1in$ 等于 $2.54cm$。

（2）管子的材料及其选用　在选用管子时，必须考虑被输送物料的性质和它的腐蚀性，同时也应考虑物料状态和压力，在不同的温度及压力范围内，管子必须能保持一定的机械强度。管子选用的材料，视所输送物料性质而定，常采用的材料有灰铸铁、碳钢、有色金属、橡胶、玻璃、塑料等。

① 金属管。金属管在化工管路中应用极为广泛，常用的有铸铁管、钢管、有色金属管。

a. 铸铁管：普通铸铁管由灰铸铁铸造而成。灰铸铁用于制造普通的阀件、管件以及受压较小的管子。铸铁管及其管阀件常用作埋入地下的给排水管、煤气管道以及有腐蚀性物料的管路。

b. 钢管：用于制造钢管的常用材料有普通碳素钢、优质碳素钢、低合金钢和不锈钢等。按制造方式又可分为有缝钢管和无缝钢管。

有缝钢管又称为焊接钢管，一般由碳素钢制成。表面镀锌的有缝钢管称镀锌管或白口管，不镀锌的称黑铁管。有缝钢管常用于低压流体的输送，如水、煤气、天然气、低压蒸汽和冷凝液等。

无缝钢管质量均匀、品种齐全、强度高、韧性好、管段长，是工业管道中最常用的管材。按轧制方法不同，无缝钢管分为热轧管和冷轧管两种。冷轧管的外径为 $\phi5 \sim 200mm$，长度为 $1.5 \sim 9m$；热轧管的外径为 $\phi32 \sim 600mm$，长度为 $3 \sim 12.5m$。无缝钢管的材质常用 $10^\#$、$20^\#$、$16Mn$、$09Mn2V$、$12CrMo$、$15CrMo$ 等。

不锈钢无缝钢管常用材质有 $0Cr13$、$1Cr13$、$1Cr18Ni9Ti$、$0Cr18Ni12Mo2Ti$ 等。冷轧管的外径为 $\phi6 \sim 200mm$，长度为 $1.5 \sim 8m$；热轧管的外径为 $\phi54 \sim 480mm$，长度为

1.5～10m。

c. 有色金属管

铜及铜合金管：铜管有紫铜管和黄铜管两种，紫铜管含铜量为 99.5％～99.9％。黄铜管材料则为铜和锌的合金。铜管的常用规格为：外径 $\phi 5～155mm$，长度为 1～6m，壁厚 1～3mm。铜管导热性能好，大多用于制造换热设备、深冷管路，也常用作仪表测量管和液压传输管路。

铝及铝合金：铝管常用工业纯铝制造。铝合金管则多采用 5A02、5A03、5A05、5A06、3A21、2A11 等制成。由于铝及铝合金具有良好的耐腐蚀和导热性，常用于输送脂肪酸、硫化氢、二氧化碳气体等介质，还可以用于输送硝酸、乙酸、磷酸等腐蚀性介质，但不能用于盐酸、碱液等含氯离子的化合物。铝及铝合金的使用温度一般不超过 150℃，介质压力不超过 0.6MPa。

② 非金属管

a. 塑料管：在非金属管路中，应用最广泛的是塑料管。塑料管种类很多，分为热塑性塑料管和热固性塑料管两大类。属于热塑性的有聚氯乙烯管、聚乙烯管、聚甲醛管等。属于热固性塑料的有酚醛塑料管等。塑料管的主要优点是耐蚀性能好、重量轻、成型方便、加工容易，缺点是强度较低，耐热性差。

b. 橡胶管：橡胶管用天然橡胶或合成橡胶制成。按性能和用途不同有纯胶管、夹布胶管、棉线纺织胶管、高压胶管等。橡胶管重量轻、挠性好，安装拆卸方便，对多种酸碱液具有耐腐蚀性能。橡胶管为软管，可任意弯曲，多用来作临时性管路和某些管路的挠性连接件。橡胶管不能用作输送硝酸、有机酸和石油产品的管路。

2. 管件

管件是将管子连接起来的元件，使管子变径、改变介质流向等作用，管件按制造方法或制造材料分为无缝管件、有缝管件、锻制管件、金属管件和非金属管件等。按功能可分为直通、三通、四通、弯头、短管、异径管、活接头、翻边短节、金属波纹膨胀节、PE管件、堵头、封头等。

管件在选用时，应遵守相应的国家标准或行业标准，其压力级别（公称压力）、公称尺寸、材质和介质要与管材要求相符或高于其要求。

（1）弯头　弯头的作用主要是用来改变管路的走向，如图 1-1 所示。弯头可用直管弯曲而成，也可用管子组焊，还可用铸造或锻造的方法制造。弯头的常用材料为碳钢和合金钢。弯头的形状常有 45°、60°、90°、180°等。

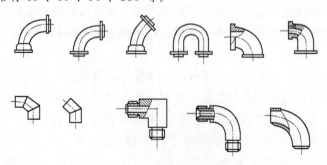

图 1-1　弯头示意图

（2）三通　当管路之间需要连通或分流时，其接头处的管件称为三通，如图 1-2 所示。三通可用铸造或锻造方法制造，也可组焊而成。根据接入管的角度和旁路管径的不同，可分为正三通、斜三通。接头处的管件除三通外，还有四通、Y 形管等。

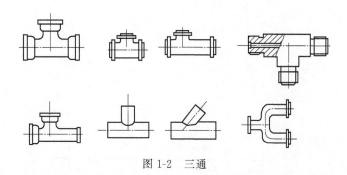

图 1-2　三通

（3）短管和异径管　为了安装、拆卸的方便，在化工管路中通常装有短管。短管两端直径相同的称等径管，两端直径不同的称异径管。异径管可改变流体的流速。短管与管子的连接通常采用法兰或螺纹连接方式，也可采用焊接。短管与异径管的结构形式如图 1-3 所示。

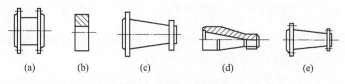

(a)　　　　(b)　　　　(c)　　　　(d)　　　　(e)

图 1-3　短管和异径管

3. 管法兰、盲板与密封组件

管法兰、垫片用于管道组成件可拆连接点处相邻元件间的连接，主要分为钢制法兰、铸铁法兰、非金属材料法兰、石棉橡胶垫片、橡胶密封圈、金属环垫片、石墨复合垫片、缠绕式垫片等。

管法兰、盲板及密封组件是为了满足生产工艺要求，用于管道组成件可拆连接点处相邻元件间的连接，或者为了制造、安装和检修方便而采用的一种管道连接形式。为使连接接头能安全运行并获得满意的密封效果，选用时要对管法兰的结构形式、密封面形式、垫片的材料和结构形式、紧固件的材料和尺寸全面地进行综合考虑，正确选用。管法兰已标准化，使用时可根据公称压力和公称直径选取。管法兰的选用可按照国家标准 GB/T 9112—2010《钢制管法兰　类型与参数》执行。垫片的选用和紧固件的选用可按照相应的国家标准执行。

4. 阀门

阀门是控制或调节介质流动量的压力管道元件。管路中使用不同种类的阀门，可起到控制流体的压力、流向、流量的作用，也可以起到截断或连通管路、引出支路、降压、汽水分流等作用。阀门的结构见子项目二中的知识点一。

5. 热补偿器

为了保证管路的安全运行，对工作温度与安装温度差超过极限温度变化量的管路，都应考虑热变形的补偿问题。管路的补偿方式有自动补偿和补偿器补偿两种。

（1）自动补偿　是利用管路本身自然弯曲管段的弹性变形来吸收热变形的补偿方式。常见的管段自动热补偿如图 1-4 所示。

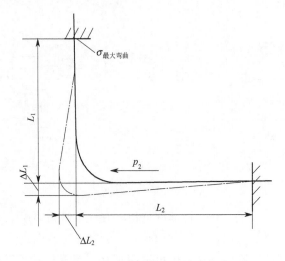

图 1-4　常见的管段自动热补偿法

L_1—管段垂直方向原始长度；L_2—管段水平方向原始长度；ΔL_1—管段垂直方向长度的变化量；

ΔL_2—管段水平方向长度的变化量；p_2—管段水平方向的温差载荷

（2）补偿器补偿　当管路的冷热变形量大，管路本身的自动补偿能力不够时，就必须在管路中设置补偿器进行补偿。补偿器有以下几种。

① 回折管式补偿器：是将直管弯曲成一定几何形状而制成的，常见的有弓形和袋形，分别如图 1-5 和图 1-6 所示。这种补偿器的补偿原理是利用刚度较小的回折管弹性变形量来吸收连接在其两端的直管冷热变形量。

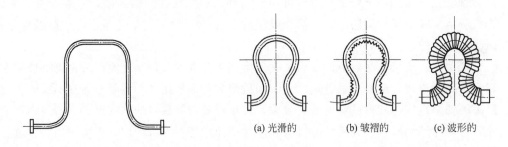

图 1-5　弓形（π）回折管式补偿器　　　　图 1-6　袋形（Ω）回折管式补偿器

（a）光滑的　　（b）皱褶的　　（c）波形的

② 波形补偿器：是利用金属薄壳挠性构件的弹性变形来吸收管道的热伸长量。根据其形状，可以分为波形、鼓形和盘形等几种，如图 1-7 所示，其中使用较多的是波形补偿器。

③ 填料式补偿器：又称套管式补偿器，按结构不同，分为单向活动和双向活动两种，其结构分别如图 1-8 和图 1-9 所示。它们的补偿原理是相同的，都是靠插管在套管内的自由伸缩来补偿管路的冷热变形量，在套管与插管间有密封填料，以阻止介质泄漏。

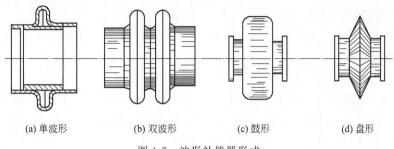

| (a) 单波形 | (b) 双波形 | (c) 鼓形 | (d) 盘形 |

图 1-7 波形补偿器形式

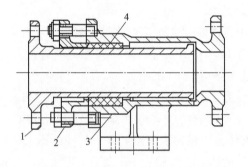

图 1-8 单向活动的填料式补偿器

1—插管；2—填料压盖；3—套管；4—填料

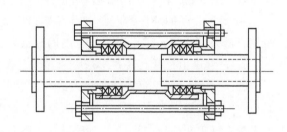

图 1-9 双向活动的填料式补偿器

④ 球形补偿器：结构如图 1-10 所示。它是利用补偿器的活动球形部分角向弯转来吸收管道的热变形量，它允许管子在一定范围内相对转动，因而其两端直管可以不必严格地在一直线上，适用于有三向位移的管道。这种补偿器结构紧凑，占用的空间小。

6. 安全保护装置和附属设施

安全保护装置和附属设施是预警、泄压、控制等保障管道安全运行，或者预防外界对管道破坏的装置。安全保护装置和附件包括安全阀、减压阀、压力表、温度计、爆破片和紧急切断阀等。附属设施包括视镜、过滤器、分离器、阴极保护、泵站、阀站、监控系统等。

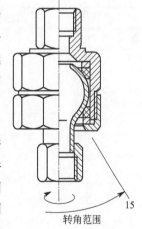

转角范围

15

图 1-10 球形补偿器

知识点二 管道连接方式与方法

管道的连接包括管子与管子的连接，管子与各种管件、阀门的连接，还包括设备接口处的连接。管路连接的常用方法有焊接连接、法兰连接、螺栓与螺母、螺纹连接、承插连接等方式。

一、焊接连接

焊接连接属于不可拆的连接方式。采用焊接的连接强度高、密封性好、结构简单、不需要配件、成本低、使用方便，可用于各种压力、温度下的管路，故在化工生产中得到广泛应用。缺点是不能拆卸。

管道焊接应按现行国家标准 GB 50236—2011《现场设备、工业管道焊接工程施工规范》的有关规定执行。

焊缝位置应符合下述规定：

① 在管道的直管段上两焊口的距离不能太近，当管子的公称直径大于或等于 150mm 时，两焊口之间的距离不应小于 150mm，当管子公称直径小于 150mm 时，两焊口之间的距离不应小于管子的外径。

② 对于弯管的状态，焊缝距离弯管的起弯点不得小于 100mm，且不得小于管子外径尺寸。

③ 对于钢卷管，卷管的纵向焊缝应位于易于检修的位置，不应将纵焊缝置于底部。

④ 对于管子的环焊缝应距支、吊架净距离不应小于 50mm，对于需要热处理的焊缝距支、吊架的距离不得小于焊缝宽度的 5 倍，且不得小于 100mm。

⑤ 在管道上有开孔时，不应在管道焊缝及其边缘上开孔。

⑥ 管道坡口加工宜采用机械方法，也可采用等离子弧-氧乙炔火焰方法加工，坡口加工后，应除去坡口表面的氧化皮、熔渣，及影响接头质量的表面层，并应将凹凸不平处打磨平整。管道组成件组对时，对坡口及其内外表面进行的清理应符合表 1-2 的规定，清理合格后及时进行焊接。

表 1-2 焊接坡口及其内外表面的清理要求

管道材质	清理范围/mm	清理物	清理方法
碳素钢	≥10	油污、漆、锈、毛刺等污物	手工或机械
不锈钢			
合金钢			
铝及铝合金	≥50	油污、氧化膜等	有机溶剂除净油污、化学或机械法除净氧化膜
铜及铜合金	≥20		
钛	≥50		

管道对接焊口的组对应做到内壁齐平，内壁错边量应符合表 1-3 的规定。当管壁厚度不相等的管子组对时，当内壁错边量超过规定或外壁错边量大于 3mm 时，应进行修整。

在焊接和热处理过程中，应将焊件垫置牢固。

表 1-3 管道组对内壁错边量的规定

管道材质		内壁错边量
钢		不宜超过壁厚的 10%，且不大于 2mm
铝及铝合金	壁厚≤5mm	不大于 0.5mm
	壁厚>5mm	不宜超过壁厚的 10%，且不大于 2mm
铜及铜合金		不宜超过壁厚的 10%，且不大于 1mm

对于管内清洁度要求较高，而且焊接后不容易清理的管道，其焊缝应采用氩弧焊打底施焊。对于各种机器机组的循环油、控制油、密封油管道，当采用承插焊的形式时，承口与插口的轴向不应留有间隙，以免存留污物，不易清理。需预拉伸或预压缩的管道焊口组

对时，所使用的工具应待整个焊口焊接及热处理完毕并经焊接检验合格后，方可拆除。

二、法兰连接

法兰连接是管路中应用最多的可拆连接方式。法兰连接是通过连接管子和管件端部的法兰，把管子和管件连接在一起的一种连接方法。法兰连接拆装灵活方便，管道可定期清洗、检修和更换；但需要各种规格的法兰，耗用钢材多，而且由于温差、压力波动及腐蚀等原因，有时在连接处会发生泄漏，造成介质损失，甚至引起事故。

在法兰连接中，法兰盘与管子的连接方法多种多样，常用的有整体法兰、活套式法兰和介于两者之间的平焊法兰等。根据介质压力大小和密封性能的要求，法兰密封面有平面、凹凸面、榫槽面、锥面等形式。密封垫的材质有非金属垫片、金属垫片和各种组合式垫片等可供选择。管道法兰设计、制造已标准化，需要时可根据公称压力和公称直径选取。

1. 法兰连接安装前检查

安装前应对法兰等进行检查：要认真核对图纸、压力等级、规格、材质等是否符合设计的规定。法兰密封面及金属垫片表面应平整光洁，不得有毛刺及径向沟槽；非金属垫片无老化变质或分层现象，表面不应有折损、皱纹等缺陷，周边应整齐，垫片尺寸与法兰密封面尺寸相符，尺寸偏差不超过规定值；螺栓及螺母的螺纹应完整，无伤痕、毛刺等缺陷。

2. 法兰连接方法

法兰连接时，将两法兰盘对正，把密封垫片准确放入密封面间（对凹凸式、榫槽式密封面垫片先放入凹面或凹槽内），在法兰螺栓孔内按同一方向穿入一种规格的螺栓，用扳手按对称顺序紧固螺栓，每螺栓分2～3次完成紧固，使螺栓及密封垫片受力均匀，保证密封性。法兰连接螺栓紧固后外露长度不大于2倍螺距；螺栓应与法兰紧贴，不得有楔缝；需加垫圈时，每个螺栓不应超过一个。

相互连接的法兰盘应保持平行，其偏差不大于法兰外径的1.5/1000，且不大于2mm。安装时不得用强紧螺栓的方法消除歪斜，也不得用加热管子、加偏垫或多层垫等方法来消除接口端面的空隙、偏差、错口或不同心等缺陷。法兰连接应保持同轴，其螺栓孔中心偏差一般不超过孔径的5%，并保证螺栓自由穿入。

法兰的设置应便于检修，不得紧贴墙壁、楼板或管架。

三、螺栓与螺母

对不锈钢、合金钢的螺栓和螺母，或设计温度高于100℃或低于0℃的管道、露天管道、有大气腐蚀或有腐蚀介质管道的螺栓和螺母，应涂以二硫化钼油脂、石墨机油或石墨粉，以便检修时拆卸。垫片安装时一般可根据需要，分别涂以石墨粉、二硫化钼油脂、石墨机油等涂剂。用于大直径管道的垫片需要拼接时，应采用斜口搭接或迷宫形式，不得采用平口对接。使用软钢、铜、铝等金属垫片，安装前应进行退火处理。

高温或低温管道的法兰螺栓，在试运行时应按规定进行热紧或冷紧。热紧或冷紧在试运行期间保持工作温度24h后进行。低温管道，由于法兰螺栓表面凝结冰霜，应用甲醇将其熔化后再进行冷紧操作，冷紧一般应卸压；当设计压力小于6MPa时，热紧最大内压为0.3MPa，设计压力大于6MPa时，热紧最大内压为0.5MPa。

四、螺纹连接

螺纹连接也称丝扣连接，是指在管段端部加工出螺纹，然后拧上带内螺纹的管件，如管箍、三通、弯头等，再和其他管段端部带螺纹的部分连接起来，从而构成管路系统。

螺纹连接主要用在生产或生活用水、供暖设施的管道上，在机泵的冷却水管道或压力表与控制阀的引压线连接上也广泛应用。

连接方法：螺纹连接前，应用聚四氟乙烯生料带、石棉线或油麻丝等沿螺纹旋向缠绕在外螺纹上，以保证旋合装配后连接处严密不漏。

螺纹连接适用于低压，小管径情况。

五、承插连接

承插连接是将管子或管件的插口插入另一根管子或管件的承口内，在承插口之间填入适当的填料或涂抹有机粘接剂等，使管子与管件连接起来，形成管路系统。

铸铁管承插连接承口和插口按规定值留出轴向间隙，以补偿管路热伸长。承插接口一般用油灰、橡胶圈、石棉水泥或膨胀水泥等填料填塞，如遇急用、抢修等可用青铅填塞（接口）。填料填塞时用的主要工具是捻凿和手锤，捻凿由工具钢制成。

承插连接难于拆卸，不便维修，连接的可靠性不高，多用于低压管路中的铸铁、陶瓷、玻璃、塑料等管子的连接。

▶ 子项目二　阀门修理

石油化工生产中的阀门在使用中会受到各种形式的损伤使其劣化和失效，作为石油化工生产中不可缺少的组成部分，其状况会直接影响生产装置能否安全、稳定、长周期连续运行。因此阀门的定期检查修理变得尤为重要。

项目实施

本项目以闸阀、截止阀、球阀、蝶阀、止回阀、隔膜阀、安全阀、疏水阀等化工生产中常用的阀门为例，完成阀门拆装、阀门更换、检查修理等学习任务。项目实施具体内容见表1-4。

表1-4　阀门修理项目实施方案

步　骤	工　作　内　容
信息与导入	读任务书,分析工作任务,明确工作目标;熟悉或回顾相关知识和标准规范,搞清缺乏的知识;选择信息来源(教材、其他书籍、相关标准规范、网络资源等),收集与阀门工作任务相关的信息。收集的信息包括阀门基本知识、阀门结构、阀门维修方法等。相关标准包括 SHS 01030—2004《阀门维护检修规程》等
计划	根据任务书制订工作计划,即:更换阀门工作计划、更换阀门填料工作计划。通过小组讨论、综合,在工作步骤、工具与辅助材料、时间(规定时间、实际完成时间)、工作安全、工作质量等方面提出小组实施方案,并考虑评价标准
决策	学生向教师汇报实施方案,认清各个解决方案的优缺点,完善工作计划,确定最终的实施方案
实施	学生自主地执行工作计划,分工进行各项工作。例如选择工具、制作材料表、计算材料费用,领取工具,按照各项维修工作计划实施,记录时间点,记录实施过程中的问题,根据需要对实施计划做必要调整

续表

步　骤	工　作　内　容
检查	学生自主按照标准对工作成果进行检查,记录自检结果
评估与优化	教师听取学生小组的工作汇报,给予评价。学生汇报小组工作和自检结果,说明工作中满意之处和不足之处,对出现的故障和错误进行分析,对过程和结果进行评价,提出优化方案,写出评价报告

 知识链接

知识点一　阀门基本知识

阀门主要分为闸阀、截止阀、球阀、蝶阀、止回阀、隔膜阀、安全阀、疏水阀、调压阀、非金属材料壳体阀门和特种阀门等。

一、闸阀

闸阀的启闭件是闸板,并由此而得名。如图1-11、图1-12所示。它是指启闭件(闸板),由阀杆带动,沿阀座密封面作升降运动的阀门。通过闸板的升降改变它与阀座的相对位置,即可改变流体通道大小,当闸板与整个阀座紧密配合时,阻止流体通过,阀门处于关闭状态。

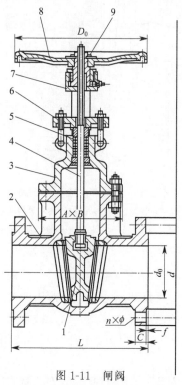

图1-11　闸阀

1—闸板;2—阀体;3—阀盖;4—阀杆;
5—填料;6—填料压盖;7—套筒螺母;
8—手轮;9—压紧螺母

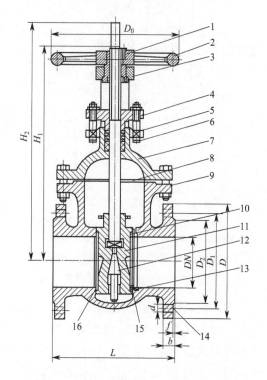

图1-12　低压升降杆平行式双闸板闸阀

1—阀杆;2—手轮;3—阀杆螺母;4—填料压盖;5—填料;
6—螺栓;7—阀盖;8—垫片;9—阀体;10—闸板密封圈;
11—闸板;12—顶楔;13—阀体密封圈;14—法兰孔;
15—有密封圈型式;16—无密封圈型式

闸阀的流动阻力小，启闭省力，广泛用于各种介质管道的启闭。当闸阀部分开启，在闸板的背面容易产生涡流，对闸板容易产生腐蚀，并容易造成振动，因此会对阀座的密封面造成损坏，修理困难。闸阀通常适用于不需要经常启闭，而且保持闸板全开或全闭的工况。不适合作为调节或节流使用。

为了保证阀门关闭严密，闸板与阀座配合面应进行研磨。通常在闸板和阀座上镶嵌或堆焊耐磨耐腐蚀材料制成密封圈。

二、截止阀

截止阀是属于向下闭合式阀门，启闭件（阀瓣）由阀杆带动沿阀座（密封面）轴线作升降运动，改变阀瓣与阀座的距离，达到控制阀门的启闭。其结构如图 1-13、图 1-14 所示。

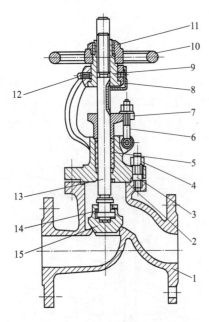

图 1-13　手动锥面密封截止阀

1—阀体；2—中法兰垫片；3—双头螺柱；4—螺母；
5—填料；6—活节螺栓；7—填料压盖；8—导向块；
9—阀杆螺母；10—手轮；11—压紧螺母；12—油杯；
13—阀杆；14—钢球；15—阀瓣

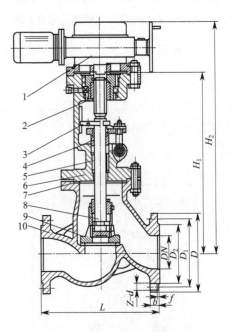

图 1-14　电动平面密封截止阀

1—电动装置；2—阀杆螺母；3—导向块；
4—填料压盖；5—填料；6—阀盖；7—垫片；
8—阀杆；9—阀瓣；10—阀体

截止阀的阀瓣为圆盘状，可在一定范围内用以调节流量和压力。截止阀内的介质沿阀座自下而上流动，流动方向发生了变化，因此截止阀的流动阻力较高。引入截止阀的流体从阀芯下部引入称为正装，从阀芯上部引入称为反装，正装时阀门开启省力，关闭费力，反装时，阀门关闭严密，开启费力，截止阀一般正装。

由于截止阀是单向流动，只能沿介质流动的方向安装。在安装时要特别注意，一定要使截止阀上箭头方向与管道内介质流动的方向一致。

为了保证阀门关闭严密，阀瓣与阀座均为金属材料制成，密封面应进行研磨。截止阀在管路中起关断作用，亦可粗略调节流量。

三、球阀

球阀主要是由阀体、球体、阀座密封圈、阀杆及驱动装置组成，如图 1-15 所示。阀瓣为一中间有通孔的球体，球体在阀杆的作用下，能围绕自己的轴心线作 90°旋转以达到启闭的目的。球阀有快速启闭的特点，一般用于需要快速启闭或要求阻力较小的场合。可用于水、油品等介质，且不易擦伤，所以球阀已获得日益广泛的应用。

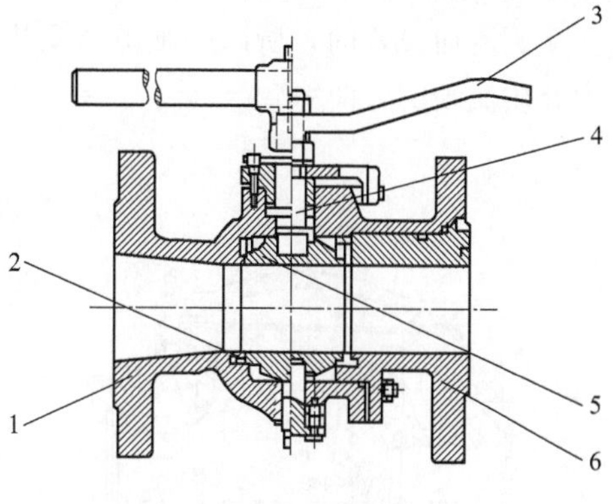

四、蝶阀

图 1-15　球阀

1—阀体；2—阀座密封圈；3—手柄；
4—阀杆；5—球体；6—阀盖

蝶阀的结构主要是由阀体、圆盘、阀杆及驱动装置组成，如图 1-16 所示。蝶阀采用圆盘式启闭件。圆盘状阀瓣固定于阀杆上，旋转手柄通过齿轮带动阀杆，由阀杆带动阀瓣达到启闭的目的。阀杆旋转 90°即可完成启闭作用，操作简便，因而在许多场合蝶阀取代了截止阀和自控系统的调节阀，蝶阀特别适合大流量调节的场合。

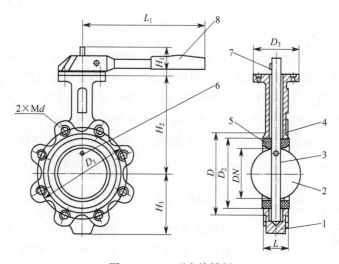

图 1-16　LT 型中线蝶阀

1—阀体；2—蝶板；3—阀杆；4—滑动轴承；5—阀座密封套；6—圆锥销；7—键；8—手柄

蝶阀的优点是结构简单，启闭较迅速，流体通过阻力小，维修方便，当阀门渗漏时，只需更换橡胶密封圈即可。其缺点是不能用来精确调节流量和要求严密不漏的情况，橡胶密封圈容易老化，失去弹性，不宜用做放空阀。

蝶阀一般适用在工作压力较小，介质为空气的管路上。

五、止回阀

止回阀又称单向阀或止逆阀。如图 1-17、图 1-18 所示。止回阀的结构有阀座、阀盘、阀体、阀盖、导向套筒等，用于需要防止流体逆向流动的场合。介质顺流时开启，逆流时关闭，止回阀按结构分为升降式止回阀和旋启式止回阀两种。由于止回阀是为了防止管道内介质倒流而设置的，所以必须沿介质流动的方向安装，安装时，注意使止回阀的箭头与管内介质流动的方向一致。

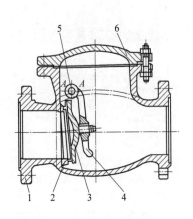

图 1-17　旋启式止回阀

1—阀体；2—阀座；3—阀板；

4—摇杆；5—枢轴；6—阀盖

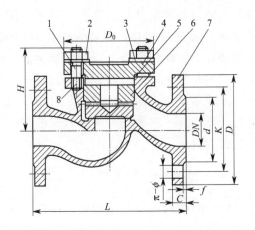

图 1-18　升降式止回阀

1—螺栓；2—螺母；3—垫圈；4—阀盖；

5—中法兰垫片；6—阀瓣；7—阀体

六、隔膜阀

隔膜阀是由阀体、衬胶层、橡胶隔膜、阀盘、阀杆、套筒螺母、阀盖等组成，如图 1-19 所示。隔膜阀的启闭件（隔膜）由阀杆带动，沿阀杆轴线作升降运动，并将动作机构与介质隔离的阀门。隔膜阀利用弹性体隔膜阻挡流体通过，其阀杆不与介质直接接触，所以阀杆不用填料箱，隔膜阀主要用在毒性或腐蚀介质管道上。

橡胶隔膜阀比填料函密封更为可靠，隔膜阀的流体阻力很小，可用于输送含悬浮物的物料管路，在化工行业，隔膜阀的应用很广泛。

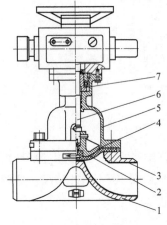

图 1-19　堰式隔膜阀

1—阀体；2—橡胶隔膜；3—衬胶层；

4—阀盘；5—阀盖；

6—阀杆；7—套筒螺母

七、安全阀

安全阀是由阀体、阀座、阀盖、保险铅封、套筒螺钉、安全护罩、下弹簧座、上弹簧座、弹簧、导向套等组成，如图 1-20 所示。

安全阀是一种根据介质压力而自动启闭的阀门。当操作压力超过规定值时，能自动开启排放介质，以降低压力保证管路系统的安全；当压力恢复正常后，自动关闭阀门，而保证管路系统的正常工作压力，维持生产的正常运行。

安全阀主要设置在受内压的设备和管路上，例如压缩机、压缩机空气管路、蒸汽管路和其他受压力气体管路等。为了安全起见，一般在重要的地方都装置两个安全阀，安全阀在安装前要在指定的安全阀调试中心进行调试和铅封，

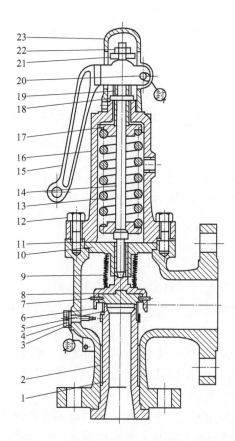

图 1-20　法兰连接带手柄波纹管全启式安全阀

1—阀座；2—阀体；3—调整齿轮销垫片；4—调整齿轮销；5—齿轮调整圈；6—反冲盘；7—销轴；
8—阀瓣；9—波纹管；10—连接盘；11—中法兰垫片；12—螺栓；13—弹簧；14—轴；15—手柄；
16—阀盖；17—弹簧托；18、22—锁紧螺母；19—调整螺套；20—销轴；21—指示牌；23—阀罩

并且给出权威的调试报告，作为交工资料进行存档，否则不准安装。

八、疏水阀

疏水阀（也称阻气排水阀、疏水器）的作用是自动排泄蒸汽管道和设备中不断产生的凝结水、空气及其他不可凝气体，又同时阻止蒸汽的逸出。它是保证各种加热工艺设备正常工作所需温度和热量的一种节能产品。疏水器必须根据进出口的最大压差和最大排水量进行选用。目前常用的疏水阀有热动力型、热静力型和机械型三种。

（1）热动力型　利用蒸汽、凝结水通过启闭件（阀片或阀瓣）时的不同流速引起被启闭件隔开的压力室和进出口的压力差来启闭疏水阀。这类疏水阀处理凝结水的灵敏度较高，启闭件小，惯性也小，开关速度迅速。

（2）热静力型　利用蒸汽和凝结水的温度不同引起温度敏感元件动作，从而控制启闭件工作。其温度敏感元件受温度变化所需过程的影响，在开关启闭件时有滞后现象。对低于饱和温度一定温差的凝结水和空气可同时排放出去，可装在用气设备上部单纯作排空气

阀使用。

（3）机械型 依靠浮子（球状或桶状）随凝结水液位升降带动阀杆动作实现阻汽排水作用。小口径阀的灵敏度较大口径的高，浮球式疏水阀的灵敏度高于浮桶式疏水阀。

知识点二 阀门检修的一般程序

阀门检修一般按下列程序进行：

① 工艺人员对现场阀门进行置换、泄压、降温合格。

② 用压缩空气吹除阀门外表面的污物。

③ 检查并记下阀门上的标志。

④ 将阀门全部解体。

⑤ 用煤油清洗各零部件。

⑥ 检查零件的缺陷：以水压试验检查阀体强度；检查阀座与阀体及关闭件与密封圈的配合情况，并进行严密性试验；检查阀杆及阀杆套的螺纹磨损情况；检验关闭件及阀体的密封圈；检查阀盖表面，消除毛刺；检验法兰的接合面。

⑦ 检修阀体：焊补缺陷和更换密封圈或堆焊密封面后进行修整；对阀体和新换的密封圈，以及堆焊金属与阀体的连接处进行严密性试验；修整法兰接合面；研磨密封面。

⑧ 检修启闭件：焊补缺陷及堆焊密封面；抛光或研磨密封面。

⑨ 检修填料室：检查并修整填料室；修整压盖和填料室底部的表面。

⑩ 更换不能修复的零部件。

⑪ 重新组装阀门。

⑫ 进行阀门整体的水压试验（强度试验和严密性试验）。

⑬ 阀门涂漆并按原记录作标志。

知识点三 阀门常见故障及排除方法

阀门在使用中，会出现各种各样的故障，尽快识别和排除阀门故障是实现连续生产的重要环节。阀门的常见故障及排除方法见表1-5。

表 1-5 阀门的常见故障及排除方法

故障	产生原因	排除方法
填料室泄漏	①填料与工作介质的腐蚀性、温度、压力不适应 ②填料的填装方法不对 ③阀杆加工精度低或表面粗糙度大,圆度超差,有磕碰、划伤及凹坑等缺陷 ④阀杆弯曲 ⑤填料内有杂质或有油,在高温时收缩 ⑥操作过猛	①选用合适的填料 ②取出填料重装 ③修理或更换合格的阀杆 ④校直阀杆或更换阀杆 ⑤更换填料 ⑥操作应平稳,缓慢开关

续表

故障	产生原因	排除方法
关闭阀件泄漏	①密封不严 ②密封圈与阀座连接不牢靠 ③阀盘与阀杆连接不牢靠 ④阀杆变形,上下关闭件不对称 ⑤关闭过快,密封面接触不好 ⑥选用材料不当,经受不住介质的腐蚀 ⑦截止阀、闸阀作调节阀用,由于高速介质的冲刷腐蚀,使密封面迅速磨损 ⑧焊渣、铁锈、泥沙等杂质嵌入阀内,或有硬物堵住阀芯,使阀门不能关严	①安装前试压、试漏、修理密封面 ②密封圈与阀座、阀盘采用螺纹连接时,可用聚四氟乙烯生料带作螺纹间的填料,使其配合严密 ③事先检查阀门各部件是否完好,不能使用与阀杆或阀盘连接不可靠的阀门 ④校正阀杆或更新 ⑤关闭阀门用稳劲,不要用力过猛,发现密封面之间接触不好或有障碍时,应立即开启稍许,让介质随流体流出,然后再细心关紧 ⑥正确选用阀门 ⑦按阀门结构特点正确使用,需调节流量的部件应采用调节阀 ⑧清扫进入阀内的杂物,在阀前加装过滤器
阀杆升降不灵活	①阀杆缺乏润滑或润滑剂失效 ②阀杆弯曲 ③阀杆表面粗糙度大 ④配合公差不合适,咬的过紧 ⑤螺纹被介质腐蚀 ⑥材料选择不当,阀杆及阀杆衬套选用同一种材料 ⑦露天阀门缺乏保护,锈蚀严重 ⑧阀杆被锈蚀卡住	①经常检查润滑情况,保持正常的润滑状态 ②使用短杠杆开闭阀门,防止扭曲阀杆 ③提高加工或修理质量,达到规定要求 ④选用与工作条件相应的配合公差 ⑤选用适应介质及工作条件的材质 ⑥采用不同材料,宜用黄铜、青铜、碳钢或不锈钢做阀杆衬套材料 ⑦应设置阀杆保护套 ⑧定期转动手轮,以免阀杆锈住;地下安装的阀门应采用暗杆阀门
垫圈泄漏	①垫圈材质不耐腐蚀,或者不适应介质的工作压力及温度 ②高温阀门内所通过的介质温度变化	①采用与工作条件相适应的垫圈 ②使用时再适当紧一遍螺栓
填料压盖断裂	压紧填料时用力不均或压盖有缺陷	压紧填料时应对称地旋转螺母
双闸板阀门的阀板不能压紧密封面	顶楔材质不好,使用过程中磨损严重或折断	用碳钢材料自行制作顶楔,换下损坏件
安全阀或减压阀的弹簧损坏	①弹簧材料选用不当 ②弹簧制造质量不佳	①更换弹簧材料 ②采用质量优良的弹簧

知识点四　阀门的维修方法

在管路中所使用的阀门品种繁多,结构各异,又是最易损坏的管路附件,对每种阀门的检修,应根据具体结构进行。

一、阀体和阀盖的检修

阀体和阀盖是闸门最外部的封闭壳体,用以承受介质的压力、操作时的附加力、阀门其他零件重量,以及连接处法兰或螺纹的紧力。阀体和阀盖要求有一定的强度和刚度,它们的损坏主要是介质腐蚀、冲蚀及机械损伤造成的局部缺陷,当因腐蚀或冲蚀造成壁减薄,以致影响其强度或刚度时,则无法修理,应予以更换。

检修时，阀体及阀盖应先进行水压强度试验，再用水、压缩空气、煤油或其他介质检验其严密性。阀体、阀盖的缺陷一般采用补焊的办法修理，根据材质的不同选用相应的焊条和焊接工艺。对于受力不大、温度不高的部位，也可视情况采用环氧树脂等类黏结剂进行粘补。焊补前应将缺路处清除干净，焊补后还应进行检查和修整。修补多采用电弧焊，必须注意，不允许使用气焊熔化有缺陷金属的办法来进行焊补。

二、填料室的检修

填料室的检修包括填料更换和填料函部位的检查修理。阀门填料应定期检查更换。小型阀门只需将绳状填料按顺时针方向沿阀杆装入填料室内，将压盖螺母适当拧紧即可。大型阀门填料的断面一般为方形或圆形，最好用方形，压入前应预先制成圈状，接头必须平整，无空隙，无突起现象。

填料的断面尺寸可参考表 1-6。

表 1-6 填料断面尺寸

阀杆直径/mm	28	36	44
填料断面尺寸/mm	10	13～19	22～35

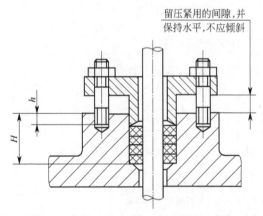

图 1-21 填料压盖的装配位置

选用填料时，必须考虑使用条件和介质情况。一般来说，油浸石棉盘根适用于一定温度的空气、蒸汽、水和重油产品。石墨石棉盘根可用于高温高压条件下，尤以夹有铜丝的石墨石棉盘根耐压力更佳。高温而且温度经常变化的介质可用石棉加铅盘根。强腐蚀介质可用浸聚四氟乙烯石棉盘根或聚四氟乙烯编织盘根。

添加或更换填料时，应将填料圈分层次添加，各层填料圈接缝以 45° 为宜，圈与圈之间接缝应相互错开 120° 或者 180°，并应在每层填料之间加少许银色的石墨粉。填料室的压盖上紧时，应将压盖螺栓对称地拧紧，不能倾斜，并应留有供今后压紧用的余隙量，见图 1-21。

一般间隙量应为：公称直径 $DN100$ 以下的阀门为 20mm；大于 $DN100$ 的阀门为 30～40mm。压盖压入填料室的深度 h 不能小于填料室高度 H 的 10%，也不能大于 20%。压紧填料时，应同时转动阀杆，以保证添加均匀，避免压得过死。加填料时，除应保证密封性能外，还要保证阀杆转动灵活。阀门的填料室如在工作时有轻微泄漏，可先将阀门关闭，然后适当拧紧填料压盖；如泄漏严重，则应考虑重新更换填料。填料室通常不需要修理，但有的阀门经过较长时间使用后，在填料表面可能有腐蚀现象或有物料黏附其上，修理时要将其清洗擦拭干净，再用砂布磨光，而腐蚀严重并出现麻坑者，应在车床上车去不平的表面。

三、关闭件的检修

关闭件又称密封件，狭义上讲是指跟随阀杆一起动作的阀瓣、阀杆等；广义上讲，包括阀体上的阀座。这里指后者。

关闭件的故障主要表现在密封面泄漏和密封圈根部泄漏，这种泄漏俗称内漏，由于是在阀门的内部，所以不易发现。密封面上较微小的划痕或轻微的不平可以用研磨方法消除；如划痕较深或磨损较重，则应车去一层金属再进行研磨。

阀体或阀瓣上的密封圈常采用两种固定方法：压入法或螺纹连接法。若不需要更换新密封圈，对于根部泄漏，最为简便的方法是用聚四氟乙烯生料带填充，如图 1-22 所示。以螺纹连接紧固的密封圈，若密封圈损坏严重，但阀体上的螺纹尚保持良好，可以换一个新的密封圈；若阀体上的螺纹被腐蚀得不能再装密封圈时，可将原有螺纹车掉，另外配制一个特殊套圈（最好与阀体的材质相同），用优质电焊条将其焊接在阀体上，然后在该圈上堆焊一层不锈钢或铜合金层，经车削和研磨后成为新的密封面（图 1-23）。更换压入固定的密封圈，应将旧圈先清除掉，再采用间隙配合的配合公差 h8 或 h9 车制出新密封圈，将新圈压入阀体，经接合缝的严密性试验合格后即可进行密封面的研磨。

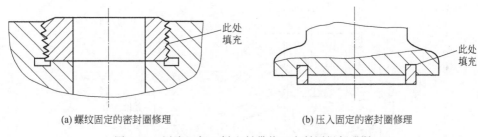

(a) 螺纹固定的密封圈修理 　　　　　(b) 压入固定的密封圈修理

图 1-22　用聚四氟乙烯生料带修理密封圈根部泄漏

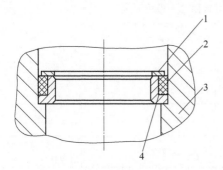

图 1-23　阀座密封面的修复

1—堆焊密封面层；2—特殊圈焊在阀体上的填料层；
3—阀体；4—车制的特殊圈

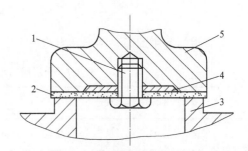

图 1-24　修理密封面的一种简捷方法

1—螺栓；2—聚四氟乙烯板；3—阀座；
4—金属垫片或弹簧垫圈；5—阀瓣

在一定条件下，对于泄漏的密封面的修复，可以采用更为简便的方法，如图 1-24 所示。由于聚四氟乙烯板有较好的密合性能和优良的耐蚀性能，板面无需再加研磨，对与之相配合的密封面的要求也不高，并且便于贮存备用。对于高压阀门，平面密封是不可靠的，修理时可视具体情况改为锥面。深冷阀门的关闭件应经深冷处理后再进行研磨。因为深冷状态会使关闭件变形，预行研磨好的关闭件一经与深冷介质（如液氨）接触就会失去密合性。关闭件是否经过深冷处理，其泄漏量可相差 10 倍之多。

四、密封面的研磨

1. 研磨前后检查

密封面的缺陷（划痕，撞伤、压伤、坑等），一般深度小于 0.05mm 时，可用研磨加以消除；若深度大于 0.05mm 时，应先车削加工，再进行研磨；当深度大于 0.20mm 时，则应更换新密封圈或堆焊，按加工工艺处理，最后进行研磨。对于肉眼分辨不清的缺陷，可涂红丹，用校验平板检查。也可用下述方法检查：先将密封面擦净，用软铅笔在密封面上画同心圆或通过中心的辐射线，再将校验平板放在密封面上，轻轻按住并旋转 2～3 转，然后检查密封面。如果所画的铅笔痕线全部被拭去，说明密封面是平整的；如果有部分铅笔痕线残留，则说明密封面不平整，需要重新修整，检查方法如图 1-25 所示。但无论什么情况下，都不允许用锉刀或砂布修整不平整的密封面，通常采用研磨方法。

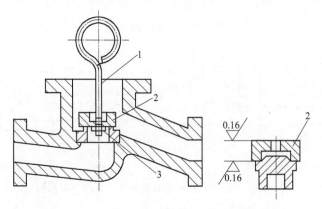

图 1-25　用校验平板检验密封面的平整度

1—手柄；2—双面校验平板；3—螺母

研磨阀门常用的磨料性能及用途见表 1-7。

表 1-7　研磨阀门常用磨料的性能及用途

名称		代号	颜色	硬度(HV)	相对研磨能力	性　能	适用材料
氧化物系	棕刚玉	GZ	棕、暗红或灰褐色	2000	0.10	韧性好、锋利、廉价	碳钢、合金钢、可锻铸铁
	白刚玉	GB	白色或灰色	2200	0.12	较棕刚玉切削能力稍高,但韧性略低,研磨时易压裂,形成新的锋刃	适用于淬硬钢的精研
碳化物系	黑色碳化硅	TH	黑色	2800	0.25	锋利,但很脆,散热较好;适用于抗拉强度低的工件研磨	铝、铜、铸铁的研磨
	绿色碳化硅	TL	绿色	3000	0.28	较 TH 略硬,更脆,锋利,散热较好,研磨韧性材料时易碎裂;除了与 TH 相同适用范围之外,还可以用于较硬材料的研磨	铸铁、淬硬钢、堆焊硬质合金等研磨
	碳化硼	TP	黑色	5000	0.30	较 TL 硬,颗粒能自行修磨,保持锋利,高温时易氧化;常用于较硬材料的研磨	淬硬钢、堆焊硬质合金等研磨

2. 磨具

在阀门研磨中，阀体上密封面的研磨比阀瓣、闸板、阀片的研磨要困难些，而阀体上密封面研磨的成败，关键在于磨具的性能。

在一定的研磨压力作用下，磨料能部分地嵌入磨具内（而不会嵌入密封面内），从而使磨具的表面就像砂轮一样，形成无数的切削刃，当磨具与密封面做相对运动时，就产生了切削作用。因此，磨具的材料要比密封面软些，但也不能太软，否则磨料将会全部嵌入磨具而失去其应有的作用。磨具材料最好采用珠光体铸铁，也可以采用灰铸铁（如 HT 28～48）。磨具在加工之前应先行退火，方法是：将其加热至 800℃，并保温 3h，在炉内缓冷（每小时降低 30℃）到 650℃，然后在炉内自然冷却。磨具的工作表面硬度最好在 120～220HB 范围内，并根据被磨零件的硬度及磨料粒度灵活掌握。被磨零件的硬度越高，磨具硬度也需相应提高；磨料粒度大时，则磨具硬度可适当低些。粗研磨和精研磨应用两套磨具，精研用的磨具硬度应高些，磨具工作面的粗糙度不应高于 Ra0.1μm。

阀门研磨常用的磨具如图 1-26 及图 1-27 所示，图 1-26 中磨具 3 可以根据被研磨阀门的大小随时更换。导向装置 4 也可以根据阀门的通道直径来选配。万向接头 2 是为避免作用在磨具上的压力不均匀时导致磨具倾斜而设置的。若用手工研磨，零件 1 可以做成图 1-27 所示手柄状。如利用钻床或其他机械研磨时，零件 1 制成图 1-26 所示钻头柄状。导向装置与被磨零件的径向间隙应小于 0.1～0.2mm（根据阀门的大小来定）。研磨闸阀的闸板时，可使用平板磨具。研磨时应使其均匀地在磨具整个面上移动。磨具的工作表面应经常用校验平板来检查其平整度，直至合格为止。

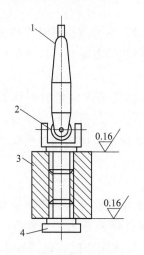

图 1-26　阀门研磨磨具之一
1—钻头柄；2—万向接头；
3—磨具；4—导向装置

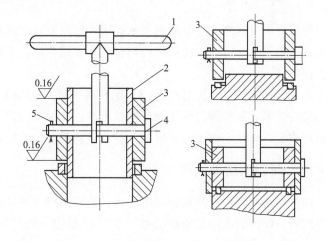

图 1-27　阀门研磨磨具之二
1—手柄；2—导向装置；3—磨具；
4—销；5—开口销

3. 研磨

研磨有手工研磨和机械研磨两种。在管道阀门检修工作中，用得最广泛的仍属手工研磨。

研磨前或每次更换磨料后，都必须用煤油擦洗磨具的工作面及被磨的密封面。擦净后，在密封面上均匀地涂上一薄层混有机油的磨料，再将擦净的磨具放在密封面上正反交替 90°，转动 6～7 次，然后将磨具的原始位置转换 120°～180°，再继续研磨。如此重复操作 5～8 次，即以煤油洗净废磨料，并重新涂上磨料继续研磨，直至合格为止。

研磨时，一般是先用较高的压力和较低的转速进行粗研，然后用较低的压力和较高的转速进行精研。经过研磨，应使微细的划道都成为同心圆，如此才能阻止介质的泄漏。粗磨时，磨具压在密封面上的压力不应大于 0.147MPa；精磨时，则不应大于 0.049MPa。

在钻床或其他机械上传动研磨时，选择合适的磨具转速。润滑最好采用机油，也可采用黄甘油、煤油、硬脂酸、油酸、石蜡等。研磨时，用力要均匀，经常注意检查，不要把密封面的边缘磨钝或磨成球面。两个相邻的密封面如都不平整，不得叠在一起相互研磨，而必须分别用磨具研磨。

在整个研磨过程中，必须注意清洁，不同粒度或不同号数的研磨剂不能相互掺和，且应严密封存以防杂质混入；不能在同一块平板或磨具上同时使用不同粒度或不同种类的研磨剂，阀盘和阀座之间一般不允许对研，应分别进行研磨。

4. 研磨后的质量检验

研磨完毕，密封面的平整度可用前述的铅笔划线法或涂色法来检查。研磨以后的密封面粗糙度应不高于 Ra0.2μm。质量检查合格后，应进行严密性水压试验。

知识点五　阀门组装与压力试验

一、阀门组装

阀门零部件修复后，要重新组装起来。组装时，应认真仔细，不可擦伤密封面和阀杆表面；上紧螺栓时，一定要对称均匀；垫片和螺栓应涂上机油调和的石墨粉，以便日后易于拆卸。

在组装过程中，应注意将阀瓣、闸板等关闭件先提起来，以免装配阀盖时损坏关闭件。组装完毕，要把阀门内腔清理擦拭干净，并保持阀门外观清洁，然后做水压试验，检查修理质量。试验合格，擦干内腔，最后重新按规定涂漆，做好标志，使之面貌一新。

二、阀门的压力试验

阀门在检修之前以及重新组装之后，都要进行水压试验。水压试验分为强度试验和严密性试验。阀门的强度试验压力按 GB 1048 确定。阀门的严密性试验压力，除蝶阀、止回阀、底阀、节流阀外，一般应以公称压力进行；在能够确定工作压力时，也可按 1.25 倍工作压力进行试验。阀门检修时，对于公称压力小于 0.981MPa，且公称直径 $DN \geqslant$ 600mm 的闸阀，可不单独进行水压强度和严密性试验。强度试验在系统试压时按管道系统的试验压力一起进行。严密性试验可用印色法对闸板的密封面进行检查，接合面应连续。阀门的强度和严密性试验一般在试验台上进行，见图 1-28。试验时，压力逐渐升高至试验压力，稳压时间为 5min，以压力不下降、无渗漏现象为合格。

1. 强度试验

阀门水压强度试验如图 1-29 所示。试验前，先将体腔内的空气排尽。试验时，应将关闭件稍稍开启，并将阀门通路的一端堵塞（可采用盲板方式），水从另一端引入。对带有旁通的阀门，试验时也应将旁通打开。

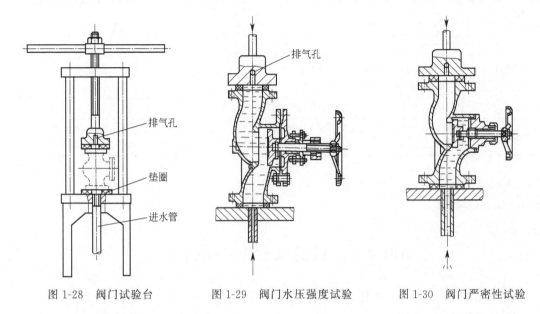

图 1-28 阀门试验台　　　图 1-29 阀门水压强度试验　　　图 1-30 阀门严密性试验

2. 严密性试验

阀门的严密性试验如图 1-30 所示。试验时，应关闭阀门，介质从通路一端引入，在另一端检查其严密性。如果是闸阀，则两侧应分别做上述试验，或者采用图 1-29 的方法，这样做可一次完成试验。阀体及阀杆的接合面以及填料部分的严密性试验也可按图 1-29（关闭件开启，通路封闭）所示方法进行试验，只不过其试验压力为严密性试验压力。

▶ 子项目三　管道系统试压

新安装的管道，包括修理中更换的某根管段，在装置投用前都应对其进行压力试验，以求证其实际的承压能力。

📚 项目实施

项目选自工程实际中的管道系统压力试验，以现有管道拆装装置为依托，对管道拆装、阀门更换后，进行管道系统压力试验。项目实施过程见表 1-8。

表 1-8　管道系统试压项目实施方案

步　骤	工　作　内　容
信息与导入	读任务书，分析工作任务，明确工作目标；熟悉或回顾相关知识和标准规范，搞清缺乏的知识；选择信息来源（教材、其他书籍、相关标准规范、网络资源等），收集与管道系统试压工作任务相关的信息。收集的信息包括管道试压的工具与设备、试验压力的确定方法、压力试验的工作步骤、管道压力试验的合格标准等。参考标准为 SHS 01005—2004《工业管道维护检修规程》等
计划	根据任务书制订工作计划，即：管道系统试压工作计划。通过小组讨论、综合，在工作步骤、工具与辅助材料、时间（规定时间、实际完成时间）、工作安全、工作质量等方面提出小组实施方案，并考虑评价标准

续表

步　骤	工　作　内　容
决策	学生向教师汇报实施方案,认清各个解决方案的优缺点,完善工作计划,确定最终的实施方案
实施	学生自主地执行工作计划,即进行管道系统压力试验,按照分工进行各项工作。例如选择试验设备和工具,制作材料表,计算材料费用,领取工具,实施压力试验,记录时间点,记录实施过程中的问题,根据需要对实施计划做必要调整
检查	学生自主按照标准对工作成果进行检查,记录自检结果
评估与优化	教师听取学生小组的工作汇报,给予评价。学生汇报小组工作和自检结果,说明工作中满意之处和不足之处,对出现的故障和错误进行分析,对过程和结果进行评价,提出优化方案,写出评价报告

 知识链接

知识点一　管道试验应具备的条件

管道试验应具备如下的条件。

① 管道及支、吊架等系统施工完毕,检修记录齐全并经检验合格,试验用临时加固措施确认安全可靠。

② 试验用压力表须校验合格,精度不低于 1.5 级,表的量程为最大被测压力的 1.5～2 倍。压力表不少于两块。

③ 将不参与试验的系统、设备、仪表及管道等隔离。拆除安全阀、爆破片。

④ 凡是管内充水后不会对管线本身或其他与之相连的设备产生损坏的,都应首先考虑采用液压试验。不宜进行液压试验的管线,可以采用空气或氮气试压,若用气体进行试压,试压前首先应对焊缝进行 100% 的检查,确认焊缝的质量符合要求,被试的管线本身的材质,也应符合有关材料的规范要求。

知识点二　管道压力试验

一、液压试验

液压试验应用洁净水进行,注水时应将空气排净。所有被试压的管线的高点处,应设法设置放空口,以便将被试压管线中的气体排尽。

奥氏体不锈钢管的液压试验,水中氯离子含量不得超过 2.5×10^{-5}。

液压试验压力应符合下列规定:

① 真空管道为 0.2MPa（表压）。

② 其他管道为最高工作压力的 1.5 倍。

③ 最高操作温度高于 200℃ 的碳素钢管或高于 350℃ 的合金钢管道的试验压力,应按下式换算:

$$p_t = 1.5 p_0 [\sigma_0] / [\sigma_t] \tag{1-1}$$

式中　p_t——常温时的试验压力，MPa；

　　　　p_0——最高工作压力，MPa；

　　　　$[\sigma_0]$——材料在试验温度下的许用应力，MPa；

　　　　$[\sigma_t]$——材料在工作温度下的许用应力，MPa。

④ 水压试验过程中，碳素钢、普通低合金钢的管道各部水温保持在5℃以上，其他钢材的水温按设计要求执行，水压试验后及时将水排净。在冬季，还应考虑防止在充水及试压过程完成后，因管内存水结冰而将管线冻裂。

⑤ 水压试验不降压、无泄漏、无变形为合格。

二、气压试验

管道系统水压试验有困难时可用气压试验代替，气压试验按 SH 3501—2011《石油化工有毒、可燃介质钢制管道工程施工及验收规范》的要求执行。

知识点三　管道严密性试验

气压严密性试验应在强度试验和系统吹洗合格后进行。试验介质宜用空气或氮气。试验压力为：

① 真空管道，0.1MPa（表压）。

② 其他管道为最高工作压力。当最高工作压力高于25MPa的管道以空气作试验介质时，其压力不宜超过 25MPa。

检查管道连接处是否存在泄漏，可用刷肥皂水后，观察有无冒气泡来判断。

真空管道在严密性试验合格后，系统运转时，还应按设计压力进行真空度试验，时间为24h，增压率不大于5％为合格。

严密性试验时，应缓慢升压，达到试验压力后稳压 10min，然后降压至最高工作压力，以不降压、无泄漏和无变形为合格。

严密性试验可随装置气密性试验一并进行。

▶ 子项目四　化工管道安装

化工管道的安装是维修人员必备的技能之一。在化工生产装置的建设过程中和使用的维护检修中，都会涉及管道的安装。

项目实施

以某企业的一段管道改造项目为例，编制管道安装施工工作计划。同时，以管道拆装实训装置为依托，制作一段管路，包括管件和阀门，连接到已有的系统中。项目的实施见表1-9。

表 1-9　化工管道安装项目实施方案

步　骤	工　作　内　容
信息与导入	读任务书,分析工作任务,明确工作目标;熟悉或回顾相关知识和标准规范,搞清缺乏的知识;选择信息来源(教材、其他书籍、相关标准规范、网络资源等),收集与管道安装工作任务相关的信息。收集的信息包括管道支撑件的种类及安装方法、管道安装前的准备工作、管道安装方法、管道安装合格标准等
计划	根据任务书制订工作计划,即:管道安装工作计划。通过小组讨论、综合,在工作步骤、工具与辅助材料、时间(规定时间、实际完成时间)、工作安全、工作质量等方面提出小组实施方案,并考虑评价标准
决策	学生向教师汇报实施方案,认清各个解决方案的优缺点,完善工作计划,确定最终的实施方案
实施	学生自主地执行工作计划,按照分工进行各项工作,即进行一段管道的制作和安装,安装结束后进行试压。在选择制作工具、制作材料表、计算材料费用,领取工具,实施压力试验,记录时间点等方面进行训练,记录实施过程中的问题,根据需要对实施计划做必要调整
检查	学生自主按照标准对工作成果进行检查,记录自检结果
评估与优化	教师听取学生小组的工作汇报,给予评价。学生汇报小组工作和自检结果,说明工作中满意之处和不足之处,对出现的故障和错误进行分析,对过程和结果进行评价,提出优化方案,写出评价报告

 知识链接

知识点一　管道安装前的准备工作

管道安装的一般程序如下所示:

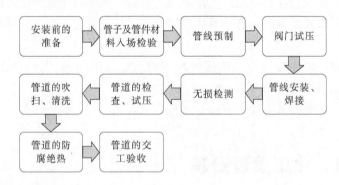

一、一般性的准备工作

化工管路在施工前应进行的一般性准备工作包括:技术准备、施工现场准备、材料及施工机器的准备。

1. 技术准备

管道工程施工技术准备工作宜按下列程序进行:

① 熟悉、审查设计文件(管道施工图、材料表、标准图、设计说明及技术规定等);

② 核实管道工程内容;

③ 编制管道工程施工工艺文件;

④ 参加设计交底,并组织本单位各级的技术交底;

⑤ 选择焊接方法，组织焊接工艺试验与评定；

⑥ 规划劳动组织，进行人员培训；

⑦ 规划现场预制加工厂；

⑧ 规划检测设施。

2. 施工现场准备

① 施工现场在施工前应达到三通（道路通、通电、通水）一平（场地平整）。

② 应按施工平面布置图堆放材料、摆放施工机器，合理布置管道预制、临时设施等场地。

③ 施工边界线以外 30m 范围内的易燃（闪点低于或等于 45℃）物品已经清除或者已经采取防明火措施。

④ 埋地管道和顶管施工所经路线及施工方案，经有关单位确认批准，并采取了保护措施。施工监护区域已明显标识。

⑤ 管道施工所需临时脚手架和管沟内的支护已按要求搭设完毕，经检查合格。

3. 材料及施工机具准备

① 管道组成件、管道支撑件包括安装件和附着件，以及管道的焊接材料等应按管道系统配套，按工期要求供货，满足施工进度。

② 其他材料如玻璃钢、橡胶、塑料、油漆、隔热材料、防水材料、防腐材料等，能保证按工期要求供货。

③ 管道组成件的到货检验、试验工作已基本完成，并按规定要求做好标识，具备投用条件，剩余的检验、试验工作，按检验、试验计划能满足工期要求。

④ 施工机具按资源配置计划已配置完成。

⑤ 检验、试验设备、无损检测仪器、计量器具等应满足管道施工检验、试验要求，且经检定合格，并在有效期内。

二、管道组成件和管道支撑件的入场检验

凡是进入施工现场的管道组成件和管道支撑件都必须在施工单位自检合格的基础上向监理单位报验，监理人员检验合格后方准入场使用。具体事项如下：

① 管子、阀门、法兰、垫片等都必须具有制造单位的质量合格证明。

② 管子、阀门、法兰、垫片等必须在材质、规格、型号数量、质量等方面都符合设计文件的要求，并符合现行国家标准的规定，外观检查合格，才能验收。

③ 合金钢管及其组成件要进行光谱分析，确认材质成分合格才能进场使用。

④ 阀门的检验。凡是输送剧毒、有毒、可燃流体管道的阀门需要逐个进行壳体强度试验和严密性试验，输送设计压力大于 1MPa 或设计压力小于 1MPa 但设计温度小于 −29℃ 或大于 186℃ 的非可燃流体，无毒流体管道的阀门也要逐个进行强度试验和严密性试验。不在这些范围的阀门可从每批阀门中抽查 10%，且不得少于 1 个，进行强度试验和严密性试验。当不合格时，应加倍抽查，仍不合格时，该批阀门不得使用。

试验时，阀门的壳体试验压力不得小于公称压力的 1.5 倍，试验时间不得少于 5min，以壳体填料无渗漏为合格。密封试验时，宜以公称压力进行，以阀瓣密封面不漏为合格。

试验合格的阀门，应及时排尽内部积水，并吹干。

公称压力小于1MPa，且公称直径大于或等于600mm的闸阀，可不单独进行壳体强度试验和闸板密封试验，壳体压力试验宜在系统试压时，按管道系统的试验压力进行试验。

管道组成件及管道支撑件验收合格后，应妥善保管。材质为不锈钢的部件在储存期间，不得与碳钢接触。暂时不安装的管子，应封闭管口，以防灰尘异物进入管内。

三、管线预制

管线的预制主要是管子切割和管子弯制。

1. 管子切割

在管道施工中，为了使管子能符合所需长度，就必须切割管子。切割管子的方法有锯割、气割、磨割、刀割。施工中，可根据管子的材质，管径的大小和现场施工条件来选择合适的切割方法。

① 锯割：是常用的切割管子的方法，分为手工锯割和机械锯割两种。

② 磨割：利用高速旋转的砂轮片与管壁摩擦，将管子切断的方法。

③ 气割：利用氧乙炔高温气焰切割管子的方法，用于切割管径大于100mm的管子。

④ 刀割：利用切割刀切割管子的方法。

管子切断前，应移植原有标记，低温钢管及钛合金管严禁使用钢印作标记。

合金钢管、不锈钢管、公称直径小于50mm的碳素钢管，以及焊缝射线检测要求等级为Ⅱ级合格的管道坡口，一般应用机械切割。如采用气割、等离子切割等，必须对坡口表面打磨修整，去除热影响区，其厚度一般不小于0.5mm。有淬硬倾向的管道旧坡口应100％PT检查，工作温度低于或等于−40℃的非奥氏体不锈钢管坡口5％探伤，不得有裂纹、夹渣等。不锈钢管、有色金属管应采用机械或等离子方法切割，不锈钢管及钛合金管需用砂轮切割或修磨时，应使用专用砂轮片。镀锌钢管宜用钢锯或机械加工方法进行切割。

切割管子时应注意如下事项：

① 管子切口表面应平整，无裂缝、重皮、毛刺、凸凹缩口、熔渣、氧化物、铁屑等。

② 管端切口平面与管子轴线的垂直度小于管子直径的1％，且不得超过3mm。

③ 清除坡口表面及边缘20mm内的油漆、污垢、氧化铁、毛刺及镀锌层，并不得有裂纹、夹层等缺陷。

④ 为防止沾附焊接飞溅，奥氏体不锈钢坡口两侧各100mm范围内应刷防飞溅涂料。

⑤ 手工电弧焊及埋弧自动焊的坡口型式和尺寸应符合GB 50236—2011《现场设备、工业管道焊接工程施工规范》的要求。

⑥ 不等壁厚的管子、管件组对，较薄件厚度小于10mm、厚度差大于3mm及较薄件厚度大于10mm，厚度差大于较薄件的30％或超过5mm时，应按相关规定削薄厚件的边缘。

2. 管子弯制

① 管子弯曲的最小弯曲半径见表1-10。

表 1-10　管子弯曲的最小弯曲半径

管道设计压力/MPa	弯管制作方式	最小弯曲半径
<10	热弯	$3.5D_w$
	冷弯	$4.0D_w$
≥10	冷、热弯	$5.0D_w$

注：D_w 为管子外径。

② 弯曲的钢管表面不得有裂纹、划伤、分层、过热等现象，管内外表面应平滑、无附着物。

③ 弯管制作后，弯管处的最小壁厚不得小于管子公称壁厚的 90％，且不得小于设计文件规定的最小壁厚。

④ 弯曲角度偏差，高压管不得超过 1.5mm/m，最大不得超过 5mm；中低压管弯曲角度偏差对冷弯管不超过 3mm/m，最大不得超过 10mm；对热弯管不得超过 5mm，最大不得超过 15mm。

⑤ 褶皱弯管波纹分布均匀、平整、不歪斜。

⑥ 碳素钢管、合金钢管在冷弯后，应按规定进行热处理。有应力腐蚀倾向的弯管（如介质为苛性碱、湿硫化氢环境等），不论壁厚大小，均应做消除应力热处理。

知识点二　管道支撑件的种类及安装方法

将管道的自重、输送流体的重量、由于操作压力和温差所造成的荷载以及振动、风力、地震、雪载、冲击和位移应变引起的荷载等传递到管架结构上去的管道元件称为管道支撑件。可以分为安装件和附着件。安装件包括吊杆、弹簧支吊架、斜拉杆、松紧螺栓、支撑杆、链条、导轨等。附着件包括管吊、吊（支）耳、圆环、管夹、U 形夹和夹板等。

一、管道的管架

管架是用来支撑架空管路的，它有钢结构和钢筋混凝土结构两类。管架形式分为支撑式（支架）和悬吊式（吊架）两大类。

1. 支架

用于室外和室内的支架结构有所不同，室外管道支架常采用独立结构且尺寸较大，室内管架常借助建筑物而设置且尺寸较小。管子与支架用管卡和管托来固定或保证滑移。

（1）室外支架　独立式支架如图 1-31 所示，适用于管径较大而管路数量不多的情况，设计与施工均简单，应用较普遍。梁式支架如图 1-32 所示，可在纵向梁上按需要架设不同间距的横梁，作为管道敷设支点或固定点，以满足不同管道对跨度大小的要求。当管道数量较多时也可将管架制成双层，一般用于跨度为 8～12m、管路推力不太大的情况。

（2）室内支架　室内支架主要有单立柱式、框架式、悬臂式、夹柱式、支撑式等，如图 1-33 所示。它们是用型钢制成或型钢与墙、柱结合构成，适用于直径较小的管路，且不能有大的振动。

2. 吊架

在楼板下敷设管路时可用吊架安装。对单根管路，可以用图 1-34 所示的普通吊架；

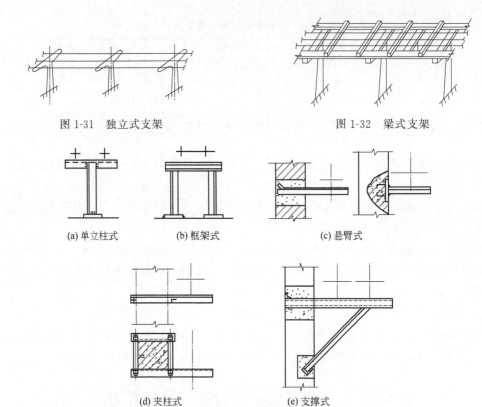

图 1-31　独立式支架　　　　图 1-32　梁式支架

(a) 单立柱式　　　(b) 框架式　　　　(c) 悬臂式

(d) 夹柱式　　　　(e) 支撑式

图 1-33　室内支架

当管路有垂直位移时，应使用弹簧吊架，如图 1-35 所示。

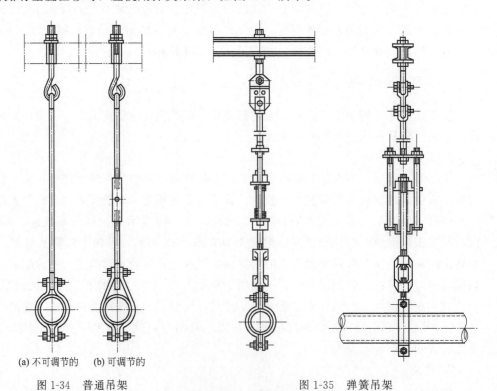

(a) 不可调节的　　(b) 可调节的

图 1-34　普通吊架　　　　　　图 1-35　弹簧吊架

对于一批管道，可采用如图 1-36 所示的复合吊架，其中每一根管路都用管卡或管托固定在复合吊架上。机械强度较低的管路（如铅管）应安装在木槽或角铁槽内，如图 1-37 所示。

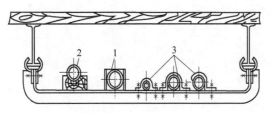

图 1-36　复合吊架

1—安装在长方形木板槽内的铅管；2—安装在弧形木板槽内的铅管；3—管夹

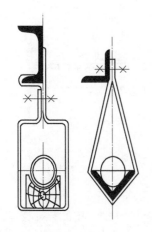

图 1-37　低强度管道的吊架安装法

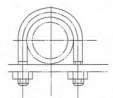

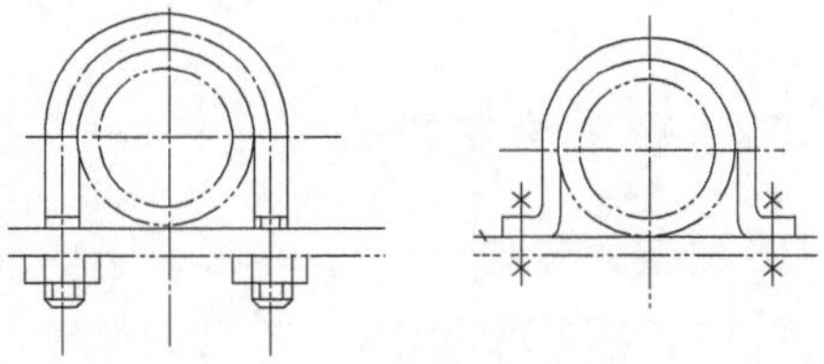

图 1-38　管卡

3. 管卡和管托

管卡主要有 U 形圆钢管卡和扁钢管卡两种，用螺母紧固，将管子夹持在管架上。如图 1-38 所示。固定管托的常见形式如图 1-39 所示。管托与管架一般是用焊接或螺栓连接的，管托与管子一般是用焊接连接的。固定管托保证管路在该点不发生轴向移动，从而保证各补偿器的热变形均匀。滑动管托的常见形式如图 1-40 所示。管子与滑动管托常焊在一起，管托不与管架连接，它可随管路热变形而在管架上沿中心线移动，代替管子与管架的接触运动，避免管子在管路变形时被磨损。滚动管托如图 1-41 所示，它与滑动管托的作用相同，即允许管路沿中心线方向移动，但比滑动管托的摩擦阻力小。导向管托如图 1-42 所示，是在滑动管托的两侧管架上各焊一段角钢，每侧角钢与管托有 3～4mm 间隙，这种管托是为了使管子在支架上滑动时不偏离方向而设的。各种管托主要用于需绝热的管路。

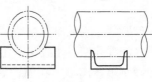

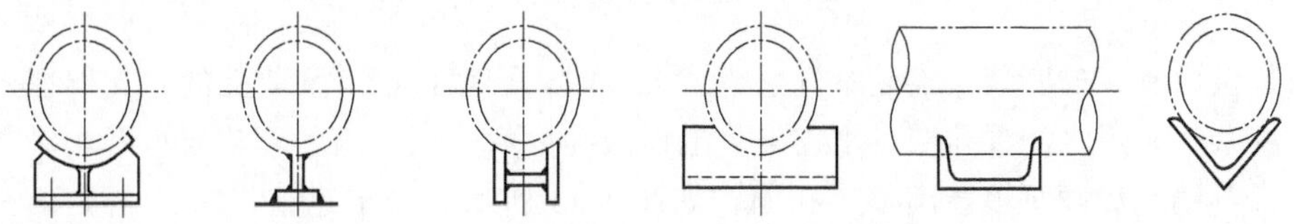

(a)鞍形管托　(b)⊥形管托　(c)H形管托　　(d)槽形管托　　(e)角钢管托

图 1-39　固定管托的常见形式

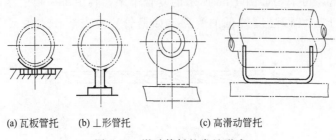

(a) 瓦板管托　　(b) ⊥形管托　　　　(c) 高滑动管托

图 1-40　滑动管托的常见形式

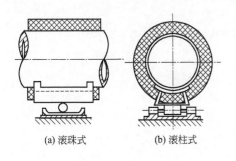

(a) 滚珠式　　　　(b) 滚柱式

图 1-41　滚动管托

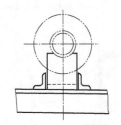

图 1-42　导向管托

二、管架的安装

1. 支架的安装

（1）室外支架的安装　安装支架时，在同一管路的两个补偿器中间只能安装一个固定管托，而在补偿器两侧各装一个活动管托以保证补偿器能自由伸缩，如图 1-43 所示。安装活动管托时，其安装位置应从支架中心向位移反向偏移，偏移量为热位移量 ΔL 的一半。固定管托必须与支架牢固连接，而活动管托则不得有歪斜和卡涩现象，保温层不得妨碍热位移。

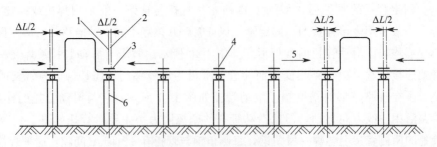

图 1-43　管路支架的安装方法

1—支架中心线；2—管托安装时的中心线；3—活动管托膨胀的方向；4—固定管托；5—膨胀方向；6—支架

（2）室内支架的安装　安装室内悬臂式支架时，当墙上已有预留孔的，支架埋入前先清除孔内杂物，用水浇湿孔壁，把支架一端插入孔内后，用适当的碎砖或小石块对支架进行固定，再用水泥砂浆填塞满整个孔洞，如图 1-44 所示。当土建施工时已在支架安装部位预先埋入钢板的，把黏附在预埋钢板上的砂浆去除后，将支架焊在钢板上，如图 1-45 所示。

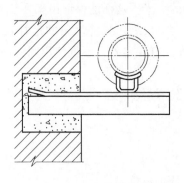

图 1-44　埋入式支架

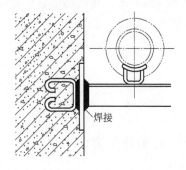

图 1-45　焊接式支架

在无预留孔或预埋钢板的建筑物上安装支架，当允许打眼时，可用射钉枪将射钉射进建筑物，然后用螺母将支架紧固在建筑物上，如图 1-46 所示。也可以先在建筑物上钻出直径、深度分别与膨胀螺栓套管外径、长度相等的孔后，将套上套管的膨胀螺栓压入孔内，然后用螺母把支架紧固在建筑物上，如图 1-47 所示。紧固时螺栓尾部锥体将纵向部分开口的套管胀开，紧压在孔壁上而不被拔出。在不允许打眼的梁柱上安装支架时，可采用夹柱式支架，即用螺栓将支架夹紧固定在立柱上，如图 1-48 所示。

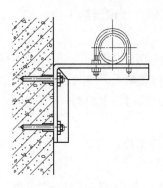

图 1-46　用射钉安装的支架

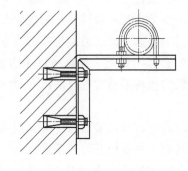

图 1-47　用膨胀螺栓安装的支架

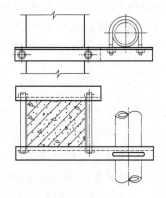

图 1-48　夹柱式支架

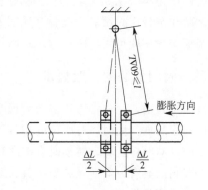

图 1-49　普通吊架的安装

2. 吊架的安装

安装无热位移的管路，吊架应铅垂安装。安装有热伸长管路时，吊架应向管路膨胀相反的方向倾斜安装，其倾斜量等于管路热伸长量 ΔL 的一半。这样能保证吊架在工作时受力不至过大，如图 1-49 所示。普通吊架的吊杆长度 $l \geqslant 60 \Delta L$，弹簧吊架的吊杆长度 $l \geqslant 20 \Delta L$。热伸长方向相反或伸长值不相等的管路，除设计有规定外，不得使用同一吊架。

知识点三　管道安装方法

一、管道连接方法

管道连接的相关方法参阅本项目的子项目一，此处不再赘述。

二、阀门的检验

阀门安装前应进行外观质量检查，阀体应完好，开启机构应灵活，阀杆应无歪斜、变形、卡涩现象，标牌应齐全。

阀门应进行壳体压力试验和密封试验，具有上密封结构的阀门还应进行上密封试验，不合格者不得使用。

阀门的壳体压力试验和密封试验应以洁净水为介质。不锈钢阀门试验时，水中的氯离子含量不得超过 25×10^{-6}（25ppm）。试验合格后应立即将水渍清除干净。当有特殊要求时，试验介质应符合设计文件的规定。

阀门的壳体试验压力应为阀门在 20℃时最大允许工作压力的 1.5 倍，密封试验压力应为阀门在 20℃时最大允许工作压力的 1.1 倍。当阀门铭牌标示对最大工作压差或阀门配带的操作机构不适宜进行高压密封试验时，试验压力应为阀门铭牌标示的最大工作压差的 1.1 倍。

阀门的上密封试验压力应为阀门在 20℃时最大允许工作压力的 1.1 倍。试验时应关闭上密封面，并应松开填料压盖。

阀门在试验压力下的持续时间不得少于 5min。无特殊规定时，试验介质温度应为5℃～40℃，当低于 5℃时，应采取升温措施。

公称压力小于 1.0MPa，且公称尺寸大于或等于 600mm 的闸阀，可不单独进行壳体压力试验和闸板密封试验。壳体压力试验宜在系统试压时按管道系统的试验压力进行试验。闸板密封试验可用色印等方法对闸板密封面进行检查，接合面上的色印应连续。

三、阀门安装的一般要求

阀门安装前，应先将管道内部清理干净，以防氧化铁屑、焊渣、硬颗粒或其他异物刮伤阀门的密封面。同时，对阀门的型号规格要认真检查核对，将阀门零件上的污物、锈层清除干净，对阀杆歪斜、转动时有卡滞现象予以纠正。认真检查阀门是否关闭严密。

许多阀门具有方向性，如截止阀、节流阀、减压阀、止回阀等。安装时如若装反，则不仅影响使用效果与寿命（如节流阀、截止阀），甚至根本不起作用（如减压阀），还可能造成危险（如止回阀）。一般来说，每个阀门上都带有介质流向的方向标志，或铸于阀体上，或标记于铭牌上，万一没有时，应根据阀门的工作原理正确分析判断，在安装时加上方向标识，以免日后装反。

截止阀种类很多，可分为标准式、直流式与角式三大类。由于截止阀的阀腔左右不对称，流体应由下而上地经过阀口（习惯上称为"低进高出"），这样流体阻力小，开启省力（因介质压力向上），关闭后介质不压填料，填料函也不易泄漏，并且易于检修。

闸阀不宜倒装。倒装时，会使介质长期驻留在阀腔内，容易腐蚀阀杆，而且也为某些工艺要求所禁忌，检修也不方便。明杆式闸阀不宜安装在地下，以防阀杆锈蚀。

止回阀有升降式和旋启式两类。升降式止回阀只能水平安装，以保证阀瓣升降灵活，工作可靠。旋启式止回阀要保证其轴销安装水平，以使之旋启动作灵活。旋启式止回阀可装在水平或垂直管道上。

阀门一般应在关闭状态下安装。当阀门与管道是以法兰或螺纹方式连接时，阀门应在关闭状态下进行安装，以免密封面被破坏。

安装法兰连接的阀门，螺母应放在阀门一侧，要对称拧紧法兰螺栓，保证法兰面与管子中心线垂直。

螺纹连接的阀门，其连接螺纹的密封填料（聚四氟乙烯生料带或浸铅油的麻丝等）应缠绕在外螺纹上，安装时注意不要将填料挤入管内或阀门内。对于螺纹连接的阀门，应在管路的适当位置装设活接头，以便于日常检修时拆装。

焊接连接的阀门宜用氩弧焊封底，以保证焊接质量与内部清洁，但在焊接时阀门不应关闭，以防止过热变形。

水平管道上的阀门，其阀杆最好垂直向上或向左右偏 45°方向。水平安装也可以，但不能向下，垂直管道上的阀门，必须顺着操作巡回线的方向安装，有条件时，阀门尽可能集中，以便于操作。

安装和更换较重的阀门时，起吊的索具不能系在手轮或阀杆上，而应系在阀体上或法兰上，以免损坏手轮或阀杆等零件。

减压阀安装时，其前后都应配置切断阀和压力表，阀后设置安全阀。此外，一般还应连有旁通管，以备检修和更换减压阀时切换之用。如蒸汽管线，阀前应设置汽水分离器和过滤器。过滤器一般装在汽水分离器和减压阀之间。为防止严重水锤现象发生，活塞式减压阀底部的堵头可改装为排水阀（闸阀），以便开车时排尽减压阀底部的存水。

▶ 子项目五　化工管道日常维护

在石油、化工部门中，管道数量庞大，起着重要的作用。由于管材性能的局限性、管子质量缺陷、管子弯头设计不合理、管子对热胀冷缩的适应性差，以及操作不当或管道系统的振动等，可能造成管道的破坏而导致泄漏。由于化工介质具有易燃、易爆、有毒的特点，一旦泄漏将导致严重的后果。因此，对化工管道泄漏故障的监测与诊断就成为化工设备故障诊断研究的主要对象之一。

项目实施

化工管道日常维护项目的实施分两部分。一部分是借助校内化工单元操作装置，在装置运行中对管道进行维护；另一部分是在企业实践过程中实施。项目的实施方案见表 1-11。

表 1-11　化工管道日常维护项目实施方案

步骤	工作内容
信息与导入	读任务书,分析工作任务,明确工作目标;熟悉或回顾相关知识和标准规范,搞清缺乏的知识;选择信息来源(教材、其他书籍、相关标准规范、网络资源等),收集与管道日常维护工作任务相关的信息。收集的信息包括化工管道日常维护与检查的内容、化工管道常见故障及处理方法、某企业的生产工艺流程图、某企业日常巡检要求
计划与决策	根据任务书制订工作计划,本工作计划为某企业的生产实际情况,日常对管道检查中的检查项目。要考虑工作安全、工作质量、废料处理、环保等方面问题
实施	项目的实施需要在学生到企业实习中完成,或在校内化工单元操作实训项目进行时完成
检查	学生自主按照标准对工作记录结果自检
评估与优化	教师听取学生小组的工作汇报,给予评价。学生汇报小组工作和自检结果,说明工作中满意之处和不足之处,对出现的故障和错误进行分析,对过程和结果进行评价,提出优化方案,写出评价报告

 知识链接

知识点一　化工管道的日常维护

石油化工企业应严格管理工艺及动力管道,按照工艺流程和各单元分布情况划分区域,明确分工,以进行维护和检修。有关职能部门应对重要管道按系统、管段进行编号、登记,建立技术档案。

管道技术档案应包括下列资料:

① 管道及其附件的质量证明书;

② 安装质量验收报告和安装记录;

③ 管道的竣工图;

④ 系统的管段、管件、紧固件、阀门等的登记表;

⑤ 管道的使用、改造、检验、事故、缺陷和修理等的记录;

⑥ 管道及阀门的维护检修规程。

管道系统完好标准:

① 管道、阀门的零部件完整齐全,质量符合要求;

② 仪表、计器、信号联锁和各种安全装置、自动调节装置齐全完整,灵敏、可靠;

③ 管道、管件、管道附件、阀门、支架等安装合理,牢固完整,各种螺栓连接紧固,无异常振动和杂音;

④ 防腐、保温、防冻设施完整有效,符合要求。

知识点二　化工管道的日常检查

按管道分管范围,做好管道系统定时定线的巡线检查及日常的维护管理,及时发现和

预测可能出现的问题和故障并采取适当措施，使其得以消除或控制，以延长管道的使用寿命，保证安全生产。重点检查焊缝、阀门、法兰、垫片、补偿器、支吊架等。检查管道的工作压力、工作温度是否在允许范围内，管道有无冻堵，管道的振动、噪声、防腐层、保温层等有无异常现象，有无跑、冒、滴、漏和破损情况，安全附件是否失效，埋设管道有无漏水、漏气、漏液痕迹等。发现问题及时报告，进行检修或抢修。管道系统中经常性检查的项目和检查方法如下。

① 认真巡回检查，准确判断管内介质的流动情况和管件的工作状态。

② 检查管子及法兰、管件、阀门等组成件泄漏情况。

③ 绝热层和防腐层检查：检查绝热层有无破损、脱落、跑冷等情况，检查防腐层是否完好，适时做好管路的防腐和防护工作。

④ 振动检查：检查管道有无异常振动情况，管道、阀门内部是否有撞击声。

⑤ 位置与变形检查：检查管道的位置是否符合相关规范和标准的要求，管道之间及管道与相邻设备之间有无相互碰撞及摩擦，管道是否存在挠曲、下沉以及异常变形等。

⑥ 支吊架检查：支吊架是否脱落、变形、腐蚀损坏或焊接接头开裂，支架与管道接触处有无积水现象，承载结构与支撑辅助钢结构是否有明显变形，主要受力焊接接头是否有宏观裂纹。

⑦ 阀门检查：检查阀门表面是否存在腐蚀现象，阀体表面是否有裂纹、严重缩孔等缺陷，阀门连接螺栓是否松动，阀门操作是否灵活，阀门操作机构的润滑是否良好。

⑧ 法兰检查：法兰是否偏口，紧固件是否齐全并符合要求，有无松动和腐蚀现象；法兰面是否发生异常翘曲、变形。

⑨ 膨胀节检查：波纹管膨胀节表面有无划痕、凹痕、腐蚀穿孔、开裂等现象，波纹管波间距是否正常、有无失稳现象，铰链型膨胀节的铰链、销轴有无变形、脱落等损坏现象，拉杆式膨胀节的拉杆、螺栓、连接支座有无异常现象。

⑩ 对有阴极保护装置的管道应检查其保护装置是否完好。

⑪ 及时排放管路的油污、积水和冷凝液，及时清洗沉淀物和疏通堵塞部位。

⑫ 对管路安全装置进行定期检查和校验调整，比如安全阀是否灵敏可靠。

知识点三　化工管路常见的故障与处理方法

一、检修前准备及常见故障处理

化工管路故障检修前应做如下准备。

① 备齐图纸和技术资料，必要时应编写施工方案。

② 核对管道材料的质量证明文件，并进行外观检查。

③ 隔断非同步检修的设备或系统，加盲板。管道内部吹扫、置换干净，施工现场符合有关安全规定。

化工管路常见故障及处理方法见表 1-12。

表 1-12 化工管路常见故障及其处理方法

故障类型	产生原因	处理方法
管路振动	①旋转零件的不平衡 ②联轴器不同心 ③零件的配合间隙过大 ④机座和基础间连接不牢 ⑤介质流向引起的突变 ⑥介质激振频率和管路固有频率相接近 ⑦介质的周期性波动	①对旋转件进行静、动平衡 ②进行联轴器同心校正 ③调整配合间隙 ④加固机座和基础的连接 ⑤采用大弯曲半径弯头 ⑥加固或增设支架,改变管路的固有频率 ⑦控制波动幅度,减少波动范围
管路泄漏	①密封垫破坏 ②介质压力过高 ③法兰螺栓松动 ④法兰密封面破坏 ⑤螺纹连接没有拧紧、螺纹部分破坏 ⑥阀门故障 ⑦螺纹连接的密封失效 ⑧铸铁管子上有气孔或夹渣 ⑨焊接焊缝处有气孔或夹渣 ⑩管路腐蚀	①更换密封垫,带压堵漏 ②使用耐高压的垫片 ③拧紧法兰螺栓 ④修理或更换法兰,带压堵漏 ⑤拧紧螺纹连接螺栓,修理管端螺纹 ⑥修理或更换阀门 ⑦更换连接处的密封件,带压堵漏 ⑧在泄漏处打上卡箍,带压堵漏 ⑨清理焊缝、补焊,带压堵漏 ⑩更换管路,带压堵漏
管路裂纹	①管路连接不同心,弯曲或扭转过大 ②冻裂 ③保温层破坏 ④振动剧烈 ⑤机械损伤	①校正管路 ②加设保温层 ③更换保温层 ④消除振动 ⑤避免碰撞

二、连接处泄漏

泄漏是管路中的常见故障,轻则浪费资源、影响正常生产的进行,重则跑、冒、滴、漏,污染环境,甚至引起爆炸。因此,对泄漏问题必须引起足够重视。泄漏常发生在管路接头处,排除方法如下。

① 若法兰密封面泄漏首先应检查垫片是否失效,对失效的垫片应及时更换;其次是检查法兰密封面是否完好,对遭受腐蚀破坏或已有径向沟槽的密封面应进行修复或更换法兰;对于两个法兰面不对齐或不平行的法兰,应进行调整或重新安装。

② 若螺纹接头处泄漏,应局部拆下检查腐蚀损坏的情况。对已损坏的螺纹接头,应更换一段管子,重新配螺纹接头。

③ 若阀门、管件等连接处填料密封失效而泄漏,可以对称拧紧填料压盖螺栓,或更换新填料。

④ 若承插口处有渗漏现象,大多为环向密封填料失效,此时应进行填料的更换。

1. 给水管道的泄漏检测

给水管道漏水的检查方法一般有分区装表检漏法、听漏法、观察法。

(1)分区装表检漏法 这是一种比较可靠的检漏方法,做法是将给水网分段进行检查。在截取长度为50m内的管段上,将两端堵死,设置压力表并充水检查,如果压力下降,说明此管段有漏水现象,如果压力表的指针不动,说明无漏水。然后将被割断的管段接起来,再割断下一段,继续进行检查,直至找到漏水地点。此法的缺点是停水时间长,工作量较大。

（2）听漏法　一般采用测漏仪器听漏。测漏仪器有听漏棒、听漏器和电子检漏器等。其原理都是利用固体传声与空气传声找寻漏水部位。

采用听漏棒或其他类型测漏仪器时，必须在夜深人静时进行。其方法是沿着水管的路面上，每隔1～2m用测漏器听一次，遇到有漏水声后，即停止前进，进而寻找音响最大处，确定漏水点。

（3）观察法　此种方法是从地面上观察漏水迹象，如地面潮湿；路面下沉或松动；路面积雪先融；虽然干旱，但地上青草生长特别茂盛；排水检查时有清水流出；在正常情况下水压突然降低等都是管道漏水迹象。根据这些直接看到的情况确定漏水位置。此方法准确性较差，一般需用测漏仪器辅助。

2. 地下输油管道的泄漏诊断

埋在地下的输油管道，由于受到土层、地形和地面上建筑物等条件的限制，检漏十分困难。目前主要采用放射性示踪法和声发射相关分析法进行泄漏诊断。

3. 可燃性气体管道的泄漏监测

可燃性气体是指天然气、煤气、液化石油气、烷类气体、烯类气体、乙酸、乙醇、丙酮、甲苯、汽油、煤油、柴油等。目前，可燃性气体的监测检漏工作可采用各种监测报警装置来进行。当有关设备或管道泄漏的可燃性气体达到某一值时，监测报警装置中的传感器立即发生作用，使报警装置自动报警。使人们有充分的时间采取有效措施，避免事故的发生。

在石油化工企业中，常用的监测报警装置有防爆式 FB-4 型可燃气体报警器、监控式 BJ-4 型可燃气体报警器、携带式 TC-4 型可燃气体探测器等。

在化工企业中，管路担负着连接设备、输送介质的重任，为了保证生产的正常运行，对管路精心维护，及时发现故障、排除故障，显得十分重要。

4. 管道堵塞

管道堵塞故障常发生在介质压力不高且含有固体颗粒或杂质较多的管路。采取的排除方法有：手工或机械清理堵塞物；用压缩空气或高压水蒸气吹除；采用接通旁路的办法解决。

5. 管道弯曲

产生管道弯曲主要是由温差应力过大或管道支撑件不符合要求引起的。如因温差应力过大所导致，则应在管路中设置温差补偿装置或更换已失效的温差补偿装置；如因支撑不符合要求引起，则应撤换不良支撑件或增设有效支撑件。

 知识拓展

拓展知识一　拆卸与装配工具的选择与使用

在化工设备的维修过程中，要用到各种各样的维修工具。正确选择和使用这些工具能提高工作效率，保证维修质量。只有在了解了这些常用工具的类型、特点及使用方法后才有可能谈及真正的维修，这是维修的起点。

一、手工拆装工具的选用

1. 錾子的选用

錾子是錾削工具，一般用碳素工具钢锻成。常用的錾子有扁錾、尖錾和油槽錾，如图 1-50 所示。

扁錾的切削部分扁平，用来去除凸缘、毛刺和分割材料等，应用最广泛；尖錾的切削刃比较短，主要用来錾槽和分割曲线形板料；油槽錾用来錾削润滑油槽，它的切削刃很短，并呈圆弧形，为了能在对开式的滑动轴承孔壁錾削油槽，切削部分做成弯曲形状。各种錾子的头部都有一定的锥度；顶端略带球形，这样可使锤击时的作用力容易通过錾子的中心线，錾子容易掌握和保持平稳。

錾切时锤击应有节奏，不可过急，否则容易疲劳和打手。在錾切过程中，左手应将錾子握稳，并始终使錾子保持一定角度，錾子头部露出手外 15～20mm 为宜，右手握锤进行锤击，锤柄尾端露出手外 10～30mm 为宜。錾子要经常磨刃以保持锋利，防止在錾削时切销刃过钝打滑而伤手。

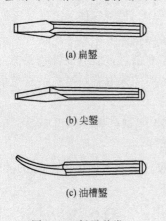

(a) 扁錾

(b) 尖錾

(c) 油槽錾

图 1-50　錾子种类

图 1-51　活扳手

2. 扳手的选用

扳手是机械装配或拆卸过程中的常用工具，一般是用碳素结构钢或合金结构钢制成。

（1）活扳手　也称活络扳手，如图 1-51 所示。使用活扳手应让固定钳口受主要作用力，否则容易损坏扳手。扳手手柄的长度不得任意接长，以免拧紧力矩太大而损坏扳手或螺栓。

（2）专用扳手　专用扳手是只能扳拧一种规格螺栓和螺母的扳手。它分为以下几种。

① 开口扳手：也称呆扳手，分为单头和双头两种，如图 1-52 所示。选用时它们的开口尺寸应与拧动的螺栓或螺母尺寸相适应。

② 整体扳手：整体扳手有正方形、六角形、十二角形（梅花扳手）等，如图 1-53 所示。其中以梅花扳手应用最为广泛，能在较狭窄的地方拧紧或松开螺栓（螺母）。

③ 套筒扳手：如图 1-54 所示。套筒扳手由梅花套筒和弓形手柄构成。成套的套筒扳手是由一套尺寸不等的梅花套筒组成。套筒扳手使用时，弓形的手柄可以连续转动，

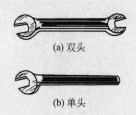

(a) 双头

(b) 单头

图 1-52　开口扳手

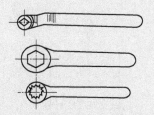

图 1-53　整体扳手

工作效率较高。

④ 锁紧扳手：用来装拆圆螺母，有多种形式，如图 1-55 所示。应根据圆螺母的结构选用。

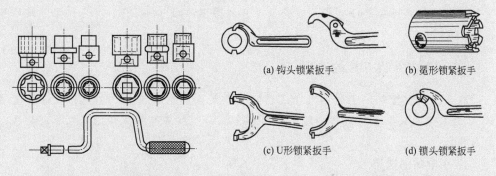

(a) 钩头锁紧扳手

(b) 覘形锁紧扳手

(c) U 形锁紧扳手

(d) 锁头锁紧扳手

图 1-54　成套套筒扳手

图 1-55　锁紧扳手

⑤ 内六角扳手：如图 1-56 所示，用于装拆内六角头螺钉。这种扳手也是成套的。

3. 管子钳

管子钳如图 1-57 所示，是用来夹持或旋转管子及配件的工具。钳口上有齿，以便上紧调节螺母时咬牢管子，防止打滑。

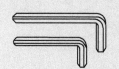

图 1-56　内六角扳手

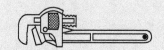

图 1-57　管子钳

4. 通心旋具的选用

通心旋具是旋杆与旋柄装配时，旋杆非工作端一直装到旋柄尾部的一种旋具。它的旋杆部分是用 45# 钢或采用具有同等以上机械性能的钢材制成，并经淬火处理，使其在强度及硬度上达到一定要求。

通心旋具主要是用于装上或拆下螺钉，有时也用它来检查机械设备是否有故障，即把它的工作端顶在机械设备要检查的部位上，然后在旋柄端进行测听；依据听到的情况判定机械设备是否有故障。

5. 扒轮器的选用

扒轮器有多种形式，如图 1-58 所示，用于滚动轴承、皮带轮、齿轮、联轴器等轴上零件的拆卸。扒轮器也称拉马等。

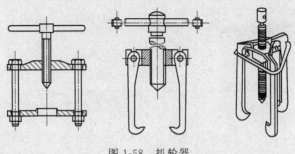

图 1-58　扒轮器

　　在有爆炸性气体环境中，为防止操作中产生机械火花而引起爆炸，应采用防爆工具。防爆用錾子、圆头锤、呆扳手、梅花扳手等是用铍青铜或铝青铜等铜合金制造的，且铜合金的防爆性能必须合格。铍青铜工具的硬度不低于 HRC34，铝青铜工具硬度不低于 HRC25。

二、电动拆装工具的选用

　　在化工机械检修中常用的电动工具有金属切削类电动工具（如电钻、电动攻丝机等）、研磨类电动工具（如砂轮机、角向磨光机等）和装置类电动工具（如电扳手、电旋具等）。

1. 手电钻的选用

　　手电钻是用于直接握持使用的一种电动钻孔工具。手电钻在种类较多，规格大小也不一样，由于其体积小、重量轻、携带方便、操作简单、使用灵活，应用比较广泛。手电钻适用于工件因场地限制、加工部位特殊，不能使用钻床加工或远离钻床的场合。

　　手电钻有单相和三相两种类型。单相手电钻（电压为 220V），其钻孔直径有 6mm、10mm、13mm、19mm 几种；三相手电钻（电压为 380V），其钻孔直径有 13mm、19mm、23mm、32mm 等规格。使用手电钻必须注意安全，要严格按照操作规程进行操作。除了遵守钻孔的一般安全操作规程外，还要注意以下几点。

　　① 使用前要检查其电源规格及电源线是否完好。

　　② 操作时应戴绝缘手套、穿胶鞋或站在绝缘板上。

　　③ 钻孔应完全由手推进行，用力不宜过猛，转速降低时应立即减少推力。

　　④ 移动电钻须手持手柄，严禁拉动电线来拖动电钻。

　　⑤ 如电钻突然停止转动，要立即切断电源，检查原因。

2. 台钻的选用

　　台钻是一种小型钻床，一般的台钻可以钻 12mm 以内的孔，个别台钻最大可以钻 20mm 的孔。台钻一般有手动进刀，工件较小时可放在工作台上钻孔，工件较大时将工作台移开直接放在底座面上钻孔。主要用于加工小型零件上的各种小孔，适用于单件和小批量生产。

3. 砂轮机的选用

　　砂轮机是用来刃磨刀具、工具和工件打光、去薄、修磨的机具。一般分为固定式和手提式两类。

手提式砂轮机主要是在工件较大而不便移动时使用。手提式砂轮机不但能用于磨削，如以钢丝轮代替砂轮，还可用来清除金属表面的铁锈、旧漆层；如以布轮代替砂轮，还可进行抛光作业。角向磨光机属于手提式，它除可以对工件上的毛刺、焊疤等进行磨光修整，还可用于金属管和硬塑料管的坡口加工等。因此这类磨光机有磨光、切割、坡口等多种功能、在施工中应用极广泛。

4. 电动扳手的选用

电动扳手具有工作效率高、可大大减轻劳动强度、使用方便等特点，广泛用于装拆螺纹连接件。电动扳手使用时，必须配置六角套筒头，以装配或拆卸六角头螺栓、螺母。

5. 电动攻丝机的选用

电动攻丝机是以单相串励电动机为动力，专门用于在金属构件上加工内螺纹的手持式工具。其特点是使用方便，简单易操作，能快速反转退出丝锥以及过载时会自行脱扣等。

6. 电动旋具的选用

电动旋具广泛用于机械、工具、车辆、电器、仪表等的装配作业，适用于拧紧一字槽和十字槽的螺钉。目前常用的有永磁直流电动旋具、电子调速电动旋具及电动自攻旋具等。

电动工具使用时应注意：

① 工具使用前应仔细检查绝缘及接地是否合乎要求；检查电源线不得有裸露现象以免触电。应根据工具的额定电压值选择相匹配的电源。

② 操作时，应戴绝缘手套，穿绝缘较好的胶鞋或站在绝缘板上。

③ 使用电钻时，应按工件材质选择不同材质的钻头和刃磨角度，保证钻头锋利、排屑通畅和加工质量。装卸钻头时，应使用专用钥匙。

④ 使用砂轮机进行磨削前，应先检查砂轮片有无裂缝和破碎，防护罩是否完好。磨削过程中，应严格遵守操作规程。

⑤ 使用工具钻孔或磨削时，手压用力不可过猛。

⑥ 当工具出现异常现象时，应立即切断电源，查明原因并消除异常后，方可继续使用。

⑦ 在移动工作位置时，应手握工具机体，严禁硬拽电线。

⑧ 工具使用后应及时清理干净。

⑨ 工作场地应及时清理。

⑩ 电动工具除定期进行保养及对各注油点定期注油外，还应计划检修，保持工具的完好状态。

三、气液拆装工具的选用

1. 气动工具的选用

从广义上讲，气动工具主要是利用压缩空气带动气动马达而对外输出动能的一种工具。其动力输出部分主要有气动马达及动力输出齿轮组成，它依靠高压力的压缩空气吹动马达叶片而使马达转子转动，对外输出旋转运动，并通过齿轮带动整个作业形式转化部分运动。一般气动工具主要有动力输出部分、作业形式转化部分、进排气路部分、运作开启与停止控制部分、工具壳体等主体部分，当然气动工具运作还必须有能源供给部分、空气过滤与气压调节部分以及工具附件等。

气动工具分气动扳手和气动旋具两类。

（1）气动扳手　可分为冲击式气动扳机、高速气动扳机、气动棘轮扳手及定扭矩气动扳手等。

① 冲击式气动扳机配用套筒，用于现场检修工作中大量装拆六角头螺栓或螺母。使用转速可以通过压缩空气压力高低和气量的大小进行调节。

② 高速气动扳机配用套筒，具有扭矩大、反扭矩小、体积小、重量轻等优点，配用套筒用于装拆六角头螺栓或螺母。

③ 气动棘轮扳手，主要用于装拆六角头螺栓或螺母，特别适用在不易作业的狭窄场所使用。

④ 定扭矩气动扳手，适用于机械、航天、航空、大型桥梁等行业对拧紧扭矩有较高精度要求的六角头螺栓或螺母的装拆。

（2）气动旋具　气动旋具配用一字或十字螺钉头，用于装拆各种带槽螺钉。

气动工具使用时应注意：

① 在通入压缩空气前，须先仔细吹净，以保障工具的正常工作。
② 气动工具应建立定期的拆洗和检修制度，随时更换已损零件。
③ 未经专门学习的人，不得单独操作机器工作。
④ 收工时，需先关压缩空气气源阀门或单独供气的空气压缩机，再卸供气软管和工作机器，慎防伤人。

2. 液压工具的选用

（1）液压螺栓拉伸器　常用于各种螺栓的装拆作业。利用配备的手动或电动液泵产生的伸张力，加载于螺栓上，使其产生弹性变形伸长，直径变小，螺母易于松动或拧紧，从而快速完成装拆作业。

（2）液压扳手　检修中常用的液压扳手有便携式液压扳手和摩擦式液压扳手两种。

便携式液压扳手在选型时，首先应根据螺栓直径、所需的螺栓拧紧力矩、使用单位所具备的动力源进行选择。对电力供应不足、拆装速度要求不高、用户希望尺寸小或重量轻时，则宜选用气动液压泵配套。对拆装速度要求较高，又缺少气源的单位，宜选用电动液压泵配套。

液压工具使用时应注意：

① 使用时必须严格按照操作规程进行操作。
② 使用前，必须吹扫干净，严禁超压工作。
③ 工作中加压时，不宜太快。
④ 液压拉伸器操作人员应尽量远离液压头，以防高压油喷射伤人。

拓展知识二　常用的检测工具

在石油化工企业中，设备的安装、维护、检查和修理工作都离不开各类检查测量用仪器仪表。检测工具的使用贯穿整个维护与检修的过程。例如,在日常维护中,经常用到泄漏检测仪,没有超标的泄漏是化工生产能得以进行的前提;塔设备各部位的厚度在正常生产及检修过程中都需要用厚度检测仪测量,这是安全生产的最基本的保证;在设备各部件的安装过程中,有时要求保证水平度,此时就需要水平仪来工作。

表 1-13 列出了在安装修理过程中各项校正工作及应用的测量方法与工具。下面对这些检测工具分别做介绍。

表 1-13　各项校正工作及应用的测量方法与工具

校正项目	测量方法及工具		测量精度范围/mm		备注
直线度	拉钢丝	钢直尺测量	0.05		
		内径千分尺、导电测量	水平面	0.03	
			垂直面	0.05	使用距离<8m
		读数显微镜测量	0.02		使用距离<0.3mm
	水平仪		0.01		如采用电子水平仪,精度可提高
	光学平直仪		0.005		校正长度>10m 时,可分段进行
	光学准直仪		0.02		需配备光靶和定心器,校正长度可达30m
	激光准直仪		距离/m	精度/m	能提供可见光,测量方便,也可用激光经纬仪测量,校正长度较大
			20	0.05	
			20~40	0.10	
			40~70	0.20	
平面度、等高度、水平偏差	平尺	钢直尺测量	0.05		垂直面内测量时,使用距离<8m
		内径千分表或百分表测量	0.03		
		水平仪	0.01		平面较大时,水平仪可置于平尺上测量
	液体连通器	标尺测量	0.10		注意因测量时间较长或环境温度变化使液体蒸发引起的影响
		深度千分尺测量	0.02		
	光学准直仪				同直线度校正
	激光准直仪				同直线度校正
垂直度	平尺、塞尺		0.05		漏光检查精度可达 0.02mm
	吊线锤、钢直尺测量		0.05		可用金属或非金属垂线
	吊钢丝垂线、内径千分尺、导电测量		0.05		校正长度<2m
	水平仪				同直线度校正

一、常用测量工具的选择与使用

1. 水平仪的选择与使用

水平仪又称水平尺或水准器等，一般用来测量水平位置或垂直位置的微小角度偏差，常用在安装、验收或修理工作中检查零件、机器或设备的水平或垂直状况。

常用的水平仪有长方形水平仪（如图1-59所示）、方框形水平仪（如图1-60所示）和光学合像水平仪三种。

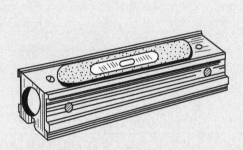
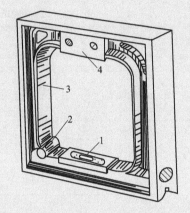

图1-59　长方形（钳工式）水平仪结构示意图　　图1-60　方框形（框式）水平仪结构示意图

1—主水平管；2—辅助水平管；3—金属框架；4—手捏块

（1）长方形（钳工式）水平仪　测量时，水平仪放在被测物体的表面上，若被测表面水平，则水平气泡中心在水平管零点处；若被测表面不水平，则水平管内气泡向高的一侧移动，移动的路程为从零点起沿水平管到停稳后气泡中心点的弧长，该弧长所对圆心角等于被测表面的倾斜角。气泡中心点的位置，可根据水平管上的刻度读出。水平仪的精度是以水准气泡移动1格时表面倾斜的角度，或表面在1m内倾斜的高度差来表示的。刻度值为0.02mm/m，即气泡每移动1格，被测长度1m的两端高低相差为0.02mm。

（2）方框形（框式）水平仪　方框形水平仪的用途比较广泛，它不仅可以用来检查机器或设备安装后的水平状况，还可以用其垂直边框检查机器或设备安装后的垂直状况。它有四个互相垂直都是工作面的平面，并有纵向、横向两组水准器。

常用框式水平仪的平面长度为200mm。因此当精度为0.02mm/m时，200mm长度两端的高度差为0.004mm，也就是水准器上气泡移动1格的值。

框式水平仪使用时，可通过下式计算确定零件表面的实际倾斜值。

$$被测工件的实际倾斜值 = 刻度示值 \times 被测工件的长度 \times 偏差格数$$

例如：刻度示值为0.02mm/m，被测工件长度为200mm，偏差格数为2格。则其实际倾斜值为：0.02/1000×200×2＝0.008（mm）。

（3）光学合像水平仪　其外形如图1-61所示，由于采用了水准气泡调平、双像复合、透镜放大和机械测微机构，从而提高了水平仪的测量范围和测量精度，加上其水准器玻管的曲率半径小，气泡稳定快，所需时间短，使测量更简捷、容易操作。光学合像水平仪的测量范围可达到±10mm/m，其测量精度可达0.01mm/m。

测量时,把光学合像水平仪放在倾斜的表面上测量,气泡移向高侧,通过旋钮调节细螺杆,转动水平管,使水平气泡中心回到零点位置,然后从倾斜度标尺和旋钮下方的倾斜度刻度盘上读出被测表面的倾斜度。

2. 水准仪的使用

水准仪在检修与安装中常用来测定机器、设备的基础标高。水准仪的结构如图1-62所示。

测定基础的标高时,先将水准仪安装在三脚架上,将三脚架的顶面初步放平,转动地脚螺栓使圆水准仪的圆气泡居中,瞄准视尺,开始的瞄准工作要经历粗瞄、对光、精瞄的过程,同时应注意消除视差。使望远镜十字丝纵丝对准标尺的

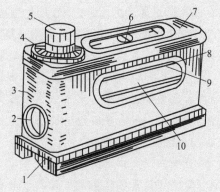

图1-61 光学合像水平仪结构示意图
1—V形底座;2—倾斜度标尺;3—外壳;4—倾斜度刻度盘;5—旋钮;6—合像放大镜;7—盖板;8—窗口;9—水平管;10—反光板

中央。根据望远镜视场中十字丝横丝所截取的标尺刻划,读取该刻划的数字。读数时应从上到下地读出米、分米、厘米及估读的毫米共4个数。读后还应检查长水准管气泡是否居中,如不居中时,应重新精平后再读数。

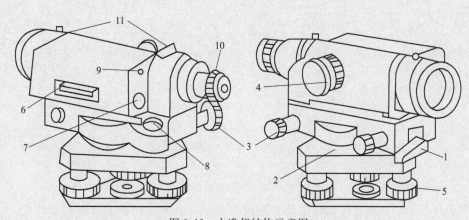

图1-62 水准仪结构示意图
1—制动扳手;2—微动螺旋;3—微倾螺旋;4—对光螺旋;5—地脚螺栓;6—长水准管;7—校正螺丝;8—圆水准器;9—长气泡观察孔;10—目镜;11—瞄准器

水准仪使用时应注意以下几点。

① 从仪器箱提取仪器时,应先松开制动螺旋,用双手握住仪器支架或基座,轻拿轻放,不准拎住望远镜取出。

② 仪器装在三脚架上时,应一手握住仪器,一手拧连接螺旋,直至拧紧,保证安装牢固稳定。

③ 仪器镜头上的灰尘、污痕,只能用软毛刷和镜头纸轻轻擦去。不能用手指或其他物品擦,以免磨坏镜面。

④ 调整仪器时用力要适当,制动螺旋未松开时不能使劲硬旋动仪器或望远镜。

⑤ 户外作业时,仪器应用撑伞遮护,不能被强烈阳光曝晒。

⑥ 远距离运仪器时,仪器应装箱运送,最好垫以软垫料以减缓振动。

⑦ 仪器使用完毕,应擦拭干净,并避免手摸镜头;仪器应放于箱内特定位置,并置于干燥通风处;箱内的干燥剂应定期更换处理。

由于长期使用或运输中的振动等原因,常使水准仪的测量误差增大,为获得准确可靠的测量数据,应对水准仪进行定期检验校正。内容有圆水准器的检验校正、横丝的检验校正、水准管的检验校正。

3. 自准直仪的使用

自准直仪又称自准直平行光管,是一种高精度的光学测量仪器,广泛应用于检测机器导轨和仪器导轨在水平面内和垂直面内的直线度、工作台面的不平面度及构件间的垂直度等。其外形结构如图1-63所示。

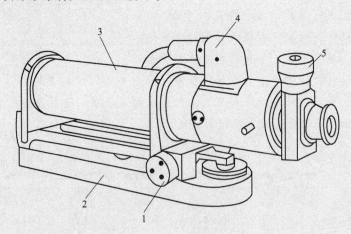

图 1-63　自准直仪外形结构

1—调节手轮;2—基座;3—准直镜管;4—照明灯;5—测微鼓轮

使用时应注意:

① 测量前,仪器工作面和被测表面都应擦拭干净,以减少测量误差。

② 仪器本体、反光镜支座或垫铁必须安放在同一高度,并应保持刚性连接,一般将仪器本体固定在导轨末端或外边稳固的基础上。

③ 测量前,应根据反光镜支座的长度将被测导轨分成若干段并做好记号。

④ 测量的方法应规范,将反光镜支座分别置于导轨两端,调整自准直仪本体或反光镜,使两端的反射影像都处于测微分划板的中心位置上。

⑤ 在测量导轨垂直方向弯曲时,应使读数目镜微分螺丝平行于光轴;当测量导轨水平方向扭曲时,应将测微目镜转动90°,使其垂直于光轴。

⑥ 测量时,应防止温度变化致使光轴弯曲或折射,应防止光学仪器的玻璃上有凝结水。同时,应避免强光的直接照射,以免成像模糊降低分辨力。

4. 激光准直仪的使用

激光准直仪由功率较小、能发出红色可见光的氦氖激光器和接收装置组成。为改善激光束的方向性和缩小发散角,在激光器前装有望远镜;为提高灵敏度,在接收装置中有光电检测和放大器。激光准直仪校正的距离较长,精度较高。

图 1-64 为激光准直仪的结构示意图，激光发射器连同望远镜装于可调的支架上，其几何中心和光轴的不同轴度应小于 0.02mm，角度差在 ±1″ 以内。

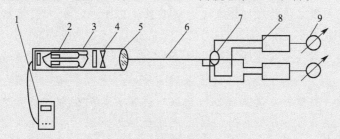

图 1-64　激光准直仪结构示意图

1—电源；2—激光筒；3—激光器；4—目镜；5—物镜；6—激光束；7—接收靶；8—运算放大器；9—显示器

激光束经接收靶中的四棱锥面（或圆锥面）反射到装在四周成直角配置的四块硒光电池上，当有偏差时光电池的电流强度产生差值，通过放大器放大后在显示器上显示出被校正零件中心线与基准光轴的偏差值。

激光准直仪除应按使用说明书正确使用和精心维护外，还应注意环境温度变化、基础振动等的影响，也应避免强光的照射，以免降低了测量精度。

二、专用检测工具的使用

1. 机械设备故障听诊仪的选择与使用

用于机械设备故障诊断的仪器种类很多，其中简单而常用的是机械设备故障听诊仪，它是由探针、耳机和仪器本体三部分组成，如图 1-65 所示。压电晶体式的探头、放大电路板及电池等都装在仪器壳体内。调换探头时，应先旋开壳体后盖上的四只螺钉。

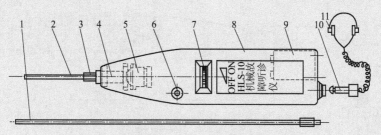

图 1-65　机械设备故障听诊仪结构示意图

1—长探针（290mm）；2—短探针（60mm）；3—探针锁母；4—探针座；5—探头；
6—指示灯；7—开关及音量调控盘；8—仪器壳体；9—电池（9V）；10—耳机插头；11—耳机

机械设备故障听诊仪的工作原理方框图如图 1-66 所示。

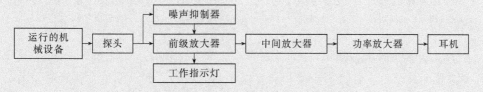

图 1-66　机械设备故障听诊仪工作原理方框图

机械设备在运行过程中发生故障时，往往会产生振动、噪声、温升等现象，利用各种探头（传感器）可把这些现象的特征信号测量出来，并转换成电信号，不需要的噪声可加以抑制，需要的特征信号再经过各种放大器放大，就可获得所需要的故障信号，并通过耳机监听到。

听诊仪在使用前应先装上电池、探针和耳机。然后接通电源，转动音量调控盘，用手轻摸探针，若耳机中可分别听到轻微的"沙沙"声及"嘶嘶"声，则说明仪器与探头均工作正常。监听时，用手握住听诊仪，将探针针尖接触被监听的部位。监测出来的故障信号在现场可用耳机监听，凭经验可查探出机械设备发生故障的部位、产生原因和严重的程度。也可将信号输入录音磁带，带回监测中心作进一步的分析和处理，以便决定是否可以继续运行或需要立即停车检修。使用时要特别注意探针不应和手接触，更不应直接接触带电物体。

2. 泄漏检测仪的选择与使用

化工企业的生产设备和管路泄漏不但会造成物料的损失，更严重的是会造成环境污染、火灾、爆炸或人身伤亡事故，因此，泄漏的检测在化工企业中十分重要。使用泄漏检测仪可以在现场迅速、准确地找出各种设备及管路中的气体或液体的泄漏故障点。

泄漏检测仪是利用超声波传感器（收集器或探头）探测气体或液体通过狭缝时所发出的超声波（频率＞20kHz），从而发现泄漏点（超声波源）。

泄漏检测仪由探针、超声波收集器、超声波探头、超声波发生器、伸展管、耳机和仪器本体等组成，如图1-67所示。

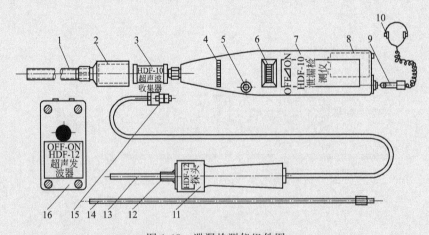

图1-67　泄漏检测仪组件图

1—橡胶伸展管；2—伸展管套筒；3—超声波收集器；4—显示灯（发光管）；5—音量调节器；

6—开关及灵敏度调节器；7—仪器壳体；8—电池；9—耳机插口；10—耳机；11—超声波探头；

12—探针锁母；13—短探针；14—长探针（290mm）；15—探头接头；16—超声发波器（9V电池）

3. 超声波测厚仪的使用

超声波测厚仪是由带插头的探头和仪器本体组成的，与之配套使用的还有标准厚度试块。如图1-68所示。

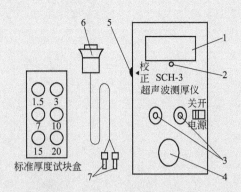

图 1-68　超声波测厚仪结构示意图

1—显示屏；2—指示灯；3—探头插座；4—标准试块；5—校正旋钮；6—探头；7—插头

测厚仪使用前应先装上电池，把探头的插头插入本体上的插座孔内，接通电源开关，指示灯亮表明仪器正常。测厚时应使用标准厚度试块来校正仪器，以保证测量精度。标准厚度试块共七块，仪器本体上有一块，厚度为 5mm，其余六块装在试块盒中，各自的厚度值分别标在其附近。先在该试块表面加上耦合剂，然后将探头压放在试块表面上，若显示屏上显示的厚度值与标准试块厚度值有差别，就应调整校正旋钮，对仪器进行校正，校正旋钮顺时针旋转，显示屏上显示值增加；逆时针旋转，显示屏上显示值减小。调整后显示屏的显示值应等于试块的厚度值。仪器校正后，可用于检测与该校正试块厚度值相近工件的厚度。

用测厚仪检测工件厚度时，先在工件表面加上耦合剂，然后将探头压放在工件施加耦合剂处，在显示屏上显示出的数值，就是被测工件的厚度值。

在无法使用长度计量器具直接测量尺寸的场合，如封闭容器壁厚的测定，用超声波测厚仪测厚是很方便的。

项目二

换热器的安装与维修

在化肥、化工、炼油等工业生产中，常常进行着各种不同的换热过程，例如：加热或冷却、蒸发或冷凝。换热设备就是在生产过程即化学反应或物理反应中实现热能传递的设备，使热量从一种温度较高的流体传给另一种温度较低的流体。

在化工厂中，用于换热设备的费用大约占总投资费用的 10%～20%，在炼油厂中约占总投资费用的 35%～40%。在炼油厂、化工厂设备总重量中约占 40% 以上。近年来，随着石油、化工装置的大型化，换热设备朝着换热量大，结构高效紧凑、阻力小、防结垢、防止流体诱导振动等方面发展，并随着炼油、化学工业等的迅速发展，新技术、新工艺、新材料的采用，换热设备的种类也逐渐增多，新结构不断出现。

本项目来源于企业的检修实践，在企业大检修过程中，化工检修车间工人需要对现场的换热器进行检查和维修，检修执行的标准主要包括：《热交换器》（GB/T 151—2014）、《特种设备安全监察条例》（国务院令第 549 号）、《固定式压力容器安全技术监察规程》（TSG 21—2016）、《管壳式换热器维修检修规程》（SHS 01009—2004）等。

在工程实际中，企业大修对换热器检修的内容主要包括：

① 抽芯子、清扫管束和壳体；

② 进行管束焊口、胀口处理及堵管；

③ 检修管箱及内附件（浮头盖、钩圈、外头盖、接管）等密封面，更换垫片试压；

④ 更换部分螺栓、螺母；

⑤ 壳体保温修补及防腐；

⑥ 更换管束或壳体。

子项目一　管壳式换热器泄漏维修

石油化工生产中换热器运行一个周期后，换热能力下降，热阻力增大，管子因多次开停受到热胀冷缩发生变形而泄漏，因锈蚀、腐蚀等缺陷需要检查清洗。不断完善换热设备的维护、检查、检修，是化肥、化工、炼油工业安全运行的保证，是提高工厂企业经济效益的重要途径。

 **项目实施**

本项目以管壳式换热器为例，对换热器由于腐蚀、机械及热应力损伤造成的内漏进行检查，寻找漏点，通过堵管、换管、更换管束等完成对换热器的修理。项目实施借助现有换热器，可实现管束堵漏、更换换热器管束等任务。对于难以实施的更换换热管任务，通过编制工作计划来模拟任务的执行。项目的实施按照项目化教学法的六个步骤进行，具体方案见表 2-1。

表 2-1　管壳式换热器泄漏维修项目实施方案

步骤	工作内容
信息与导入	读任务书，分析工作任务，明确工作目标；熟悉或回顾相关知识和标准规范，搞清缺乏的知识；选择信息来源（教材、其他书籍、相关标准规范、网络资源等），收集与工作任务相关的信息；明确分工和责任。收集的信息主要围绕工作任务，应包括 GB/T 151—2014《热交换器》、SHS 01009—2004《管壳式换热器维护检修规程》、换热器检修的准备工作、管壳式换热器的结构与零部件、换热器维修机具、换热器拆装方法、换热器泄漏检查、管束更换步骤与方法、更换换热管的方法等
计划	根据任务书制订工作计划，包括换热器拆卸工作计划、更换管束工作计划、更换换热管工作计划、换热器回装工作计划。通过小组讨论、综合，在工作步骤、工具与辅助材料、时间（规定时间、实际完成时间）、工作安全、工作质量等方面提出小组实施方案，并考虑评价标准
决策	学生向教师汇报实施方案，认清各个解决方案的优缺点，完善工作计划，确定最终的实施方案
实施	学生自主地执行工作计划，分工进行各项工作。本项目工作任务较多，需要在实施中认真执行并详细记录。例如选择工具，制作材料表，计算材料费用，领取工具，按照各项维修工作计划实施，记录时间点，记录实施过程中的问题，根据需要对实施计划做必要调整
检查	学生自主按照标准对工作成果进行检查，记录自检结果
评估与优化	教师听取学生小组的工作汇报，给予评价。学生汇报小组工作和自检结果，说明工作中满意之处和不足之处，对出现的故障和错误进行分析，对过程和结果进行评价，提出优化方案，写出评价报告

 **知识链接**

知识点一　管壳式换热器的结构

管壳式换热器又称为列管式换热器，其类型很多，是一种通用的标准换热设备。根据结构特点的不同可以分为刚性结构和具有温差补偿结构两大类。它们的共同特点是在圆筒形壳体中放置了由许多管子组成的管束，管子的两端采用胀接、焊接或胀焊结合的方式固定在管子上，管子的轴线与壳体的轴线平行。管壳式换热器的主要部件有管箱、壳体、管板、管束等。按结构形式分类主要有固定管板式换热器（图2-1）、浮头式换热器（图2-2）、填料函式换热器（图2-3）、U形管式换热器（图2-4）等。

一、固定管板式换热器

固定管板式换热器结构如图2-1所示。它由壳体、管束、封头、管板、折流挡板、接管等部件组成。其结构特点是两块管板分别焊接于壳体的两端，管束两端固定在管板上，具有结构简单、紧凑，造价低等优点。整个换热器分为两部分：换热管内的通道及与其两端相贯通处称为管程；换热管外的通道及与其相贯通处称为壳程。冷、热流体分别在管程和壳程中连续流动，流经管程的流体称为管（管程）流体，流经壳程的流体称为壳（壳程）流体。

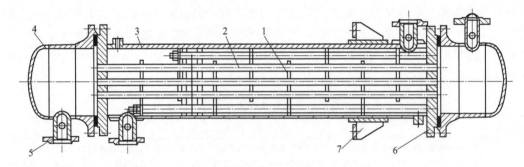

图2-1　固定管板式换热器结构示意图

1—折流挡板；2—管束；3—壳体；4—封头；5—接管；6—管板；7—悬挂式支座

若管流体一次通过管程，称为单管程。当换热器传热面积较大，所需管子数目较多时，为提高管流体的流速，常将换热管平均分为若干组，使流体在管内依次往返多次，称为多管程。管程数可为2、4、6、8等。管程数太大，虽提高了管流体的流速，从而增大了管内对流传热系数，但同时会导致流动阻力增大。因此，管程数不宜过多，通常以2、4管程最为常见。

壳流体一次通过壳程，称为单壳程。为提高壳程流体的流速，也可在与管束轴线平行方向放置纵向隔板使壳程分为多程。壳程数即为壳流体在壳程内沿壳体轴向往、返的次数。分程可使壳流体流速增大，壳程增长，扰动加剧，有助于强化传热。但是，壳程分程不仅使流动阻力增大，且制造安装较为困难，故工程上应用较少。为改善壳程换热，通常采用折流挡板，通过设置折流挡板，以达到实现强化传热的目的。

固定管板式换热器在相同的壳体直径内，排管数最多，旁路最少；每根换热管都可以进行更换，且管内清洗方便。其缺点是：①除非割开管板壳程，否则无法清洗；②当壳体与换热管的温差较大时（一般以50℃为限），因壳体与换热管的热膨胀性差异导致的温差应力（又称热应力）具有破坏性，需在壳体上设置膨胀节（又称热补偿圈），但壳程压力对膨胀节强度及伸缩均有影响，一般不建议采用。因此，固定管板换热器适用于壳程流体洁净且不易结垢、两流体温差不大或温差虽大但壳程压力不高的场合。

二、浮头式换热器

浮头式换热器结构如图 2-2 所示。其结构特点是换热器一端管板用法兰与壳体固定，另一端管板用一内封头封住管程流体并可在壳体内沿轴向自由伸缩，故称该端为浮头。优点是管束可以从壳体中抽出，便于清洗管间；管束的膨胀不受壳体的约束，因而壳体与管束之间不会产生温差应力，也即具有自热补偿功能。缺点是：结构复杂，浮头密封要求高，用材量大、造价高，故适用于壳体与管束温差较大及管壳方均易结垢的场合。很显然，浮头式换热器的管程数一定为偶数。

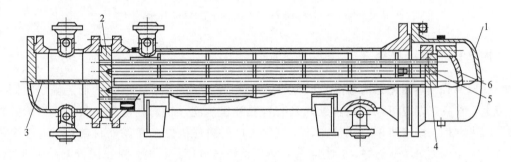

图 2-2　浮头式换热器结构示意图

1—壳盖；2—固定管板；3—隔板；4—浮头勾圈法兰；5—浮动管板；6—浮头盖

浮头式换热器拆卸施工程序如下所示：

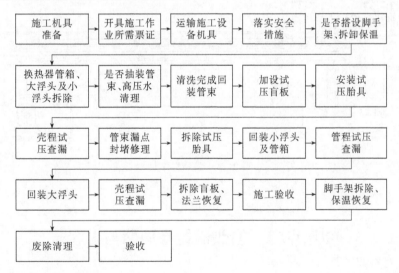

三、填料函式换热器

填料函式换热器又称外浮头式换热器，其结构如图 2-3 所示，其类似浮头式换热器，不过浮头部分伸出壳体外，浮头与壳体间的间隙用填料函密封。它具有浮头式换热器的优点，但结构比浮头式换热器简单，制造方便，易于检修清洗。常用于一些腐蚀严重，需要经常更换管束的场合。但由于壳程介质有可能通过填料函外漏，故不宜通过易燃、易爆或有毒的流体，壳程压力一般要小于 4MPa。受填料密封性能的限制，直径一般在 700mm 以下。

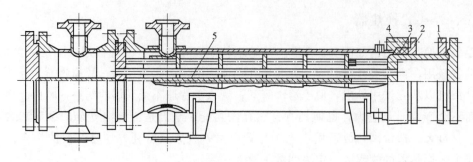

图 2-3 填料函式换热器结构示意图

1—活动管板；2—填料压盖；3—填料；4—填料函；5—纵向隔板

四、U 形管式换热器

U 形管式换热器的结构如图 2-4 所示。其结构特点是：管子折成 U 形后固定在同一管板上，管束末端也可以自由伸缩，具有自热补偿功能，管程数也为偶数。U 形管式换热器的优点是：结构简单、造价低，一般化工厂的附属机修车间就能自制；只有一个管板，密封面少，耐压性能好，运行可靠；管间清洗较方便。其缺点是：因管束存在回弯部分，易阻塞，故管程清洗较困难；可排管子数目较少，其管束最内层管间距大，壳程流体易走短路，一般用于管、壳程温差较大且管程介质不易结垢的场合。

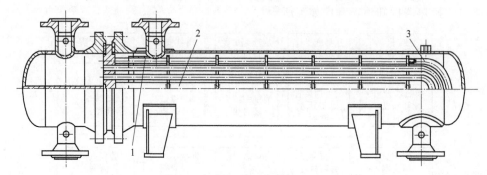

图 2-4 U 形管式换热器结构示意图

1—导流板和防冲衬板；2—导流板和支撑板；3—U 形管束

知识点二 换热器检修周期与内容

换热器的检修可分为计划检修和非计划检修两大类。从经济效果和便于组织管理考虑，应尽可能做到计划检修（包括大、中、小修），但计划外的临时检修仍难避免。根据《固定式压力容器安全技术监察规程》的要求，结合企业的生产状况，统筹考虑。检修周期一般为 2～3 年。

一、小修内容

① 拆卸换热器两端封头或管箱。

② 清洗、清扫管子内表面和壳体异物，并检查换热器两端盖、管箱的腐蚀、锈蚀、

裂纹、砂眼等缺陷。

③ 对管束和壳体进行试压和试漏。

④ 检查螺栓及保温、防腐。

⑤ 进行局部测厚。

二、中修内容

① 包括小修内容。

② 抽出管束清理、清扫、清洗，并检查换热管的变形和弯曲情况。

③ 检查隔板和拉杆螺栓的腐蚀及锈蚀情况。

④ 检查换热器各密封面情况，表面不应有划痕、凹坑和点蚀。

三、大修内容

① 包括中、小修内容。

② 全面检查换热器的运行情况，并对管板与管子焊接处进行着色检验。

知识点三 换热器检修前的准备与检查

一、检修前准备

换热器检修前，应做如下的准备：

① 根据设备运行技术状况和监测记录，制定详尽的检修技术方案；

② 备齐图纸及有关的技术资料；

③ 备齐检修所需要的零配件；

④ 确定检修所需要的工种及人数；

⑤ 主要机器设备、施工用料运抵现场；

⑥ 对起吊设施进行检查，应符合安全规定；

⑦ 施工作业票按规定程序办理审批好；

⑧ 确认换热器内介质置换、清扫干净，符合安全检修条件；

⑨ 搭设脚手架；

⑩ 换热器法兰部分、管箱、管道法兰的保温拆除。

二、设备安全交出

停车后，应切断该设备所有与装置相连的管道、阀门，将设备内泄压，把介质排放干净，置换合格后加盲板，符合安全检修条件后交付检修单位的该项项目负责人。

换热器的安装由于操作、维修等原因必须根据各种不同类型、不同尺寸，安放在合适的位置。

① 浮头管壳式换热器的固定头盖端留出足够的空间以便能从壳体内抽出管束，外头盖端也须留出一米以上的位置以便装拆外头盖和浮头盖。

② 固定管板换热器的两端都应留出足够的空间以便能抽出和更换管子，并且用机械

法清洗管内时，两端都可对管子进行刷洗操作。

③ U 形管换热器的固定头盖应留出足够的空间以便抽出管束，也可在其相对的一端留出足够的空间以便能拆卸壳体。

三、换热器检查工具

常规的检查工具有：照明灯、卡钳、凹坑深度测量仪、刮刀、钢尺、放大镜、钢丝刷及检查用小锤等。

专用的检查仪器及工具有：硬度计、点测厚仪、磁粉探伤仪、表面着色渗透液、射线探伤仪、超声波探伤仪、涡流测厚仪、涡流探伤仪、铁素体测定仪、打砂设备、水力清洗设备及内窥视镜等。

四、检查方法

对管束内外表面，以及换热设备壳体内表面的清洗除垢，可视被清洗表面及垢层的具体情况采用不同的清洗方法。一般的软垢可用高压水力清洗设备进行水力清洗，对于较坚硬的非清除不可的垢层，可用打砂的方法来处理。

对局部的凹坑腐蚀，可用凹坑深度测量仪配之以外径、内径测量，测出凹坑的最严重部位及凹坑的深度。对局部的不均匀腐蚀，可用超声波点测厚仪测出其最小的剩余壁厚。对于应力腐蚀裂纹、疲劳裂纹，或其他表面裂纹，可用表面着色渗透的方法进行检查。对某些关键的换热设备的奥氏体不锈钢管束，需进行 100％ 测厚及探伤检查时，可用专门的涡流测厚仪及涡流探伤仪进行检查。用这种方法检查非铁素体材料的管束，检测速度快、精度高。为保证测试的准确性，可预制比例相同的模拟缺陷试样进行对比，另外，检测人员的技术水平及经验是保证测试准确的首要关键，应该予以高度重视。

五、检查内容

① 检查壳体、管束及构件腐蚀、裂纹、变形等。

检修前若需要进一步确认漏点的地方，在拆卸前可用氮气从堵头或导淋处用临时接管试漏，找出漏点做好标记。在打开管箱法兰后，要详细观察管隔板的分程密封情况，管板上接管入口处有无异物堵住管口，以及有无垢层及腐蚀产物在箱内堆集，并做好记录。

通知分析人员取样分析腐蚀物和结垢的化学组成，若工艺车间技术人员不在场时，还需要通知工艺技术人员到场，让其了解原因，以便在运行中采取相应对策。要测量各部分腐蚀地方的厚度，比较严重的地方需在一次检修中处理或下次检修中处理，必须绘草图详细记录或拍照记入设备检修档案。对于管内及管板的腐蚀或漏点部位，可采用涡流探伤查找。

对于 U 形管式换热器的管箱与壳体，可以用测厚、探伤和肉眼检查各易产生腐蚀和泄漏的部位，对于固定管板式换热器可以通过测厚、拆卸前的气密性实验确定壳体的泄漏部位，还可通过对各应力集中部位增加测厚个数来补充检查。

② 检查防腐层有无老化、脱落现象。

③ 检查衬里腐蚀、鼓包、褶折和裂纹。

④ 检查密封面、密封垫。

⑤ 检查紧固件的损伤情况。对高压螺栓、螺母应逐个清洗检查，必要时应进行无损探伤。

⑥ 检查基础有无下沉、倾斜、破损、裂纹，及其他地脚螺栓、垫铁等有无松动、损坏。

知识点四　浮头式换热器的拆卸与安装

一、换热器解体

① 拆卸设备进出口管线的仪表附件连接件。

② 拆除换热器进出口阀门：选定吊装及固定倒链锚固点；将换热器进出口管线进行固定；用力矩扳手拆卸管箱与阀门、阀门与管线连接法兰螺栓；法兰螺栓拆卸时须对称分两轮进行，首轮松开 1/4～1/2 圈；将阀门吊至平台或地面进行存放；连接管箱接管法兰的管线应离开管箱接管法兰约 50mm；拆出的部件整齐摆放，敞开的管口及时用塑料膜封闭保护。

③ 拆卸管箱：对称拆卸管箱法兰螺栓；拆至剩 4 条螺栓为止，即上部两条，左右定位螺栓各 1 条，其他螺栓须抽出；用倒链吊住管箱；继续拆卸剩余的 4 条螺栓，卸一条抽一条，以避免磕伤槽面；将卸下的管箱放在不妨碍工作的空地上。

④ 拆卸大小浮头：对称拆卸浮头法兰螺栓；拆至剩 4 条螺栓为止，即上部两条，左右定位螺栓各 1 条，其他螺栓须抽出；用倒链吊住大浮头继续拆卸剩余的 4 条螺栓，将卸下的物件放在不妨碍工作的空地上。

⑤ 抽出芯子：先将固定管板和壳体法兰离开一小段距离，离开时，要注意芯子与壳体的间隙均匀，不许强力抽芯；利用抽芯机缓慢地抽出芯子；芯子抽出后吊装运输到空地上，用道木垫好芯子；吊装过程中所使用吊索必须为尼龙绳。

二、换热器各部件回装

1. 换热器管束回装

换热器管束回装的操作步骤如下。

① 检查新换热器管束是否与壳程配套（如为旧管束，可略过）。

② 刮掉芯子和壳体密封面上的旧垫片（如为新管束，可略过）。

③ 利用吊车和抽芯机将芯子放在壳体法兰处。

④ 对于 U 形管需将新垫片套入管束外周，随着芯子进入壳体的过程中，不断移动垫片，使管板回到密封状态。

⑤ 当管束完全进入壳程后，用 4 条螺栓带住，上边 2 条，左右各 1 条；将抽芯机与壳程连接螺栓拆除，使用吊车将抽芯机吊离。

2. 换热器管箱、浮头回装

换热器管箱、浮头回装步骤如下。

① 检查法兰密封面有无裂纹、划痕等影响密封的缺陷。

② 检查垫片有无裂纹、划痕、夹渣等影响密封的缺陷。

③ 按照作业要求将管箱归位，并加密封垫片。

④ 换垫片时要将垫片放正，螺栓对角拧紧，确认不偏口、不张口后拧满螺栓。

⑤ 确认螺栓两端均匀，每组螺栓高出螺母3扣左右，螺栓端面必须相对齐整。

⑥ 按三轮紧固法对螺栓进行紧固，保证螺栓预紧力达到要求。

知识点五　换热管修理

换热器管束缺陷修理是换热器修理中的重要项目。一般包括管束堵漏、更换换热管、更换换热器管束、换热管振动、换热管腐蚀等。

一、管束泄漏的检查

对于换热管来说，一般有两个地方容易损坏泄漏。一是管子管板的连接处泄漏，二是管子本身泄漏。介质的冲刷腐蚀是管子泄漏的主要原因。对管子进行修理之前，必须做好管子泄漏情况的检查。

常用的检查管子泄漏的方法是：在冷却水的低压出口端设置取样管口，定期对冷却水进行取样分析化验。如果冷却水中含有被冷却介质的成分，则说明管束中有泄漏。然后再用试压法来检查管束中哪些管子在泄漏。检查时，先将管束的一端加盲板，并将管束浸入水池中，然后使用压力不大于 $1 \times 10^5 Pa$ 的压缩空气，分别通入各个管口中进行试验。当压缩空气通入某个管口时，如果水池中有气泡冒出，则说明这个管子有泄漏，即可在管口作上标记。以此方法对所有管子进行检查，最后根据管子损坏的多少，采取不同的修理方法。

二、泄漏管子修理

1. 对少量管子泄漏的修理

如果管束中仅有一根或几根管子泄漏时，考虑到对换热器的换热效率影响不大，可采用堵塞的方法对泄漏的管子进行修理（通常情况下，堵塞管子的数量不能超过总管数的10%）；用锥形金属塞在管子的两端打紧焊牢，将损坏的管子堵死不用。锥形金属塞的锥度以3°~5°为宜，塞子大端直径应稍大于胀管部分的内径。

2. 对较多管子泄漏的修理

如果产生泄漏的管子较多，则应采用更换管子的方法进行修理，步骤如下。

① 拆除泄漏的管子。拆除管子时，对于薄壁的有色金属管可采用钻孔或铰孔的方法，也可以用尖錾对管口进行錾削的方法来拆除。使用钻孔或铰孔的方法拆除管子时，钻头或铰刀的直径应等于管板上孔口的内径。钻孔或铰孔时，把管子在管板孔口内胀接部分的基本金属切削掉，则管子即可从管板中拆除出来。利用錾削的方法拆除管子时，可使用尖錾把胀接部分的管口向里收缩，使管子与管板脱开，将管子从管板的孔口中拆除下来。

对于壁厚较大的管子，可利用氧-乙炔火焰切割法拆除管子，即先在管子的胀接部分切割出2~4个豁口，并把管口向里敲击收缩，使管子与管板上的孔口脱开，然后用螺旋千斤顶将管子顶出或用牵拉工具拉出。

泄漏管子的拆卸目前广泛使用拔管专用工具。它在拔前无需对管子进行预加工，即无需切割、攻丝，因设计了适用的夹具，现场、车间均可适用。

　　无论使用哪种方法拆除管子，应将管子的两端都进行拆除，并应注意，在拆除时不要损坏管板的孔口，以便更换新管子时，使管子与管板有较严密的连接。

　　② 更换新管并进行胀接损坏的管子。从管板中抽出来之后，就可将新的管子插入管板的孔中。更换上的新管子，规格与材质应与原来的管子相同。穿入管子时，应正对相应的管板孔口，使管子位于正确的位置上。然后就可以把管子与管板连接起来。

三、管子振动的修理

　　管壳式换热器中管子产生振动是常见故障的另一种形式。管子产生振动，不外乎是由于管子与折流板之间的间隙过大，加上介质脉冲性的流动而引起的。

　　对于管端胀接处的松动，可以用焊接的方法来修理。焊接时，为了减小焊接应力，应使用小电流的电弧焊。对于管子与折流板之间的间隙过大而产生的振动，造成管子与折流板之间的磨损，应视其磨损的程度采取不同的修理方法。如果管壁磨损严重时，可采用更换新管子的方法进行修理。如果管壁磨损轻微，应想办法减小管子与折流板之间的间隙，比如增加折流板的块数，或用木楔楔在管子与管子之间，以便减小和消除管子的振动。

　　对于因介质脉冲性流动而引起的管子振动，应消除介质的脉冲性流动。比如，在管路中设置缓冲器等，使得介质流动趋于平稳，消除管子的振动。

四、换热管的防腐蚀

1. 换热器可能发生腐蚀的部位

　　换热设备可能发生腐蚀的部位视换热设备的用途、工况不同而不同。然而，作为共性的方面，对某些部位在大多数情况下应首先予以仔细观察与检查。

　　迎对壳程入口的那部分管束，其管子外壁往往会首先受到介质的磨损或冲击。当介质带有腐蚀性时，往往使这部分管束的壁厚减薄得最为严重。其次是折流板和管板，因为这些部位也是介质流速快、冲击较大的部位。

　　当管束内的介质温度较高时，在靠入口侧管板背面的那部分管段的外表面，往往由于温度高、腐蚀性介质浓缩，其均匀腐蚀速率较其他部位要高，产生坑蚀的可能性也大，管子与管板的缝隙也容易产生缝隙腐蚀或应力腐蚀。

　　如果壳程的介质中含有固相物质，一般会在换热设备底部发生固相物质的沉积。如果这种沉积物质带有腐蚀性，或是因为有沉积，使壳体底部及管束的金属氧化膜受到破坏，那么在沉积物下面的壳体及底部的管束往往会产生严重的不同形式的腐蚀。

　　当换热设备是一台水冷却器时，腐蚀最严重的地方往往是水温最高的地方。例如，如果水走管程，那么水出口的管箱的腐蚀将是较严重的。

　　当换热设备的各个部件由不同材料制成时，在靠近异种金属接触的部位，容易发生电偶腐蚀，其活泼金属将受到腐蚀。比如，铜管附近的碳钢管板的腐蚀速率会高于其他部位的腐蚀速率。

　　当介质的流速很高时，凡是介质的流向改变的部位，一般都是腐蚀较快的地方，如换热设备的入口处，防冲挡板、折流板处的壳体以及套管换热器的回转弯头等。

2. 换热管防腐蚀

防腐蚀主要是对换热器的管子，一般配制好防腐蚀的液体，涂抹在管子上使之在管壁上形成很薄的防护膜，起到防腐蚀的作用。实践证明，这种措施，可使换热器的寿命延长两倍，在化工企业中被广泛地推广和使用。

子项目二　管壳式换热器的清洗

换热器在运行中，往往会因流体介质的腐蚀、冲刷，在换热器各传热表面都有结垢或积污，甚至堵塞。因而使换热器各传热面的传热系数或传热面积减小，从而降低了换热器的传热能力。维修时不仅要消除设备存在的缺陷，还要使其达到设计生产能力，故必须对换热器进行彻底的清理。

从改善传热性能及便于检查的要求看，几乎所有的换热设备在装置停工时，都应进行彻底的清洗及清扫。当需要对设备作表面裂纹检查时，对清扫的要求要使被清扫的表面露出金属光泽。在这种场合下，大面积范围的清扫，要视垢层不同，可分别用打砂、高压水冲、电动钢丝刷或化学清洗等方法进行。局部小范围的表面垢层，可用砂布、钢丝刷、刮刀等手工进行清除。

项目实施

项目的实施按照资讯→计划→决策→实施→检查→评价六个步骤进行，学生根据教师提供的资料和自己查阅的相关参考资料，完成对换热器清洗方法的认识，通过分析污垢类型，选择清洗工艺和制订工作计划，完成学习任务。利用现有管壳式换热器，对换热器的管程和壳程进行清洗，对换热器的密封面进行清理。清洗过程中以机械清洗和高压水清洗为主，兼顾化学清洗的方法。具体方案见表2-2。

表2-2　管壳式换热器清洗项目实施方案

步骤	工作内容
信息与导入	读任务书，分析工作任务，明确工作目标；熟悉或回顾相关知识和标准规范，搞清缺乏的知识；选择信息来源（教材、其他书籍、相关标准规范、网络资源等），收集与工作任务相关的信息；明确分工和责任。收集的信息主要围绕工作任务，应包括GB/T 151—2014《热交换器》、SHS 01009—2004《管壳式换热器维护检修规程》、管壳式换热器的结构与零部件、换热器维修机具、换热器拆装方法、换热器清洗的方法、化学清洗液配方、清洗液的处理、环境保护等
计划	根据任务书制订工作计划，包括换热器机械与高压水清洗工作计划、换热器化学清洗工作计划。通过小组讨论、综合，在工作步骤、工具与辅助材料、时间（规定时间、实际完成时间）、工作安全、工作质量等方面提出小组实施方案，并考虑评价标准
决策	学生向教师汇报实施方案，认清各个解决方案的优缺点，完善工作计划，确定最终的实施方案
实施	学生自主地执行工作计划，分工进行各项工作。例如选择工具，制作材料表，计算材料费用，领取工具，按照工作计划实施换热器清洗任务，记录时间点，记录实施过程中的问题，根据需要对实施计划做必要调整
检查	学生自主按照标准对工作成果进行检查，记录自检结果
评估与优化	教师听取学生小组的工作汇报，给予评价。学生汇报小组工作和自检结果，说明工作中满意之处和不足之处，对出现的故障和错误进行分析，对过程和结果进行评价，提出优化方案，写出评价报告

☺ **知识链接**

换热设备常见的污垢包括水垢、锈垢、微生物污垢、油脂垢等。在清洗之前，要与企业化验中心联系，分析污垢的化学成分，选择清洗的方法。

知识点一 机械清洗

当管束轻微堵塞或积渣积垢时，以固定管板式换热器为例，可以用不锈钢筋或低碳钢的圆盘从一头插入，另一头拉出的方法，清除轻微的堵塞或积渣积垢，轻薄的积垢，可以用专用清管刷（大小按直径选），一头穿粗铁丝，将清管刷从换热管中拉出，反复几次就可以除去与换热管结合不太紧密的污垢或堆积物。当管子内结垢比较严重或全部堵死时，可以用软金属捅管清理，但也必须是固定管板式换热器。当管子的管口被污垢或异物堵塞时可以用铲、削、刮、刷等手工方法处理。机械清理方法的缺点是清理效率低、工作量大，多次清理会对换热管有损害，并且不能处理 U 形管之类的换热器。

清除列管式换热设备的管内积垢时，广泛采用风动和电动工具来进行。

当管径大于 60mm 时，可将风动涡轮机和清除工具一起放入管内，接上软管并不断地送入压缩空气，使风动涡轮机能带动清除工具旋转，将管壁上的积垢刮下来，而刮下来的积垢正好被风动涡轮机所排出的废空气从管内吹出来。

当管径小于 60mm 时，由于受风动涡轮尺寸的限制，不能与清除工具一起放入管内去，这时可将清除工具联上软轴，并由风动涡轮机或电动机通过软轴带动旋转。工作时必须送入大量的水，以便把被冷却工具刮下来的积垢从管内带出来。

知识点二 高压水冲洗

高压水冲洗清理是利用高压清洗泵打出的高压水，通过专用清洗枪直接将高压水射在需清洗部位，它的压力调节范围是 0～100MPa，当结垢不太紧密时，可选择压力在 40MPa 左右，当结垢坚硬紧密时，还可以将高合金喷头塞入管内采用更高的压力清洗，一般此方法主要用于清洗列管式换热器的管内垢层，或者冲洗可抽出管束的换热器的设备壳体及管束表面的结垢和异物，对于有污物、沉淀、结垢不紧密的其他管壳式换热器，视设备结构特点，也可以用 20～30MPa 的高压水冲洗管子，如 U 形管可以在两个管端冲洗，亦能清理好。使用高压水冲洗清理，比人工清理和机械清理效率高，清理效果明显，但对于设备存在结垢严重、垢层紧硬的换热器，此方法也不可取。另外清洗时要针对设备本身的情况合理调节水压，并注意人身及设备安全，清洗人员要穿戴好劳动防护用品。试用水枪时，枪口严禁对人，在清洗时，水枪喷水的方向，若设备封头已拆开，要设立警戒范围，并有专人警戒。

知识点三 化学清洗

在化学法除垢前，首先应对结垢物质进行化学分析，弄清结垢物质的组成，决定采用哪种试剂，并做好挂片。一般对硫酸盐和硅酸盐水垢采用碱洗法清洗，对碳酸盐水垢则用酸洗涤剂清洗。对于一些流体介质的沉积物或有机物的分解产物，有几种金属形成的合金垢层，还应采用相应的活化剂。先将活化剂溶液加热浸泡后，使垢层与换热器表面张力减少或松脱；再根据垢层的化学特性决定酸洗或碱洗。在酸洗或碱洗前做好与被清洗表面材质相同或相近的挂片，在清洗时，放在清洗槽中，随时监测，以免由于清洗的配方不当对换热器造成过大腐蚀，并按一定的时间对清洗液取样分析 Fe^{3+} 浓度的变化情况。

化学除垢在实际清洗中最基本的方法有三种：浸泡法、喷淋法、强制循环法。但在实际应用中常是两种方法混合使用，如浸泡法与强制循环法常结合，一般是先浸泡再强制循环。浸泡法适用于垢层与换热器换热面结合不紧密容易脱落的小型换热设备，若加蒸汽进行蒸煮及搅动，效果会更好。喷淋法适用于大型容器的容器内外壁清洗或一些带翅片的风冷空冷器的外表面清洗。

由于换热器内各部分结垢情况往往是不均匀的，在化学清洗前应查清各部分的结垢情况，以确定配制酸碱溶液的浓度。此外，在准备清洗液时，必须考虑加入相应的缓蚀剂，缓蚀剂的作用是不妨碍一般垢层的溶解，但能防止金属被腐蚀。一般在硝酸洗垢时，用Lan-5缓蚀剂。用盐酸洗垢时，常用盐酸专用缓蚀剂。而用铬酸洗垢可不加缓蚀剂。

化学清洗的安全注意事项如下。

① 从事清洗的作业人员应穿戴好耐酸碱腐蚀的工作服，并佩戴好劳动保护用品，特别要保护好眼睛、手和脚，防止加药时飞溅烧伤，在清洗现场要拉好警戒线，有专人负责安全，防止他人误入引发事故。

② 在化学清洗前要检查由清洗设备、清洗槽、输送管道、被清洗的换热器组成的循环系统，确定此系统与其他设备相隔绝，以免清洗液进入其他设备内或影响他人的安全。

③ 在清水循环时，要消除存在外漏的地方，防止输送管堵塞和跑液。

④ 废液要进行必要的无害处理后才能排放，不准乱倒乱排，以免发生生产区内下水管道腐蚀等安全责任事故。

除以上清洗方法外，目前除垢的最新方法是超声波除垢法。它是利用超声波能穿透污垢层，金属层与垢层的弹性模量不同，由此产生不同的声阻、振动频率和振幅，使垢层松脱、破坏。但对于结合紧密、稠性强的软垢层，效果就不显著。此种方法不适用于石油、化工等大型换热器的清洗，比较适用于小型设备电子产品或体积小不易或不允许拆卸的小型换热器的清洗。在清洗时要注意超声波的频率范围，一般控制在 $(2.5 \sim 3.0) \times 10^5 \, Hz$ 的范围内。

子项目三　管壳式换热器压力试验与验收

在超设计压力下，考核缺陷是否会发生快速扩展造导致坏或开裂造成泄漏，检验密封结构的密封性能。

 项目实施

换热器压力试验是在换热器制造完成或检修工作结束后必须要进行的一项工作。本项

目介绍管壳式换热器进行压力试验的方法、顺序。本项目利用两台换热器由学生进行压力试验，制订压力试验工作计划，记录试验结果。项目实施方案见表 2-3。

表 2-3　管壳式换热器压力试验与验收项目实施方案

步骤	工作内容
信息与导入	读任务书,分析工作任务,明确工作目标;熟悉或回顾相关知识和标准规范,搞清缺乏的知识;选择信息来源(教材、其他书籍、相关标准规范、网络资源等),收集与工作任务相关的信息;明确分工和责任。收集的信息主要围绕工作任务,应包括 GB/T 151—2014《热交换器》、SHS 01009—2004《管壳式换热器维护检修规程》、管壳式换热器压力试验的步骤与方法等
计划	根据任务书制订工作计划,即管壳式换热器压力试验的工作计划。通过小组讨论、综合,在工作步骤、工具与辅助材料、时间(规定时间、实际完成时间)、工作安全、工作质量等方面提出小组实施方案,并考虑评价标准
决策	学生向教师汇报实施方案,认清各个解决方案的优缺点,完善工作计划,确定最终的实施方案
实施	学生自主地执行工作计划,分工进行各项工作。根据工作计划选择机具,组装管壳式换热器压力试验管路,进行压力试验,记录时间点、实施过程及出现的问题,根据需要对实施计划做必要调整
检查	学生自主按照标准对工作成果进行检查,记录自检结果
评估与优化	教师听取学生小组的工作汇报,给予评价。学生汇报小组工作和自检结果,说明工作中满意之处和不足之处,对出现的故障和错误进行分析,对过程和结果进行评价,提出优化方案,写出评价报告

知识链接

管壳式换热器压力试验分类与方法

管壳式换热器压力试验包括耐压试验和气密性试验。耐压试验分为液压试验、气压试验、气液组合压力试验。气密性试验的目的是检验容器的致密性。由于气体的渗透能力比液体强，所以对于盛装毒性程度高、高度危害的溶液容器和设计要求不允许有微量泄漏的容器，在液压试验合格后，必须进行气密性试验。

一、换热器的压力试验标准与规定

1. 试验标准

换热器的制造和维修后要按 NB/T 47013 对焊接接头进行射线或超声波、磁粉和渗透检验，合格后还要按 GB 150 的规定进行压力试验。

2. 相关规定

制造厂压力试验后，且用气封保护的换热设备，安装前若气封完好，可不再进行压力试验复验；在运输过程中有损伤现象时，应由业主与施工单位协商进行压力试验复验；在施工现场组装的换热设备，应进行压力试验。

3. 压力试验用仪表

压力试验，必须采用两个量程相同、经过校验，并在有效期内的压力表。压力表的量程为试验压力的 1.5～2 倍，精度不得低于 1.5 级，表盘直径不得小于 100mm。

二、液压试压程序及步骤

① 试验介质：换热设备液压试验时，试验介质采用洁净水。

② 试验温度：对钢制换热设备液压试验时，液体温度不得低于5℃。对于其他低合金钢制换热设备，液压试验时的液体温度不得低于15℃。如果由于板厚等因素造成材料无延性转变温度升高，则需相应提高试验液体温度，其他钢制壳体液压试验按原设计要求进行。

③ 试验压力：试验压力应按 GB 150 中的规定进行。

耐压试验的压力应符合设计图样或技术文件要求，试压值采用下列中较大值。

$$p_T = \begin{cases} 1.25p \dfrac{[\sigma]}{[\sigma]_t} \\ p+0.1 \end{cases}$$

式中　p_T——耐压试验试压值，MPa；

p——管程或壳程最高操作压力，MPa；

$[\sigma]$——试验温度下材料的许用应力，MPa；按 GB 150 选取。

$[\sigma]_t$——操作温度下材料的许用应力，MPa；按 GB 150 选取。

直立式换热器设备卧置作液压试验时，试验压力应为立置时试验压力与液柱静压力之和。

④ 试验时壳体或管程以及管接头，要在上部开设排气口，充液时应将容器内的空气排尽；试验过程中，应保持容器表面干燥；试压前，对换热设备进行外观检查，其表面应保持干燥。换热设备液压试验充液时，从高处将空气排净。

⑤ 液压试压时，压力应缓慢上升，达到试验压力后，保压 30min，然后将压力降至设计压力保持足够长的时间，对所有焊缝和连接部位进行检查。无渗漏、无可见的异常变形及试压过程中无异常的声响为合格。否则应将压力泄净进行修补，修补后应重新进行试压。

液压试验后，及时将液体排净，并用压缩空气吹扫干净，同时填写设备试压记录。

三、气压试压程序及步骤

（1）试验安全措施　安全检查措施需经试验单位技术总负责人认可并由本单位安全部门检查监督。

（2）试验介质　试验所用气体应为干燥洁净的空气、氮气或其他惰性气体。

（3）试验温度　低碳钢和低合金钢的壳程、管程温度不低于15℃，其他钢材按原设计要求进行。

（4）试验压力　试压值采用下列中较大值。

$$p_T = \begin{cases} 1.15p \dfrac{[\sigma]}{[\sigma]_t} \\ p+0.1 \end{cases}$$

式中　p_T——耐压试验试压值，MPa；

p——管程或壳程最高操作压力，MPa；

$[\sigma]$——试验温度下材料的许用应力，MPa；按 GB 150 选取。

$[\sigma]_t$——操作温度下材料的许用应力，MPa；按 GB 150 选取。

（5）试验步骤

① 试验压力应缓慢上升，至规定试验压力的 10%，且不超过 0.05MPa，保压 5min 后对所有焊接接头和连接部位进行初次泄漏检查。如有泄漏，修补后重新试验；

② 初次泄漏检查合格后，再继续缓慢升压至规定试验压力的 50%，其后按每级为规定试验压力的 10% 的级差逐级增至规定的试验压力，保压 10min 后，将压力降至规定试验压力的 87%，并保持足够长的时间，再次进行泄漏检查。如有泄漏，修补后再按上述规定重新试验。

四、管壳式换热器的试压程序

（1）固定管板换热器 先进行壳程试压，同时检查换热管与管板连接接头，接着再进行管程试压。

壳程试压时，拆除两端管箱，对壳程加压，检查壳体、换热管与管板连接部位；管程试压时，安装上两端管箱，加入正式垫片，对管程加压，检查两端管箱和密封部位。

（2）U 形管式换热器、釜式重沸器（U 形管束）及填料函换热器 先用试验压力进行壳程试验，同时检查接头，再进行管程试压。

第一次试压：检查 U 形换热管与管板的连接强度和密封可靠性，检查位置如图 2-5 中标号 1 所示。拆下管箱，在管箱端安装试验压环，向壳程内注水，将压力升至壳程试验压力，检查管接头处是否有泄漏，进行壳程试压。

第二次试压：按总图装配后，对壳体和管程同时加压，直至达到各自的试验压力，检查管箱、壳体密封性是否良好，检查位置如图 2-5 中标号 2 所示。装上管箱，向管程内注水，进行管程试压，检查各受压元件是否有宏观变形，密封处是否有泄漏。

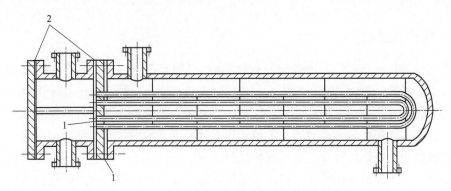

图 2-5 U 形管式换热器压力试验检查

1—第一次试压检查处；2—第二次试压检查处

（3）浮头式换热器和釜式重沸器（浮头式管束） 先用试验压环和浮头专用试压工具进行管头试压，对釜式重沸器还应配备管头试压专业壳体；接着进行管程试压，最后进行壳程试压。

第一次试压：管束和壳体组装好，使用工装将勾圈侧管板与壳体密封好，壳程水压检测管头，检查位置如图 2-6 中标号 1 所示。拆除管箱和封头，在管箱和浮头两端安装试验压环，向壳程注水，将压力升至壳程试验压力，检验两端管头是否有泄漏。

第二次试压：管箱、管束、壳体、浮头盖组装好，管程水压检测管箱及浮头盖，检查位置如图 2-5 中标号 2 所示。连接管箱、小浮头，向管程内注水进行管程试压。检查小浮头垫片是否有泄露。

第三次试压：设备组装好。壳程水压检测外头盖，检查位置如图 2-6 中标号 3 所示。

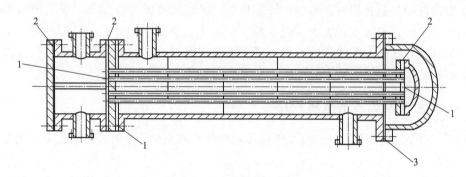

图 2-6　浮头式换热器压力试验检查

1—第一次试压检查处；2—第二次试压检查处；3—第三次试压检查处

安装封头，向壳程内注水，进行壳程试压，检验受压元件是否有宏观变形，各密封处是否有泄漏。

（4）其他情况说明

① 按压差设计的换热器，先接头试压，再进行管程试压，后进行壳程试压。

② 当管程试验压力高于壳程试验压力时，接头试压应按图样规定，或根据制造、维修方与使用厂家或使用单位双方商定的方法进行。

③ 重叠换热器的接头试压可以单台进行，当各台换热器连通时，管程及壳程试压应重叠组装后进行。

五、气密性试验

当设备液压试验合格后方可进行气密性试验，试验压力应按 GB 150 中的规定进行；试验时压力应缓慢上升，达到规定的试验压力后保压 10min，然后降至设计压力，对所有焊接接头和连接部位进行泄漏检查，小型设备亦可浸入水中检查，如有泄漏，修补后重新进行液压试验和气密性试验；对于与系统相连无法隔离开的设备，维修后需要进行气密性试验时，可与用户商量后直接进行气密性试验。

气密性查漏试验值采用设备的最高工作压力值。也可以用肥皂溶剂刷检查部位，目视不冒气泡为合格。

六、管壳式换热器的验收

全部试压合格后，连接进出口管道与阀门，装上各种现场表计，若设备连续运行 24h 未发现任何问题，并根据各现场记录数据进行核算，满足了生产需要，即可交付用户。在办理移交手续时，应将设备的安装与检修记录和有关技术资料及备件材料消耗一并交付使用单位，存入设备管理档案。具体的验收手续及内容，按制造和维修单位与用户的合同要求进行。

子项目四　换热设备安装

管壳式换热器一般分为立式和卧式两种。而立式换热器使用得较少，其安装也较简单，此处主要叙述卧式换热器的安装。

本项目一方面选自化学工程建设企业的工程项目，另一方面为在用换热设备的更换安装工作。项目实施的重点在于了解换热设备安装过程中的各个环节，熟悉其安装的方法、步骤及安全注意事项。项目实施方案见表2-4。

表2-4　换热设备安装项目实施方案

步骤	工作内容
信息与导入	读任务书和塔设备安装方案，分析塔设备安装中的工作任务，熟悉或回顾相关知识和标准规范，搞清缺乏的知识；选择信息来源（教材、其他书籍、相关标准规范、网络资源等），收集信息包括 GB/T 151—2014《热交换器》、SHS 01009—2004《管壳式换热器维护检修规程》、换热设备安装的步骤与方法等
计划与决策	根据任务书整理和加工收集的信息，熟悉换热设备安装中的工作准备、换热设备吊装、换热设备找正等。对其中涉及人、机、料、法、环等几方面的工作进行整理，在工作步骤、工具与辅助材料、时间（规定时间、实际完成时间）、工作安全、工作质量等方面进行梳理，并考虑评价标准
实施	本项目中换热设备吊装等任务在校内很难完成，但可进行"换热设备的找正"等工作任务，学生可分工进行各项工作，对任务实施情况进行记录，记录时间点，记录实施过程中的问题
检查	自主按照标准对工作成果进行检查，记录自检结果
评估与优化	汇报小组工作和自检结果，说明本组工作的设计思路和特点、满意的地方和不足的地方，对出现的故障和错误进行分析，对过程和结果进行评价，提出优化方案，写出评价报告

知识点一　换热设备安装准备

充分做好换热器安装前的准备工作，可使安装工作顺利进行，达到安装各项技术指标，确保安装质量。

（1）施工的现场准备　根据施工的现场平面布置图，对现场的其他各方面进行实际勘查，测量确定运输路线，停车位置，卸车位置及周围环境是否影响设备的运输和安装，协同有关各方面满足吊装的工况要求。疏通运输道路，必须保证道路平整坚实，使车辆能平稳通过，安全地将换热器运至现场。安装场地宽度应满足安装的要求。

（2）换热设备的验收　按设备的图纸进行认真仔细的检查，包括设备的型号、重量、几何尺寸、管口方位、技术特性等。查阅出厂合格证、说明书、质量保证书等技术文件。检查设备是否有损坏、缺件（包括垫铁、螺栓、垫片、附件等）。做好检查、验收记录。

（3）基础的验收　换热器安装前必须对基础进行认真的检查和交接验收。基础的施工单位应提交质量证明书、测量记录及有关施工技术资料。基础上应有明显的标高线和纵横中心线，基础应清理干净，如有缺陷应进行处理。

（4）吊装的准备　吊装部门应准备好全部机索具，如吊车、抱杆、钢丝绳、滑轮组、导链、卡环等，并按安全规定认真做好检查工作。对大型换热器，因直径大、加热管多，起吊重量大，其起吊捆绑部位应选在壳体支座有加强垫板处，并在壳体两侧设木方用于保护壳体，以免壳体在起吊时被钢丝绳压瘪产生变形。

（5）编写施工方案　为了使安装工作有序地进行，安装前应编写施工方案。施工方案的内容包括编制说明、编制依据、工程概况、施工的准备、施工方法和措施、技术要求和技术措施、施工用机具、施工用料、施工人员调配、施工进度计划图等。

知识点二　换热设备基础验收及处理

一、基础验收

在安装换热器之前，应严格地进行基础质量的检查和验收工作，才能保证安装质量，缩短安装周期。检查的主要项目如下：

① 基础工程的表面概况。

② 基础的标高和平面位置（坐标）是否符合设计要求。

③ 基础的形状和主要尺寸（长、宽），以及基础预留孔是否符合设计要求。

④ 地脚螺栓的位置是否正确，螺纹情况是否良好，螺纹长度是否符合标准，螺帽和垫圈是否齐全。

⑤ 放置垫板的基础表面是否平整。

⑥ 中心标板和标高基准点的埋设、纵横中心线和标高的标记以及基准点的编号等是否正确。

基础验收时尺寸偏差的允许值见表 2-5。

表 2-5　基础验收时尺寸偏差的允许值

检查项目	允许偏差/mm		
混凝土基础			
主要尺寸（长、宽等）	±30		
基础表面的标高	+5，−10		
沟坑、孔和凹凸部分尺寸	+20，−10		
沟坑、孔和凹凸部分标高	±10		
	螺栓直径/mm		
地角螺栓	<50	>50～100	>100
标高	±5	±8	±10
中心距	±3	±4	±5
垂直度（mm/m）	30	10	10
中心板上冲点的位置	±1		
基准点上的标高	±0.5		

二、地脚螺栓的处理

地脚螺栓的长度约为 100～1000mm。常见的地脚螺栓头部做成分叉的或带钩的。地脚螺栓和基础浇灌在一起，可以有两种连接方法：即一次浇灌法的连接（预埋螺栓法）和二次浇灌法的连接（预留孔法）。

在浇灌基础时，应严格检查地脚螺栓的中心线位置、垂直度和标高等是否符合技术要求，如果螺栓的位置发生不容许的偏差，将会影响安装，必须设法处理。下面分别介绍常用的几种处理方法。

1. 中心距偏差的处理

对一般受力不大、无振动情况下，如地脚螺栓中心距的偏差超过允许值不太大时，可先凿去螺栓四周的混凝土，深度约为（8～15）d（d 表示埋入物的直径），然后用氧-乙炔火焰加热螺栓至淡樱红色（850℃左右），注意温度不能过高，以免引起金属组织改变而降低螺栓强度。加热后的螺栓可用千斤顶或锤校正，并在弯曲处焊上钢板，防止以后拉直，如图 2-7 所示。螺栓的中心距偏差处理好后，应补灌混凝土。

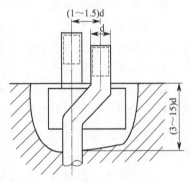

图 2-7 中心距偏差的处理

2. 标高偏差的处理

螺栓的标高过高，可割去一部分，并重新加工出螺纹。螺栓的标高较低（差数＜15mm），可用氧-乙炔火焰将螺栓烤红拉长。拉长后在直径缩小部分的两旁焊上两条钢筋或用大小适宜的钢管进行焊接，如图 2-8(a)、图 2-8(b) 所示。若螺栓的标高很

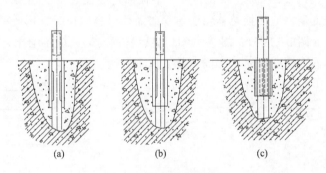

(a)　　　　　　(b)　　　　　　(c)

图 2-8 标高偏差的处理

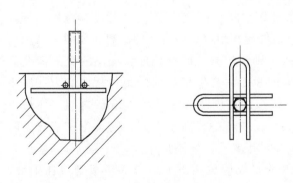

图 2-9 螺栓活拔的处理

低（差数＞15mm），则不能用烤红拉长的方法来处理，只有将螺栓切断，再焊一根新制的螺栓，并在对接处焊上四条加强钢筋，如图 2-8(c) 所示。标高偏差处理好后应补灌混凝土。

3. 螺栓活拔的处理

在拧紧螺帽时，如果用力过猛，可能将地脚螺栓从基础中拔起来，这种现象称为活拔。活拔的处理方法是将螺栓腰部的混凝土凿去，并在螺栓上焊上两条交叉的 U 形钢筋，然后补灌混凝土，即可将活动了的螺栓固牢，如图 2-9 所示。

三、基础表面上铲麻面和放垫板

1. 铲麻面

基础验收完毕，在设备安装之前，应在基础的上表面（除放垫板的地方以外）铲出一些小坑，即为铲麻面。其目的可使二次灌浆时浇灌的混凝土或水泥砂浆能与基础紧密地接合起来，从而保证设备的稳固。

铲麻面的方法有两种：手工法和风铲法。

铲麻面的质量要求是：每 100cm^2 内应有 $5\sim6$ 个直径为 $10\sim20\text{mm}$ 的小坑。

2. 放垫板

在安装换热器之前，必须在基础上放垫板，安放垫板处的基础表面必须铲平，使垫板与基础表面能很好地接触。

垫板厚度可以调整，使换热器能达到设计的水平度和标高。垫板放置后可增加换热器在基础上的稳定性，并将其重量通过垫板均匀地传递到基础上去。

垫板的种类很多可分为平垫板、斜垫板和开口垫板，如图 2-10 所示，其中斜垫板必须成对使用。

垫板的面积、组数和放置方法应根据设备的重量和底座面积的大小来确定。常见的放置垫板的方法是在每一个地脚螺栓两侧各放一组垫板，如图 2-11（a）、图 2-11（b）所示。当设备直径＜DN1200 时，也可以在每一个地脚螺栓当中放一组开口垫板，如图 2-11（c）、图 2-11（d）所示。如图 2-11（a）、图 2-11（c）垫板都是放在底板的两端，工作时可以站在设备的外侧，故较方便。但如换热器由于热膨胀而须引起伸长时，用此种形式放置垫板会阻碍设备的伸长。而图 2-11（b）、图 2-11（d）垫板放置的形式就不会阻碍设备的伸长，但工作时须站在换热器下面两个基础之间，故操作不方便。

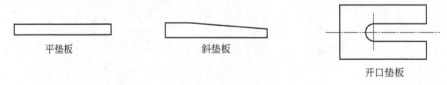

平垫板　　　　　斜垫板　　　　　开口垫板

图 2-10　垫板的种类

为了便于调整，垫板要露出底座边缘约 $25\sim30\text{mm}$。垫板尽量靠近地脚螺栓，尽量放置在设备底座的加强筋下，与地脚螺栓边缘应相距 $(1\sim2)d$ 的距离。如图 2-12（a）、图 2-12（b）所示。如垫板离地脚螺栓太远，则在拧紧地脚螺栓时，底座的受力情况恰如承受集中载荷的双支承梁，这样在底座的断面内会发生过大的附加弯曲应力；如垫板离地脚螺栓太近，则二次灌浆不方便。垫板的高度最好在 $30\sim60\text{mm}$ 之间。如垫板高度太低，会造成二次灌浆时捣固的困难；反之若垫板高度太高，则设备在基础上的稳定性相对地减少。垫板的表面应平整。每组垫板块数不应太多，一般不超过 $3\sim4$ 块，以保证它有足够的刚性和稳定性。厚的垫板应放在下面，薄的垫板则放在上面，最薄的应夹在中间，以免产生翘曲变形。各组垫板的顶面应处于同一标高。同一组垫板中，垫板的尺寸要一样，放置必须整齐。设备安装好后，同一组垫板应点焊在一起，以免工作时松动。

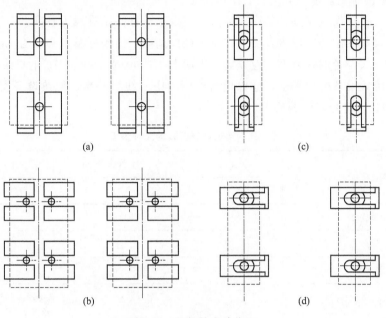

图 2-11 垫板的安放位置

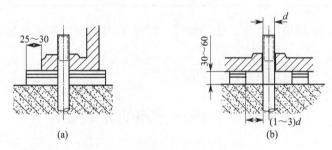

图 2-12 垫板的放置（单位：mm）

知识点三 换热设备就位

① 换热设备安装前，设备上的油污，泥土等杂物均应清除干净。

② 设备所有开孔的保护塞或盖，在安装前不得拆除。

③ 按照设计图样核对设备的管口方位、中心线和重心位置，确认无误后方可就位。设备的找正与找平应按基础上的安装基准线（中心标记、水平标记）对应设备上的基准测点进行调整和测量。设备各支承的底面标高应以基础上的标高基准线为基准。

④ 设备安装前应该核对出厂质量说明书的主要技术数据，并对设备进行复测。检查设备壁上的基准圆周线，应与设备主轴线垂直。

知识点四 换热设备的找正、找平

换热器设备安装应按基础上的安装基准线对设备上的基准点进行找正、找平。换热设备找正、找平的测定基准点，应符合下列规定：

① 测定设备支架（支座）的底面标高，应以基础标高基准线为基准。

② 测定设备的中心线位置及管口方位，应以基础平面坐标及中心线为基准。

③ 测定立式设备的垂直度，应以设备表面上 $0°$、$90°$ 或 $180°$、$270°$ 的母线为基准。

④ 测定卧式设备的水平度，应以设备两侧的中心线为基准。换热设备安装的允许偏差，见表2-6，应符合表中的要求。

表 2-6　换热设备安装的允许偏差

检查项目	允许偏差/mm	
	立式	卧式
中心线位置	±5	±5
标高	±5	±5
垂直度	$H/1000$	—
水平度	—	轴向 $L/1000$ 径向 $2D_0/1000$
方位	±5(沿底座环圆轴测量)	—

⑤ 设备找平，应采用垫铁或其他调整件，严禁采用改变地脚螺栓紧固程度的方法找平设备。

⑥ 换热器安装允许的偏差应符合规范规定。

知识点五　滑动支座的安装要求

① 滑动支座上的开孔位置、形状尺寸应符合设计图样的要求。

② 地脚螺栓与相应的长圆孔两端的间距，应符合设计图样或技术文件的要求。不符合要求时，允许扩孔修理。

③ 换热器设备安装合格后应及时紧固地脚螺栓。

④ 换热设备的工艺配管完成后，应松动滑动端支座螺母，使其与支座板面间留出 $1\sim3mm$ 的间隙，然后再安装一个锁紧螺母。

子项目五　换热器日常维护

 项目实施

换热器日常维护项目的实施分两部分，一部分是借助校内化工单元操作装置，在运行单元操作装置时对换热器进行维护；另一部分是在企业实践过程中实施。项目的实施方案见表2-7。

表 2-7 换热器日常维护项目实施方案

步骤	工作内容
信息与导入	读任务书,分析工作任务,明确工作目标;熟悉或回顾相关知识和标准规范,搞清缺乏的知识;选择信息来源(教材、其他书籍、相关标准规范、网络资源等),收集与换热器日常维护工作任务相关的信息。收集的信息包括换热器日常维护与检查的内容、换热器常见故障及处理方法、换热器完好标准、某企业日常巡检要求等
计划与决策	根据任务书制订工作计划,本工作计划为某企业的生产实际情况,日常对换热器检查中的检查项目。要考虑工作安全、工作质量、废料处理、环保等方面问题
实施	项目的实施需要学生到企业实习时完成,或在校内化工单元操作实训项目进行时完成
检查	学生自主按照标准对工作记录结果自检
评估与优化	教师听取学生小组的工作汇报,给予评价。学生汇报小组工作和自检结果,说明工作中满意之处和不足之处,对出现的故障和错误进行分析,对过程和结果进行评价,提出优化方案,写出评价报告

 知识链接

知识点一　换热设备的运行参数

一、温度

温度是换热器运行中的主要工艺控制参数,通过在线仪器测定显示及检查换热器中各流体的进出口温度的变化,可以分析、判断介质流量的大小及换热情况的好坏和是否存在内漏等。传热效率好坏主要表现在传热系数上,传热系数低,则标志着换热器的效率降低,通常换热器的传热系数在短期内变化不明显,如果发生变化,传热会连续下降。定期测量换热器两种介质的进出口温度、流量,计算出各时期的传热系数,并用坐标纸作出变化趋势曲线。它会是一条基本连续逐渐向下、切点斜率较小的平滑曲线。当传热系数低到不能满足工艺要求时,则应通过机械清洗或化学清洗来提高传热系数,满足和维持工艺运行的需要。

用水作为冷却介质的,水的出口温度最好控制在 50℃ 以下。因为水温超过 50℃,微生物的繁殖会明显加速,腐蚀成分的分解加快,引起管子腐蚀穿孔。同时已溶于水的碳酸氢钙、碳酸氢镁会受热分解形成沉淀,使换热器结垢越来越严重,影响设备的换热能力,故出口温度不能超过 65℃。

二、压力

通过对流体压力及出口压差的测定和检查,可以判断换热器是否结垢,是否存在堵塞引起的节流以及泄漏。内漏时高压流体往往向低压流体中泄漏,使低压流体压力很快上升甚至超压,并可能损坏低压设备或该设备的低压部分,引起催化剂失效或污染其他系统等各种不良后果,对运行中的高压换热器应特别监视和警惕。

对换热器设备要注意防止超压,超压往往会使设备靠法兰连接的密封处向外泄漏。一般石油、化工厂都存在大量的易燃易爆和有毒有害气体,常常因外漏引起火灾、爆炸、中毒事故,有毒有害介质还会污染环境,严重的还会损坏系统内其他设备,甚至会造成人员

伤亡和环境污染等重大事故，特别是无安全附件的设备更应防止超压。

工艺操作中，若发现压力骤变，无论升高或降低，除应检查换热器本身外，还应检查系统内其他管道、法兰，以及输送流体介质的机械。从其他因素的影响考虑，尽快查出压力骤变的原因。

三、泄漏

换热器存在的主要问题之一是泄漏，主要原因有介质的冲刷引起的磨损，导致管子破裂；介质或积垢腐蚀穿孔；管子振动引起管子与管板连接处泄漏。

泄漏有内漏和外漏之分。外漏在运行生产中容易被检查发现。对于轻微的气体外漏，可以直接用抹肥皂水或其他发泡剂来检查，对于酸性或碱性气体外漏则可以凭视觉、嗅觉直接发现，或检查换热器外壳体表面的涂料层或保温保冷层的剥落污染情况，确定壳体是否存在泄漏。是可燃性气体的，还可以用安全专用仪器来检测。通过定期对壳体各连接处周围的空气取样分析，也能判断是否泄漏及泄漏程度，对于存在剧毒的气体，还可以在现场设置自动分析记录仪，发现泄漏自动进行声光报警。

对于内漏，操作人员不易直接发现，但可以从介质异常的温度、压力、流量，异常声音、振动及其他异常现象来判断发现。例如，化肥厂某一台换热器，其冷却介质是循环水，走管程，壳程是压力很高的合成气。当换热管穿孔或换热管与管板的焊接有气孔等缺陷时，就可以从该换热器的进出口冷却水管的导淋取样分析，根据 pH 值的变化判断是否存在轻微泄漏。当发生泄漏时，上面所述的换热器一般会出现换热器的冷却水压力波动大，管道和设备都有较大异常声响和振动，冷却水管线上的防爆板会破裂漏水等，从而直接判断出该换热器泄漏。假若换热器管程走的是液体介质且压力较高时，还可以打开气体管线上的导淋。根据平常排导的情况亦可判断该换热器是否存在内漏。

对于冷却器，可在冷却器出口阀前的管道上装取样接管，定期取样检查有无被冷却的介质混入。当被冷却的介质为气体时，可在冷却水出口管道上部安装积气报警器报警，以此检测泄漏。

四、振动

换热器内的流体一般具有较高流速，由于流体的脉冲和流动都会造成换热管的振动，或者整个设备振动，最危险的是在工艺开车过程中，提压或加负荷较快时，很容易引起换热管振动。特别是在折流板处，管子振动的频率较高，容易把管剪切断，造成断管泄漏，另外由于外部原因如输送流体的管道弹簧支吊架失效，换热器本身地脚螺栓松脱，设备的支承基础不稳固等都会造成设备振动发生。因此对设备存在的振动要进行密切监测，严格控制振动值不超过 $250\mu m$。超过此值时，必须停机检查、检修换热器。

五、保温或保冷

对于保温或保冷层，一般在设备的使用说明书上有具体要求。它的完好状态直接影响换热器的传热效率，属于节能降耗要求内容，关系到生产的经济运行。另外，保温或保冷层还有保护设备的作用。保温或保冷层一旦破损，在壳体外部积附水分。使壳体发生局部腐蚀，有的换热器还会因为保温保冷不符合要求发生泄漏。因此，发现保温或保冷层破损后应尽快修补，并要采取措施，防止水分进入保温或保冷层内。

知识点二　管壳式换热器的完好标准

（1）运行正常，效能良好

① 设备效能满足正常生产需要或达到设计能力的 90% 以上；

② 管束等内件无泄漏，无严重结垢和振动。

（2）各部构件无损，质量符合要求

① 各零件材质的选用应符合设计要求，安装配合符合规程规定；

② 壳体、管束的冲蚀和腐蚀在允许范围内；同一管程内被堵塞管数不超过总数的 10%；

③ 隔板无严重扭曲变形。

（3）主体整洁，零部件齐全好用

① 主体整洁，保温、刷漆完整美观；

② 基础、支座完整牢固，各部螺栓满扣、齐整、紧固，符合抗震要求；

③ 壳体及各部阀门、法兰、前后端盖等无渗漏；

④ 压力表、温度计、安全阀等附件应定期校验，保证准确可靠。

（4）技术资料齐全准确，应具有

① 设备档案，并符合石化企业设备管理制度要求；

② 属压力容器设备应取得压力容器使用许可证；

③ 设备结构图及易损配件图。

知识点三　管壳式换热器的常见故障及处理方法

管壳式换热器的常见故障及处理方法见表 2-8。

表 2-8　管壳式换热器的常见故障及处理方法

序号	故障现象	故障原因	处理方法
1	两种介质互窜（内漏）	①换热管腐蚀穿孔、开裂 ②换热管与管板胀口（焊口）裂开 ③浮头式换热器浮头法兰密封泄漏 ④管子被折流板磨破	①更换或堵死漏管 ②重胀（补焊）或堵死 ③紧固螺栓或更换密封垫片 ④换管或堵管
2	法兰处密封泄漏	①垫片承压不足、腐蚀、变质 ②螺栓强度不足,松动或腐蚀 ③法兰刚性不足或密封面缺陷 ④法兰不平行或错位 ⑤垫片质量不好	①紧固螺栓,更换垫片 ②升级螺栓材质,紧固螺栓或更换螺栓 ③更换法兰或处理缺陷 ④重新组对或更换法兰 ⑤更换垫片
3	传热效率下降	①列管结垢 ②壳体内不凝气或冷凝液增多 ③列管、管路或阀门堵塞 ④水质不好,油污与微生物多 ⑤隔板短路	①清洗管子 ②排放不凝气和冷凝液 ③检查清理 ④加强过滤,净化介质 ⑤更换管箱垫片或隔板

续表

序号	故障现象	故障原因	处理方法
4	振动	①壳程介质流动过快 ②管路振动所致 ③管束与折流板的结构不合理 ④机座刚度不够	①调节流量 ②加固管路 ③改进设计 ④加固机座
5	管板与壳体连接处开裂	①焊接质量不好 ②外壳歪斜,连接管线拉力或推力过大 ③腐蚀严重,外壳壁厚减薄	①清除补焊 ②重新调整找正 ③鉴定后修补
6	阻力降超过允许值	①过滤器失效 ②壳体、管内外结垢	①清扫或更换过滤器 ②用射流或化学清洗垢物

知识点四　管壳式换热器的日常维护

管壳式换热器的日常维护应做到以下几点。

① 保持设备外部整洁,保温层和油漆完好。

② 保持压力表、温度计、安全阀和液位计等仪表和附件齐全、灵敏和准确。

③ 在装置系统蒸汽吹扫时,应尽可能避免对有涂层的换热器进行吹扫,工艺上确实避免不了,应严格控制吹扫温度（进换热器）不大于200℃,以免造成涂层破坏。

④ 开停换热器时,不要将阀门开得太猛,否则容易造成管子和壳体受到冲击,以及局部骤然胀缩,产生热应力,使局部焊缝开裂或管子连接口松弛。

⑤ 在装置开停工过程中,换热器应缓慢升温和降温,避免造成压差过大和热冲击,同时应遵循停工时"先热后冷",即先退热介质,再退冷介质;开工时"先冷后热",即先进冷介质,后进热介质。

⑥ 认真检查设备运行参数,严禁超温、超压。对按压差设计的换热器,在运行过程中不得超过规定的压差。

⑦ 操作人员应严格遵守安全操作规程,定时对换热设备进行巡回检查,检查基础支座稳固及设备泄漏等。发现阀门和法兰连接处泄漏时,应及时处理。

⑧ 应经常对管、壳程介质的温度及压降进行检查,分析换热器的泄漏和结垢情况。在压降增大和传热系数降低超过一定数值时,应根据介质和换热器的结构,选择有效的方法进行清洗。

⑨ 应经常检查换热器的振动情况。对现场有安全附件的换热器,要检查安全附件是否良好。

⑩ 尽可能减少换热器的开停次数,停止使用时,应将换热器内的液体清洗放净,防止冻裂和腐蚀。

⑪ 定期测量换热器的壳体厚度,一般两年一次。

 知识拓展

换热器检修工具

换热器检修工具包括施工扳手、撬棍、试压泵、风扳机、风带及风罐、液压扳手、

螺母劈开器、手拉葫芦、黄油、四氟乙烯带等。

扳手及气液拆装工具的选用参见化工管道日常维护部分的内容。

一、起重工具的选用

起重是指把重型设备搬到安装工地或组装现场的各种方法。起重工具则是吊运或顶举重物的搬运工具。多数起重工具在吊具取料之后即开始垂直或垂直兼有水平的工作行程，到达目的地后卸载。例如，设备装卸工序就包括把设备起吊，在目的地卸下设备，然后用卷扬机和起重千斤顶在短距离内移动，按设计的位置进行设备安装。

常用的起重工具包括起重绳索、滑轮与滑轮组、取物装置、起重机械等等。

1. 钢丝绳的使用

钢丝绳具有强度高、自重轻、弹性好、运行平稳等优点，在起重、捆扎、牵引和张紧等方面获得广泛应用。起重作业时常用的钢丝绳为圆钢丝绳。

（1）钢丝绳的结构与应用　圆钢丝绳是先将若干根钢丝拧成钢丝股，再由几个钢丝股绕一绳芯控制而成的。如图2-13所示。

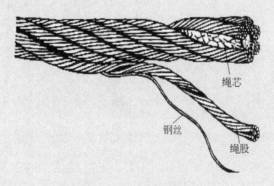

图 2-13　钢丝绳的结构

钢丝按其表面情况可分为光面钢丝绳和镀锌钢丝绳两种。光面钢丝绳适用于空气干燥、没有腐蚀气体的环境；镀锌钢丝绳适用于潮湿环境的工作，根据镀锌层的厚度分为 A 级、AB 级和 B 级，A 级镀层最厚、AB 级居中、B 级最薄。

钢丝绳的绳芯可分为纤维芯和钢芯。纤维芯包括天然纤维芯（黄麻）和合成纤维芯（石棉等）两种，使用时应用具有防腐、防锈性能的润滑油脂浸透。天然纤维芯工作时起润滑作用，但不承受高温和横向力；合成纤维芯用石棉绳做成，耐高温但不能承受横向力。钢芯分为独立的钢丝绳芯和钢丝股芯，是由软钢丝制成，强度大，可耐高温和承受横向力。

钢丝绳按捻法分为右交互捻（ZS）、左交互捻（SZ）、右同向捻（ZZ）和左同向捻（SS）。如图2-14所示。

同向捻钢丝之间接触好，表面光滑，挠性好，使用寿命长，但容易自行松散、扭转和打结，不宜用于自由悬挂重物的起重机中，适合于经常保持张紧的地方，如牵引小车的牵引绳。交互捻是由钢丝绕成的股与由股绕成的绳方向正好相反，因不易松散扭转，广泛应用于起重机中。

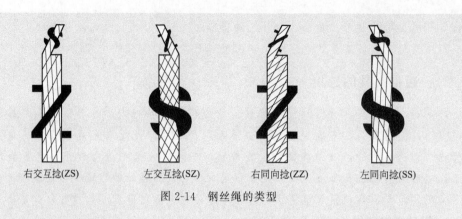

右交互捻(ZS)　　　左交互捻(SZ)　　　右同向捻(ZZ)　　　左同向捻(SS)

图 2-14　钢丝绳的类型

（2）钢丝绳的打结与末端接头　钢丝绳在连接或捆扎物体时，需要打各种结。钢丝绳常用的打结方法如图2-15所示。为了便于钢丝绳与其他部分的连接，在钢丝绳的末端常做成各种形式的接头，如图2-16所示。

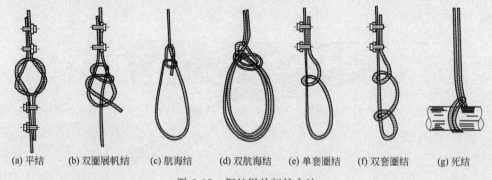

(a) 平结　　(b) 双圈展帆结　　(c) 航海结　　(d) 双航海结　　(e) 单套圈结　　(f) 双套圈结　　(g) 死结

图 2-15　钢丝绳的打结方法

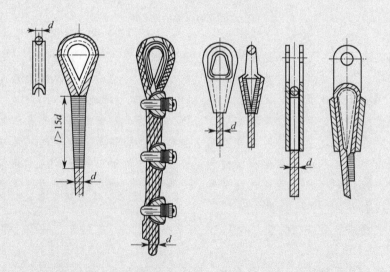

(a) 钢丝缠绕式　　(b) 绳夹夹紧式　　(c) 灌铅式　　(d) 楔块夹紧式

图 2-16　钢丝绳末端的接头

（3）钢丝绳正确使用与保养　一般规定使用或储存钢丝绳时，为减少或避免钢丝绳的机械磨损、自然磨损和局部损伤等情况的发生，应定期涂刷保护油。对长期使用的钢丝绳，至少每隔4个月要涂刷一次。短期使用不超过一年的，原则上在使用前涂刷一次即可。对于入库储存的钢丝绳，除了预先将绳表面污垢清除干净，涂刷一层保护油外，还应把钢丝绳轻松卷成圆盘，平放在木板台上，以防受潮，造成损失。

钢丝绳在使用中一般还应遵循下列要求。

① 选用钢丝绳时应严格按规定进行抗拉能力计算。应根据受载形式和施工现场来选择适当的安全系数，限制卷筒和滑轮的最小直径，严禁超负荷使用。

② 使用钢丝绳前应根据要求进行质量检查，做出评定和必要的处理。

③ 使用钢丝绳过程中，要经常注意避免打结、压扁、刻伤、电弧打伤、滑动摩擦、化学介质侵蚀和长时间被水浸泡等现象。

④ 新钢丝绳开卷解开时，方法要正确。避免由于方法不当使钢丝绳形成环圈扭结，绳股产生弯曲疲劳，降低使用寿命。

（4）钢丝绳的报废 钢丝绳报废的主要内容有：在相应的使用条件下，钢丝绳在规定长度范围内断裂钢丝数达到规定的数值时必须报废；出现整根绳股断裂应报废；外层钢丝磨损达到其直径的40%时应报废；钢丝直径相对公称直径减小7%或更多时，即使未发现断丝也应报废；因腐蚀表面出现深坑，钢丝相当松弛时应报废；钢丝绳严重变形时应报废。

2. 滑轮及滑轮组的选择

（1）滑轮 是用来支承挠性件并引导其运动的起重工具。一般由外壳钢夹板、绳轮、轮轴和吊钩（或吊环）等部分组成。受力不大的滑轮直接安装在心轴上使用，机动起重机多用滚动轴承支承滑轮。图2-17为常用滑轮的结构，其中图2-17(a)用于电动葫芦上，图2-17(b)用于桥式起重机上。滑轮槽底直径与钢丝绳直径的比值不小于8.7，钢丝绳的安全系数不小于5。

根据滑轮工作方式的不同，可分为定滑轮和动滑轮，如图2-18所示。定滑轮只能改变力的方向，不能省力，也不能减速。动滑轮能省力和减速。

（2）滑轮组 是由一定数量的定滑轮、动滑轮和挠性件组合而成的一种简单的起重工具。其主要功用是省力和减速。动滑轮越多越省力。因此，吊装较重物件时，使用滑轮组就可以用较小的力起吊重量大的物件。

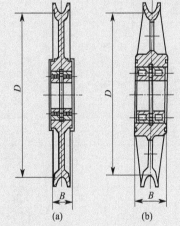

图2-17 常用滑轮的结构

滑轮组有两种基本工作方式，如图2-19所示。图2-19(a)表示绳索的活动端由定滑轮导出；图2-19(b)表示绳索的活动端由动滑轮导出。假设每个滑轮组中定滑轮和动滑轮的轮盘个数的总和为N，同时悬吊物品的工作绳索为Z，则在图2-19(a)所示的滑轮组中$Z=N$；而在图2-19(b)所示的滑轮组中$Z=N+1$。

常用的滑轮组有16种形式，如表2-9所列。

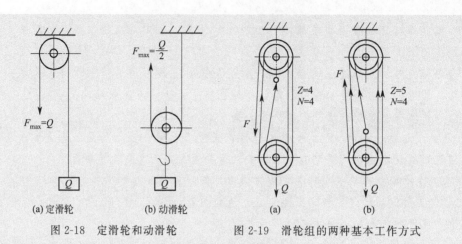

(a) 定滑轮　　　　(b) 动滑轮

图 2-18　定滑轮和动滑轮

图 2-19　滑轮组的两种基本工作方式

表 2-9　常用滑轮组的形式

图号	Ⅰ	Ⅱ	Ⅲ	Ⅳ	Ⅴ	Ⅵ	Ⅶ	Ⅷ
示意图	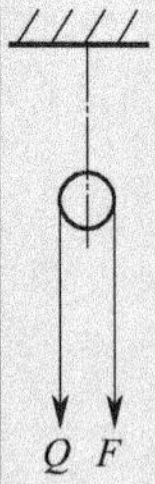	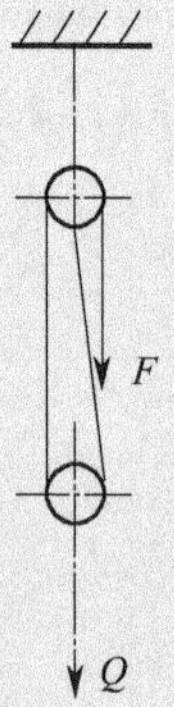	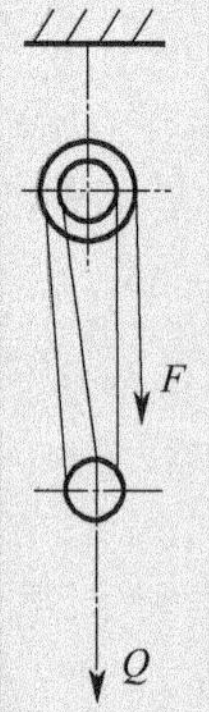	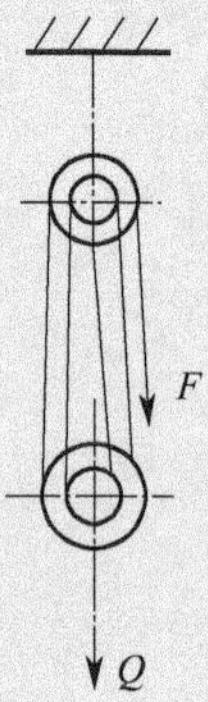	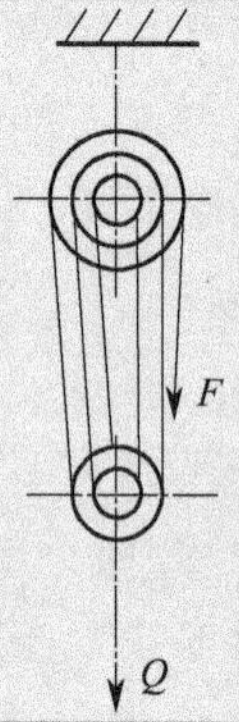	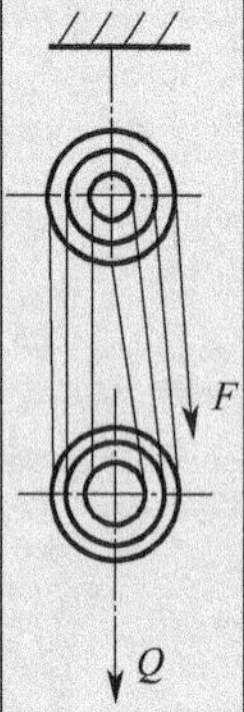	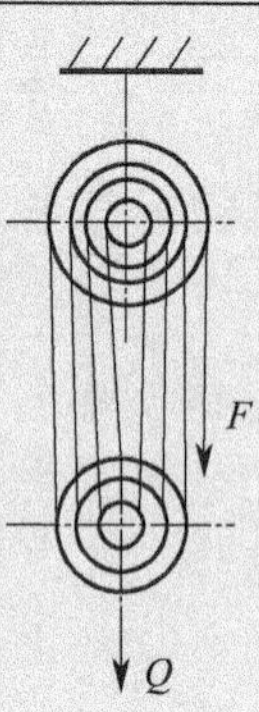	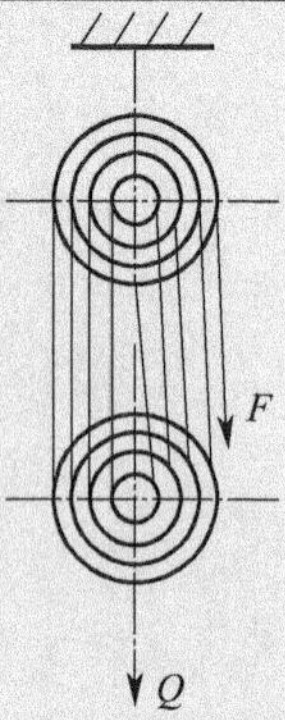
工作绳索的根数 Z	1	2	3	4	5	6	7	8
滑轮轮盘的个数 N	1	2	3	4	5	6	7	8
图号	Ⅸ	Ⅹ	Ⅺ	Ⅻ	ⅩⅢ	ⅩⅣ	ⅩⅤ	ⅩⅥ
示意图		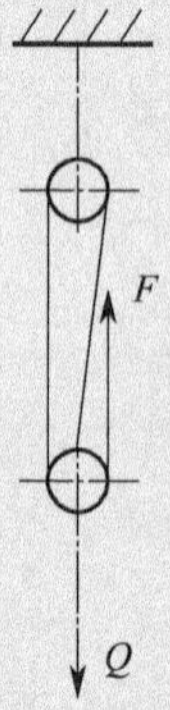	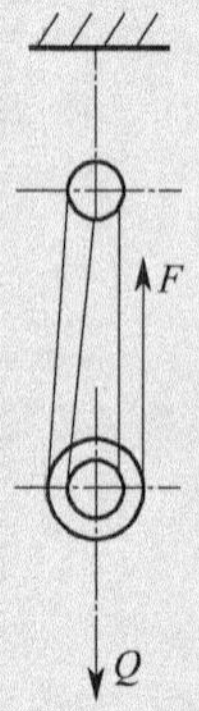	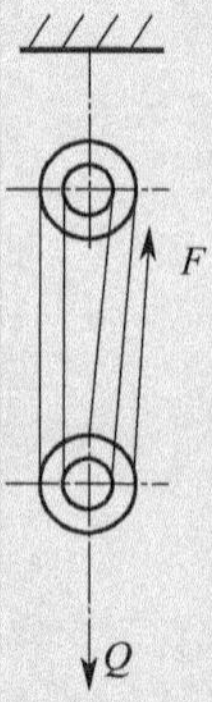	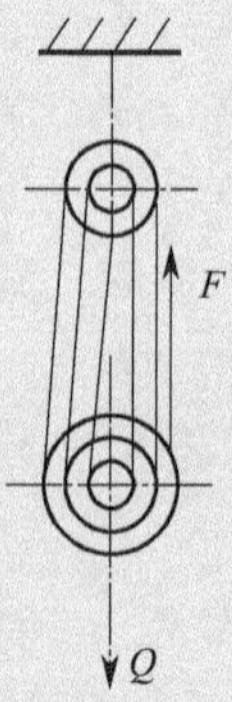	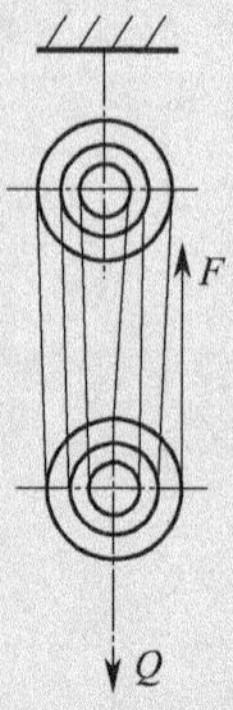	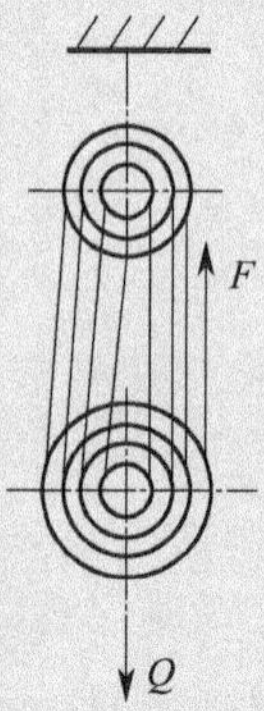	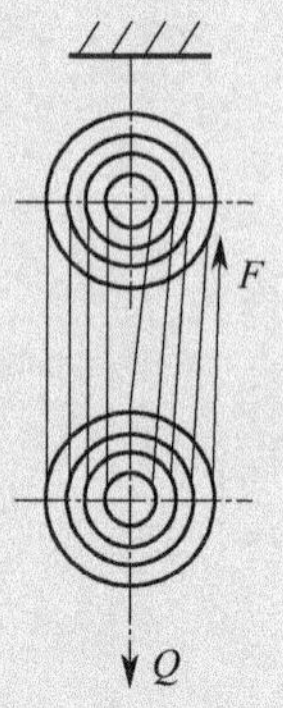
工作绳索的根数 Z	2	3	4	5	6	7	8	9
滑轮轮盘的个数 N	1	2	3	4	5	6	7	8

（3）滑轮组与钢丝绳的选择与计算　在起重工作中，经常需要进行滑轮组与钢丝绳的选择计算。在选择时，必须考虑到现场所有的卷扬机或拖拉机以及绳索的能力，应使滑轮组上绳索的实际拉力不大于绳索的最大许用拉力，如果绳索的最大许用拉力很大，则还要使实际拉力不大于卷扬机或拖拉机的最大牵引能力。

滑轮组形式的选择与计算。用滑轮组进行起重时，被提升重物的重力与绳索活动端实际拉力的比值，称为该滑轮组的实际省力系数，即

$$K = \frac{Q}{F}$$

式中　Q——被提升重物的重力，kN；

$\quad\quad F$——绳索活动端实际拉力，kN；

$\quad\quad K$——滑轮组实际省力系数。

不同滑轮组的实际省力系数的数值如表 2-10 所列。

表 2-10　不同滑轮组实际省力系数 K 的数值

滑轮组中工作绳索的根数 Z	滑轮组中滑轮轮盘的个数 N	导向滑轮的个数 M						
		0	1	2	3	4	5	6
1	0	1.00	0.96	0.92	0.88	0.85	0.82	0.78
2	1	1.96	1.88	1.81	1.73	1.66	1.60	1.53
3	2	2.88	2.76	2.65	2.55	2.44	2.35	2.26
4	3	3.77	3.62	3.47	3.33	3.20	3.07	2.95
5	4	4.62	4.44	4.26	4.09	3.92	3.77	3.61
6	5	5.43	5.21	5.00	4.80	4.62	4.73	4.15
7	6	6.21	5.96	5.72	5.49	5.27	5.06	4.86
8	7	6.97	6.69	6.42	6.17	5.92	5.68	5.45
9	8	7.75	7.45	7.15	6.90	6.63	6.38	6.14
10	9	8.38	8.04	7.72	7.41	7.12	6.83	6.56
11	10	9.04	8.68	8.33	8.00	7.68	7.37	7.08
12	11	9.68	9.29	8.92	8.56	8.22	7.89	7.58
13	12	10.29	9.88	9.48	9.10	8.74	8.39	8.05
14	13	10.88	10.44	10.03	9.63	9.24	8.87	8.52

注：1. 一只定滑轮（或导向滑轮）的 K 值等于 0.96。

2. 当滑轮组中工作绳索的根数等于滑轮轮盘的个数时，应该将导出绳索活动端的一只定滑轮当作第一只导向滑轮来计算。

要选择滑轮组，先确定其省力系数，然后从表 2-10 中查出相应滑轮组中滑轮轮盘的个数及工作绳索的根数。确定省力系数时，应使滑轮组绳索活动端实际最大静拉力 $F_{\max}$ 小于或等于钢丝绳允许的最小破断拉力 F_0，即：

$$F_{\max} = \frac{Q}{K} \leqslant \frac{F_0}{n}$$

式中 n 为钢丝绳安全系数。

例题　已知某设备的重力＝200kN，绳索的最小破断拉力 $F_0 = 178.6$kN，有四个导向滑轮。试选择滑轮组的形式（钢丝绳安全系数取 5）。

解：第一步　先根据公式计算出省力系数 K 的值，即

$$K = \frac{Q}{F_0/n} = \frac{200}{178.6/5} = 5.599$$

第二步 从表2-10中导向滑轮为4的栏内选择比5.599稍大的值,即 $K = 5.92$。根据5.92这个 K 值就可选择出所需要的滑轮组,此滑轮组有8根工作绳索、7个滑轮和4个导向滑轮,它可配置成如图2-20(a)、图2-20(b)所示的两种等效的滑轮组。此时,绳索活动端的实际拉力 $F_{max} = \frac{200}{5.92} \approx 33.8kN$,钢丝绳的破断拉力:

$$F_0 = nF_{max} = 5 \times 33.8 = 169kN$$

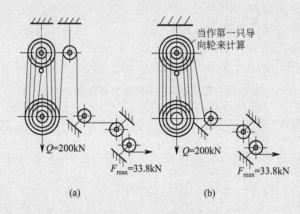

图 2-20 两种等效的滑轮组

3. 取物装置的选择

取物装置又称吊具,是吊取、夹取、托取或其他方法吊运物料的装置。化工厂中常用的取物装置有以下几种。

(1)起重吊钩 简称吊钩,是起重机械中常用的吊具,有单钩和双钩两种,如图2-21所示。吊钩由专用材料DG20、DG20Mn、DG34CrMo等经锻造、热处理而制成。经载荷及机械性能检验合格的吊钩,要在其上做出永久性标志。标志内容有制造厂名或厂标、钩号、强度等级、开口度实际测量长度等。

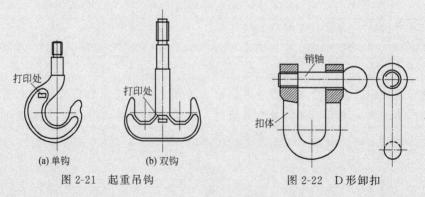

图 2-21 起重吊钩   图 2-22 D形卸扣

(2)D形卸扣 又称卡环,是一种常用的栓连工具,如图2-22所示。卸扣常用20、20Cr、35CrMo钢锻后热处理而制成。卸扣表面不得有毛刺、裂纹、夹层等缺陷,也不能用焊接补强方法修补其缺陷,有裂纹或永久变形应报废。使用时作用力方向应垂直于销轴中心线,螺纹要上满扣并加以润滑。

(3)吊索和吊链 吊索又称吊绳,它是用来捆吊重物用的一种钢丝绳。制造吊索应使用柔软的钢丝绳，一般用标记为 6×61 的钢丝绳制成。吊索可分为万能吊索（封口的）、单钩吊索和双钩吊索三种，如图 2-23 所示。吊索的特点是自重小、刚性大，不能用于起吊高温的重物。

吊链是用起重链制成的，用于捆吊重物。吊链可分为万能吊链（封口的）、单钩吊链和双钩吊链三种，如图 2-24 所示。吊链的特点是自重大、挠性好，多用于起吊重力大或高温的物料。

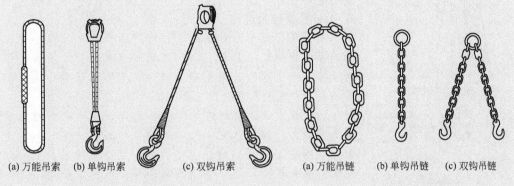

(a) 万能吊索　(b) 单钩吊索　　(c) 双钩吊索　　　　(a) 万能吊链　(b) 单钩吊链　(c) 双钩吊链

图 2-23　吊索　　　　　　　　　　　　图 2-24　吊链

（4）起重横梁　对称地装有两个或两个以上的吊钩、夹钳等吊具，用于吊运长形物料的横梁。它可以用来吊运各种尺寸的棒料、管子等。如图 2-25 所示。

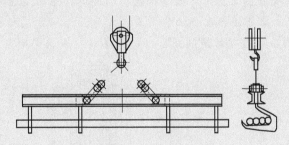

图 2-25　起重横梁

（5）偏心取物器　偏心取物器有三种不同的结构，如图 2-26 所示。它们分别可以用来抓取和提吊垂直或水平放置的钢板。

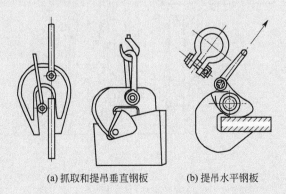

(a) 抓取和提吊垂直钢板　　　(b) 提吊水平钢板

图 2-26　偏心取物器

二、起重机械

在化工设备的维修中，最离不开的就是起重机械。例如在换热器的检修中，无论是管束的装卸还是浮头、管板的安装，哪一件工作都不是人力可为，都需要用起重机械；再如塔设备各部件的装卸、反应釜的检修与安装，以及机加工中的工件移动、定位、搬运等均要用到起重机械。

1. 举重器的选用

千斤顶又称举重器，是一种利用刚性顶举件在小行程内顶升重物的轻小起重设备。常用的有螺旋千斤顶和液压千斤顶。千斤顶除了用来顶升或移动重型零部件，也可校正安装件的偏差和构件的变形。

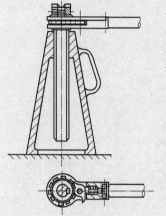

图 2-27 带有棘轮扳手的螺旋千斤顶

（1）螺旋千斤顶的选用 如图 2-27 所示为带有棘轮扳手的螺旋千斤顶。这种千斤顶的刚性顶举件是螺杆。工作时，重物在螺杆顶部的托座上，转动扳手，通过棘爪、棘轮带动螺杆转动，使重物上升或下降。该螺旋千斤顶可用于工作空间有限，扳手转动范围小于半圆周的场所。常用的螺旋千斤顶起重量为 $30\sim500$ kN，起升高度为 $250\sim400$ mm，自重为 $75\sim1000$ N。螺旋千斤顶能够自锁。

（2）液压千斤顶的选用 如图 2-28 所示为手动立式液压千斤顶。液压千斤顶系利用液体静压传递原理制成的一种液压起重工具。这种千斤顶是由手柄、油泵、调整螺杆、工作活塞、底座、回油阀等部件构成。它的刚性顶举件是工作活塞及其上的调整螺杆。工作时，重物在调整螺杆顶端托座上，反复提起压下手柄，则工作活塞受压力

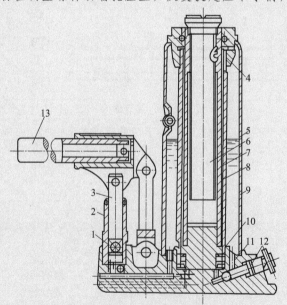

图 2-28 手动立式液压千斤顶

1—油泵胶碗；2—油泵缸；3—油泵芯；4—顶帽；5—工作油；
6—调整螺杆；7—工作活塞；8—工作活塞缸；9—外套；
10—活塞缸密封圈；11—底座；12—回油阀；13—手柄

油作用而向上运动，带动调整螺杆上行将重物顶起。当打开回油阀时，重物的高度可下降。

常用的液压千斤顶起重量为 15～5000kN，起升高度为 90～200mm，自重为 25～8000N。液压千斤顶同样也能够自锁。

液压千斤顶起重量大，效率高，工作平稳，举升位置准确，回程非常简便，是起重工作中不可缺少的工具，也是化工厂日常检修安装中的重要液压装修工具。常用于拆装重大工件或设备。若与其他工具相配合，也可用于顶、挤、推、拉、压等特殊场所。

使用千斤顶应注意以下事项：

① 千斤顶的支承应稳固，基础平整坚实；

② 千斤顶使用时，不应加长手柄；

③ 千斤顶应垂直放在重物下面；

④ 千斤顶在使用时，应采用保险垫块，并随着重物的升降，应随时调整保险垫块的高度；

⑤ 多台千斤顶同时工作时，宜采用规格型号一致的千斤顶，且载荷应合理分布，进行同步操作。

2. 电动卷扬机

电动卷扬机用于设备、构件的吊装运输和机械的安装等作业。如图 2-29 所示，它由机架、卷筒、减速器、电动机和电磁制动器等部分组成。

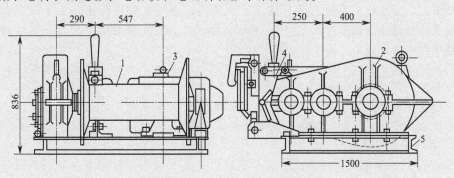

图 2-29 电动卷扬机的外形结构

1—卷筒；2—减速器；3—电动机；4—电磁制动器；5—机架

使用卷扬机时应注意以下事项。

① 卷扬机与支承面的安装定位应平整牢固，使用前检查钢丝绳、制动器等，应可靠无异常才能工作。

② 卷筒轴心线与最近一个导向滑轮轴心线的距离，对光滑卷筒不应小于卷筒长度的 20 倍，对有槽卷筒不应小于卷筒长度的 15 倍，且导向滑轮的位置应在卷筒长的垂直平分线上，以保证钢丝绳顺序绕卷。

③ 钢丝绳应从卷筒下方卷入，且绳索与地面的夹角应小于 5°，以防止向上分力过大使卷扬机松动。

④ 为减少钢丝绳在卷筒上固定处的受力，余留在卷筒上的钢丝绳不得少于 3 圈。

⑤ 卷扬机所有电气部分，应有接地线，电气开关应有保护罩。

3. 手拉葫芦的使用

手拉葫芦俗称斤不落或倒链，是一种以焊接环链为挠性承重件的起重工具，常用形式的外形如图 2-30 所示。

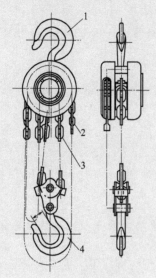 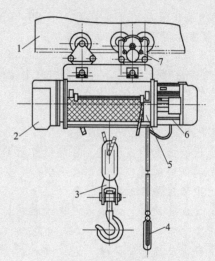

图 2-30　手拉葫芦外形
1—挂钩；2—手拉链条；
3—起重链条；4—吊钩

图 2-31　钢丝绳式电动葫芦
1—工字形钢轨；2—减速器；3—吊钩装置；
4—电气设备；5—卷筒；6—电动机；
7—电动运行小车

起重时，用挂钩将手拉葫芦悬挂在一定高度，捆绑重物的吊索挂在吊钩上，拉动手拉链条（使链轮顺时针方向转动），可将重物吊起。若要使重物下降，只需反向拉动手拉链条即可。

手拉葫芦起重量为 5～300kN，起升高度为 2.5～3m。如选用较长起重链条，可增大起升高度，最大可达 12m。

手拉葫芦的悬挂支承点应牢固，悬挂支承点的承载能力应与该葫芦的起重能力相适应；转动部分必须灵活，链条应完好无损；不得有卡链现象。

4. 电动葫芦的使用

图 2-31 所示为常用的钢丝绳式电动葫芦。它是由带制动器的电动机、减速器、卷筒、电动运行小车、吊钩装置和电气设备组成，电动机通过减速器带动卷筒旋转，使吊在吊钩装置上的物品提升或下降。电动小车可沿架空工字形钢轨运行。

电动葫芦的起升机构和运行机构都是在地面用电气设备通过软电缆来操纵的。

电动葫芦结构紧凑、自重轻、效率高、操作方便、工作可靠，在化工厂中应用广泛。常用电动葫芦的起重量为 1～100kN，起升高度为 3～30m，起升速度为 4～10m/min。

5. 桥式起重机

桥式起重机也称天车，外形呈桥形。如图 2-32 所示。

桥式起重机由桥架、桥架运行机构、起重小车、小车运行机构、起升机构和操作室等部分所组成。桥架横跨于厂房或露天货场上空，通过滚轮沿两侧梁上轨道作纵向运动，起重小车在桥架主梁沿小车轨道做横向运动，起重小车上的吊钩可作上下的垂直运动，因而吊钩在一定空间范围内可到达任意位置。

通用桥式起重机的起重量可达 5000kN，跨度达 50～60m。

化工厂可燃性气体生产车间所用的桥式起重机，必须采取严格的防爆措施，不得采用裸线滑点接触式输电，而应采用长距离可伸缩的软电缆来输电。

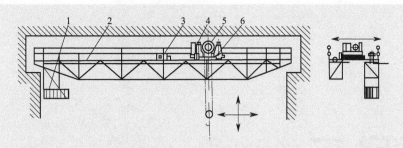

图 2-32 桥式起重机示意图

1—操作室；2—桥架；3—桥架运行机构；4—小车运行机构；5—起升机构；6—起重小车

6. 轮胎式起重机

轮胎式起重机如图 2-33 所示，它的底盘是特制的，优点是重心低，起重平稳。这类起重机除可在固定支脚时进行作业外，还可在使用短臂杆（起重臂为分段式）过程中在额定起重量 75% 的条件下带负荷行驶，扩大了起重的机动性，在一些场所使用极为便利。

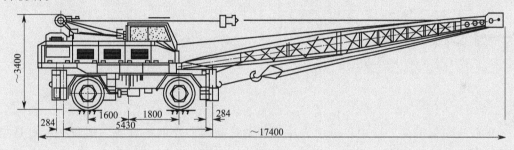

图 2-33 轮胎式起重机

项目三

塔设备的安装与维修

在石油和化工类工厂中，最引人注目的就是高高耸立的塔设备。塔设备一般是指由钢板制成的、直立圆柱形的静置容器，它与一般的储罐和槽不同，它的高度要超过直径几倍甚至几十倍，塔器设备在石油化工，以及国防等各工业部门都有着广泛的应用。

塔设备一般外形庞大，设备直径可达十几米，高度可达几十米，金属质量可达几百吨，钢材消耗量在各类工艺设备中所占比例较大。例如年产 60 万吨及年产 120 万吨的催化裂化装置中，塔设备所用钢材量占耗用钢材总量的 48.9%；年产 250 万吨常减压蒸馏装置中，塔设备耗用钢材重量占 45.5%；年产 30 万吨乙烯装置中占 25%～28.3%。在炼油厂和化工生产装置中，塔设备的投资费用约占整个工艺设备费用的 25%。

塔设备通过其内部构件为气-液相或液-液相之间进行充分接触提供适宜的条件，即充分的接触时间、分离空间和传质传热的面积。一般情况下，利用气体从塔底部进入不断上升，液体从塔顶部进入喷洒而下，在气液上下对流的过程中实现物料吸收、洗涤、提取、分离和冷却等目的，或者在塔体内分层装有催化剂，使物料经过催化层后加快物料等的反应速率，还可以通过在塔内加温加压或降温降压，使之得到不同产品或实现某些化学反应，生产出合格的产品。总之塔设备的用途是多种多样的。

子项目一　板式塔检修

项目实施

板式塔是在石油化工生产中广泛使用的塔设备。本项目在实施中，重点在于了解塔设备维修中各个环节，以及认识塔盘的结构。依托现有设备进行人孔拆装练习及塔盘检修练习，项目的实施方案见表 3-1。

表 3-1　板式塔检修项目实施方案

步骤	工作内容
信息与导入	读任务书、塔设备图纸，分析工作任务，明确工作目标；熟悉或回顾相关知识和标准规范，搞清缺乏的知识；选择信息来源（教材、其他书籍、相关标准规范、网络资源等），收集与工作任务相关的信息；分组并分工，明确责任。收集的信息主要围绕工作任务，应包括 SHS 01007—2004《塔类设备维护检修规程》、塔设备分类、塔设备结构、板式塔内件结构、塔设备维修内容及方法、人孔塔设备检修方案等
计划	根据任务书整理和加工收集的信息，熟悉板式塔结构和零部件，针对塔设备检修中的任务制定工作计划，包括塔设备人孔开启、板式塔塔盘检修等。通过讨论、综合，在工作步骤、工具与辅助材料、时间（规定时间、实际完成时间）、工作安全、工作质量等方面提出小组实施方案，并考虑评价标准
决策	学生的汇报实施方案，教师在学生决策时给予帮助，必要时（在学生可能出现重大决策错误影响后续工作进行时）进行干涉，给予咨询指导。学生认清各个解决方案的优缺点，完善工作计划，确定最终的实施方案
实施	学生自主实施"人孔拆装工作任务""塔设备壁厚测定工作任务"，分工进行各项工作，对任务实施情况进行记录，记录时间点，记录实施过程中的问题，根据需要对实施计划做必要调整
检查	自主按照标准对工作成果进行检查，记录自检结果
评估与优化	汇报小组工作和自检结果，说明本组工作的设计思路和特点、满意的地方和不足的地方，对出现的故障和错误进行分析，对过程和结果进行评价，提出优化方案，写出评价报告

知识链接

知识点一　塔设备基本知识

一、塔设备的分类

塔设备根据不同的用途，具有不同的构造，有的结构简单，有的结构复杂，有的需耐高压，有的需耐高温，还有的需要耐腐蚀。但总的来说，有如下几种分类方法。

（1）按用途分类　通过塔设备完成的单元操作通常有精馏、吸收、解吸、萃取等，也可用来进行介质的冷却、气体的净制与干燥以及增湿等。按照其完成的单元操作可分为精馏塔、吸收塔、解吸塔、萃取塔、洗涤塔等。

（2）按操作压力分类　按操作压力的不同，塔设备可分为常压塔、加压塔和减压塔。

（3）按塔内件的结构形式分类　根据塔内部构件的结构可将其划分为三大类：一类为板式塔（如图 3-1 所示），一类为填料塔（如图 3-2 所示），另一类为内部有复杂内件的塔。本书重点介绍板式塔和填料塔的安装与维修技术。

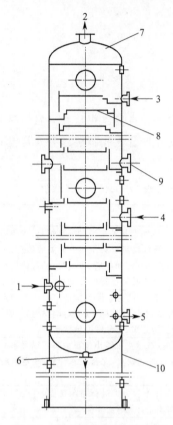

图 3-1　板式塔总体结构示意图

1—蒸汽入口；2—蒸汽出口；
3—液体进口；4—料液进口；
5—产品出口；6—釜液出口；7—封头；
8—塔盘；9—人孔；10—裙座

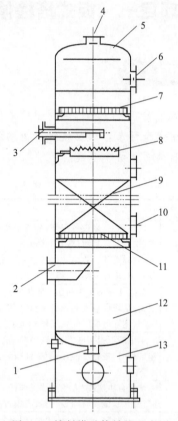

图 3-2　填料塔总体结构示意图

1—液体出口；2—气体入口；3—喷淋装置；
4—气体出口；5—封头；6—人孔；7—除沫器；
8—液体再分布器；9—填料；10—卸料口；
11—填料支承；12—塔体；13—裙座

二、塔设备的基本部件

塔设备的形式很多，但其基本结构都可以概括为以下几项内容。

1. 塔体

塔体是塔设备的外壳。常见的塔体是由等直径、等壁厚的圆筒和作为头盖和底盖的椭圆形封头所组成。随着石油化工装置的大型化，渐有采用不等直径、不等壁厚的塔体。塔体除满足工艺条件（如温度、压力、塔径和塔高等）下的强度、刚度外，还应考虑风载荷、地震载荷、偏心载荷所引起的强度、刚度问题，以及吊装、运输、检验、开停工等的影响。对于板式塔来说，塔体的不垂直度和弯曲度，将直接影响塔盘的水平度。为此，在塔设备设计、制造、检验、运输和吊装等各个环节中，都应严格保证达到有关要求，不使其超过偏差。

2. 内件

塔内件按照塔的型式不同，主要是指塔盘、填料、支撑等。

3. 支座

塔体支座是塔体安放到基础上的连接部分。它必须保证塔体坐落在确定的位置上进行正常的工作。为此，它应当具有足够的强度和刚度，能承受各种操作情况下的全塔重量，以及风力、地震等引起的载荷。最常用的塔体支座是裙式支座，有圆筒形裙座和圆锥形裙座两种。

4. 附件

塔体上的附件包括：进出料管及法兰、人孔及手孔、各类仪表接管、气液分配装置、扶梯、平台、保温层等。

接管是用以连接工艺管路，把塔设备与相关设备连成系统。按接管的用途，分为进液管、出液管、进气管、出气管、回流管、侧线抽出管和仪表接管等。

人孔和手孔一般都是为了安装、检修检查和装填填料的需要而设置的。

知识点二　板式塔结构及零部件

板式塔内部主要构件是塔盘，塔盘为气液接触提供表面，是板式塔重要的组成元件。塔盘结构有溢流型和穿流型两种。溢流型塔盘有降液管（如图 3-3 所示），液流由降液管流入塔盘，横向穿过塔盘，当液面超过溢流堰高度时，又经降液管流溢到下一层塔盘。穿流型塔盘无降液管（如图 3-4 所示），气液两相逆向垂直穿过塔盘进行传质，常用的塔盘结构为筛孔板和栅板。如泡罩塔、浮阀塔、舌形板塔、斜孔板塔等均采用溢流型结构，此类板式塔塔板传质效率高，应用广泛。因此，这里仅介绍溢流型塔盘结构。

溢流型塔盘由塔盘、塔盘支承、降液管、受液盘、溢流堰和气液传质元件等部件组成。

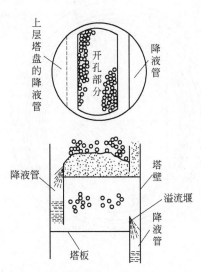

图 3-3　溢流型塔盘结构及气液接触状况

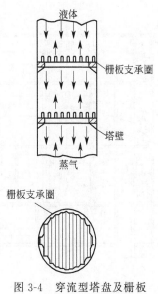

图 3-4　穿流型塔盘及栅板

一、塔盘

塔盘需具有良好的刚性，同时安装水平度要求较高，以确保塔盘上液层厚度一样，气体穿过液层传质均匀。

塔盘是由塔盘板、传质元件（浮阀、泡罩、舌片等）、溢流装置、连接件等构成。

1. 塔盘板

塔盘板有整块式和分块式两种。

在塔径 300～800mm 时，采用整块式塔盘；塔径大于等于 900mm 时，就可在塔内进行装拆作业，这时可选分块式塔盘；而塔径在 800～900mm 之间时，可根据具体情况来选择整块式或分块式塔盘。

（1）整块式塔盘 一般用于塔径小于 800mm，人不便进入安装和维修的塔内。整个塔由若干个塔节组成，每个塔节内安装若干层塔盘，每个塔节之间通过法兰连接。根据塔盘的组装方式不同，整块式塔盘又可分为定距管式和重叠式两种。

① 定距管式塔盘。定距管式塔盘结构如图 3-5 所示。在这种结构中，每一塔节内通常有 3～6 块塔盘。各块塔盘用定距管和两端带螺纹的拉杆连成一体，并通过底层塔盘将其直接支承在焊于塔壁的支座上。拉杆和定距管固定在塔节内的支座上，定距管起着支承塔盘的作用并保持塔板间距。塔盘与塔壁间的缝隙，以软填料（如石棉绳）密封并用压圈压紧。安装时将拉杆从下端通过螺母固定在支座上，再自下而上逐层安装塔盘及其密封装置，最后用两个螺母从上端锁紧。

塔节的长度取决于塔径，当塔径为 300～500mm 时，只能伸入手臂安装，塔节长度为 800～1000mm 为宜；当塔径为 500～800mm 时，人可进入塔内，塔节长度一般不宜超过 2000～2500mm。为避免安装困难，每个塔节的塔板数一般不超过 6 层。

塔盘板的厚度根据介质的腐蚀性和塔盘的刚度决定。对于碳钢，塔盘板厚度可取 3～5mm；对于不锈钢，塔盘板厚度可取 2～3mm。

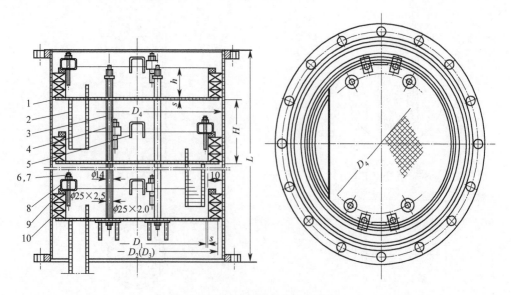

图 3-5　定距管式塔盘结构示意图

1—塔板；2—降液管；3—拉杆；4—定距管；5—吊耳；6—螺柱；

7—螺母；8—压板；9—压圈；10—填料

② 重叠式塔盘。重叠式塔盘是在每一塔节的下部焊有一组支座，底层塔盘安置在塔

内壁的支座上，然后依次装入上一层塔盘，塔盘间距由焊在塔盘下的支柱保证，并用调节螺钉来调整塔盘的水平度。塔盘与塔壁之间的缝隙，以软质填料密封后通过压板及压圈压紧。

③ 整块式塔盘的密封结构。在整块式塔盘结构中，为了便于安装塔盘，在塔盘与塔壁间留有一定的空隙，为了防止气体在此通过，必须进行密封。通常在塔盘与塔壁之间的缝隙中安放密封用的填料绳，塔盘周边可采用角焊结构（图 3-6）和翻边结构（图 3-7）。

角焊结构如图 3-6（a）和图 3-6（b）所示。采用角焊是将塔盘圈焊在塔盘板上，角焊缝为单面焊，焊缝可在塔盘的外侧，也可在内侧。当塔盘圈较低时，采用图 3-6（a）所示的结构；而当塔盘圈较高时，采用图 3-6（b）所示的结构。角焊结构的特点是结构简单、制造方便，但容易产生焊接变形，引起塔板不平整。

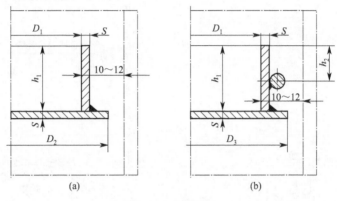

图 3-6　角焊结构

翻边结构如图 3-7（a）和图 3-7（b）所示。这种结构的塔盘圈直接取塔板翻边而成，因此，可避免焊接变形。若直边较短，则可整体冲压成型，如图 3-7（a）所示；反之可将塔盘圈与塔盘翻边对焊而成，如图 3-7（b）所示。这种结构能减少焊接热变形，但制造上较为麻烦。

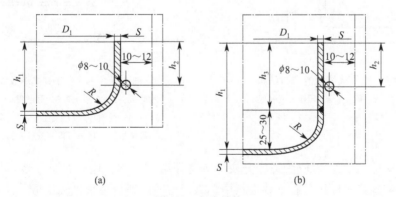

图 3-7　翻边结构

确定整块式塔盘的结构尺寸时，塔盘圈高度 h_1 一般可取 70mm，但不得低于溢流堰的高度。塔盘圈与塔壁间隙一般是 10～12mm，密封填料支撑圈通常用 $\phi 8$ ～12mm 圆钢制成。圆钢至塔盘圈顶面距离 h_2 一般取 30～40mm，视需要的填料层数而定。

常用的整块式塔盘的密封结构如图 3-8 所示。焊在塔盘圈上的螺柱及套在螺柱上的压板,借助于拧紧螺母,压紧压板和压圈,使填料变形而形成密封。密封填料一般采用 $\phi 10 \sim 12 mm$ 的石棉绳,放置 2~3 层。压圈是一带缺口的、由扁钢或方钢煨制的圆环,为便于安装,其上焊有两个吊耳。压紧螺柱沿圆周均匀分布,一般为 3~6 个,视塔径大小增减。

(2) 分块式塔盘 对于直径较大的板式塔,为了便于制造、安装、检修,将塔盘进行分块。分块式塔盘的塔体,通常为整体焊制圆筒,不再划分塔节。分块式塔盘可以通过人孔送入塔内,装在焊于塔体内壁的塔盘支承件上。根据塔径大小,分块式塔盘可分为单溢流塔盘和双溢流塔盘两种,当塔径为 800~2400mm 时,一般采用单溢流塔盘,如图 3-9 所示;当塔径大于 2400mm 时,采用双溢流塔盘,如图 3-10 所示。

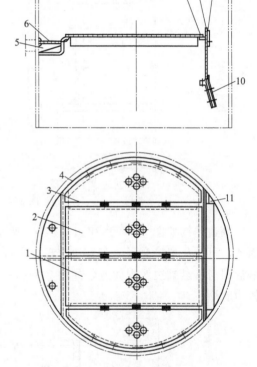

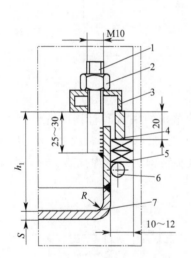

图 3-8 整块式塔盘的密封结构

1—螺栓;2—螺母;3—压板;4—压圈;

5—填料;6—圆钢圈;7—塔盘

图 3-9 单溢流分块式塔盘结构

1—通道板;2—矩形板;3—弓形板;4—支撑圈;

5—筋板;6—受液板;7—支持板;8—固定降液板;

9—可调堰板;10—可拆降液板;11—联接板

① 分块塔板结构。对塔盘进行分块,应遵循结构简单,刚性足够,装拆方便,便于制造、安装和检修等原则。在数块塔板中,靠近塔壁的两块塔板做成弓形,常称其为称弓形板。两弓形板之间的塔板做成矩形,称之为矩形板。为了安装、检修需要,在矩形板中,必须有一块用作通道板。各层塔盘上的通道板,最好开在同一垂直位置上,以利于采光和拆卸。

为了提高刚度,分块的塔盘板多采用自身梁式或槽式,结构如图 3-11 所示。这种结

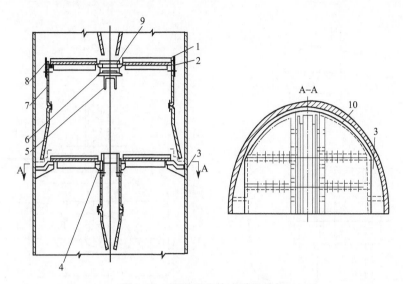

图 3-10　双溢流分块式塔盘结构

1—塔盘板；2—支持板；3—筋板；4—压板；5—支座；6—主梁；
7—两侧降液板；8—可调溢流堰板；9—中心降液板；10—支撑圈

构是将塔板边缘冲压折边而成，使用最多的是自身梁式。

②　塔板的连接。分块式塔盘各塔盘板之间的连接、塔盘板与支撑圈（或支持板）之间的连接和紧固形式很多，按连接是否可拆有可拆连接和不可拆连接。根据人孔位置及检修要求，可拆连接又分为上可拆连接和上下均可拆连接、契形连接、螺纹卡板连接4种，见图 3-12～图 3-15。

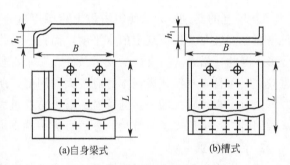

图 3-11　自身梁式与槽式塔盘示意图

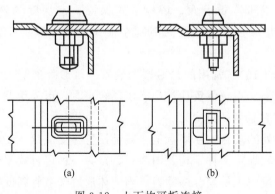

图 3-12　上下均可拆连接

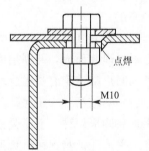

图 3-13　自身梁式塔板上可拆连接

通道板与其他塔板的连接，一般采用上、下均可拆的结构形式。

塔板与支撑圈（或支持板）一般用上可拆的卡子连接，连接结构由卡子、卡板、螺柱、螺母、椭圆垫板及支撑圈组成。支撑圈焊在塔壁或降液板上。

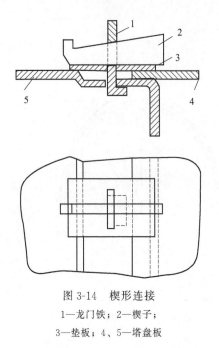

图 3-14　楔形连接

1—龙门铁；2—楔子；

3—垫板；4、5—塔盘板

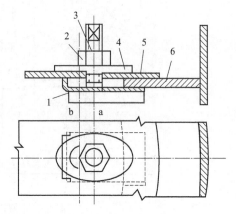

图 3-15　螺纹卡板连接

1—卡板；2—螺母；3—螺柱；

4—椭圆垫圈；5—塔盘板；6—支撑圈

③ 塔盘的支撑。为了使得塔板上液层厚度一致、气体分布均匀、传质效果良好，不仅塔板在安装时要保证规定的水平度，而且在工作时也不能因承受液体重量而产生过大的变形。因此，塔盘应有良好的支承条件。对于直径较小的塔（$d<2000\text{mm}$），其塔板跨度也较小，而且自身梁式塔板本身有较大的刚度，所以通赏采用焊在塔壁上的支撑圈来支承即可。对于直径较大的塔，为了避免塔板跨度过大而引起刚度不足，通常在采用支撑圈支承的同时，还采用支承梁结构。分块塔板一端支承在支撑圈上，另一端支承在支承梁上。

2. 溢流装置

板式塔内溢流装置包括降液管、受液盘、溢流堰等部件。

（1）降液管　是液体由上一层塔板流到下一层塔板的通道，也是气（汽）体与液体分离的部位。为此，降液管中必须有足够的空间，让液体有所需的停留时间。此外，为保证气液两相在塔板上形成足够的相际传质表面，塔板上须保持一定深度的液层，为此，在塔板流体的出口端设置溢流堰。塔板上液层的高度在很大程度上取决于溢流堰的高度。

降液管有圆形与弓形两大类（见图 3-16）。常用的是弓形降液管。弓形降液管由平板和弓形板焊制而成，并焊接固定在塔盘上。当液体负荷较小或塔径较小时，可采用圆形降液管。圆形降液管有带溢流堰和兼作溢流堰两种结构。

（2）受液盘　为了保证降液管出口处的液封，在塔盘上一般都设置有受液盘。受液盘有平形和凹形两种。平形受液盘有可拆和焊接两种结构，图 3-17（a）为一种可拆式平形受液盘。平形受液盘因可避免形成死角而适用于易聚合的物料。当液体通过降液管与受液盘时，如果压降过大或采用倾斜式降液管，则应采用凹形受液盘，见图 3-17（b）。凹形受液盘的深度一般大于 50mm，而小于塔板间距的 1/3。在塔或塔段的最底层塔盘降液管末端应设液封盘，以保证降液管出口处的液封。用于弓形降液管的液封盘如 3-18（a）所示，用于圆形降液管的液封盘如图 3-18（b）所示。液封盘上开设有泪孔，以供停工时排液。

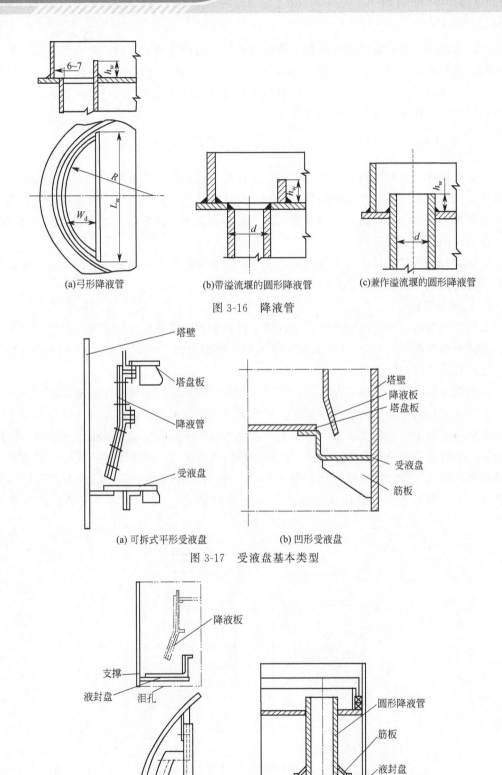

(a)弓形降液管   (b)带溢流堰的圆形降液管   (c)兼作溢流堰的圆形降液管

图 3-16   降液管

(a) 可拆式平形受液盘   (b) 凹形受液盘

图 3-17   受液盘基本类型

(a)   (b)

图 3-18   液封盘

（3）溢流堰　根据溢流堰在塔盘上的位置可分为进口堰和出口堰。当塔盘采用平形受液盘时，为保证降液管的液封，使液体均匀流入下层塔盘，并减少液流沿水平方向的冲击，应在液体进口处设置进口堰。出口堰的作用是保持塔盘上液层的高度。堰的高度与物料性质、塔形、液相流量及塔板压降有关。

二、除沫装置

在塔内操作气速较大时，会出现塔顶雾沫夹带，这不但造成物料的流失，也使塔的效率降低，同时还可能造成环境的污染。为了避免这种情况，需在塔顶设置除沫装置，其作用是分离出塔气体中含有的雾沫和液滴，以保证传质效率，减少物料损失，确保气体的纯度，保证后续设备正常操作。

除沫器装在塔顶的最上一块塔盘之上，与塔盘之间的距离一般略大于两块相邻塔盘的间距。常用的除沫装置有以下几种。

1. 丝网除沫器

丝网除沫器适用于清洁的气体，不宜用于液滴中含有或易析出固体物质的场合（如碱液、碳酸氢钠溶液等），以免液体蒸发后留下固体堵塞丝网。当雾沫中含有少量悬浮物时应注意经常冲洗丝网除沫器。

丝网除沫器的网块结构有盘形和条形两种。盘形网块结构采用波纹形丝网缠绕至所需要的直径。网块的厚度等于丝网的宽度。条形网块结构是采用波纹形丝网一层层平铺至所需的厚度，然后上、下各放置一块隔栅板。再使用定距杆使其连成一整体。图 3-19（a）所示为用于小径塔的缩径型丝网除沫器，这种结构的丝网块直径小于设备内直径，需要另加一圆筒短节（升气管）以安放网块。图 3-19（b）所示为可用于大直径塔设备的全径型丝网除沫器，丝网与上、下栅板分块制作，每一块应能通过人孔在塔内安装。S 为塔盘间距。

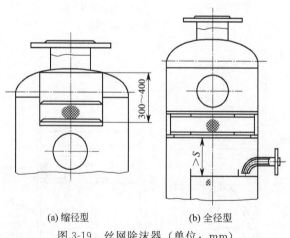

(a) 缩径型　　　　(b) 全径型

图 3-19　丝网除沫器（单位：mm）

丝网可由金属和非金属材料制成，常用的金属丝网材料有奥氏体不锈钢、镍、铜、铝、钛等有色金属及其合金；常用的非金属材料有聚乙烯、聚丙烯、聚氯乙烯、聚四氟乙烯、聚酯等。丝网材料的选择要由介质的物性和工艺操作条件确定。

丝网除沫器具有比表面积大、质量小、空隙率大以及使用方便等优点，特别是它具有除沫效率高、压力降小的特点，从而得到广泛应用。

2. 折流板除沫器

折流板除沫器如图 3-20 所示。除沫器的折流板常用∠50mm×50mm×3mm 的角钢制成。结构简单，但金属消耗量大，造价高。若增加折流次数，能有较高的分离效果。

3. 旋流板除沫器

旋流板除沫器由固定的叶片组成风车状，如图 3-21 所示。夹带液滴的气体通过叶片时产生旋转和离心作用。在离心力作用下，将液滴甩至塔壁，从而实现气、液的分类，除沫效率可达 95％。

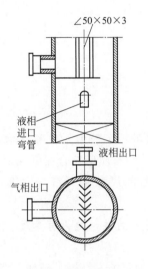

图 3-20　折流板除沫器

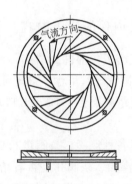

图 3-21　旋流板除沫器

知识点三　塔设备检修准备及检修内容

塔设备的检修是一项系统工程，要有科学的组织管理作保障。企业应当根据塔设备的实际状况，结合生产安排，严格编制并执行塔设备检修计划，特别是石油化工企业往往是流程生产，塔设备的停修对全局都有影响。因此，要对塔设备进行科学地、有计划地安排检修，并根据企业生产特点、设备的性能状况选择最适宜的检修方式。

一、塔设备检修准备

检修塔设备前，应完成如下的准备。

① 备齐必要的图纸、技术资料，必要时编制施工方案。

② 备好机具、材料，检验合格并运到施工现场；准备好劳动保护用品。

③ 塔设备与连接管线应加盲板隔离。塔内部必须经过吹扫（蒸煮）、置换、清洗干净，并符合有关安全规定。

④ 加工高含硫原油装置的塔设备经吹扫置换后，内部残留的硫化亚铁遇空气会引起自燃，必须在塔设备吹扫（蒸煮）后用钝化剂进行钝化并用水清洗。

⑤ 做好防火、防爆和防腐的安全措施，达到检修要求。

二、检修内容

不同的塔因实际生产需要常有不同的元件设备，但塔设备的检修通常都包含以下内容。

① 清扫内壁和塔盘等内件。

② 检查修理塔体内衬的腐蚀、变形和各部焊缝。

③ 检查修理塔体或更换塔盘板和鼓泡元件。

④ 检查修理或更换塔内件。

⑤ 检查修理分配器、集油器、喷淋装置和除沫器等部件。

⑥ 检查校验安全附件。

⑦ 检查修理塔基础裂纹、破损、倾斜和下沉。

⑧ 检查修理塔体油漆和保温。

三、塔内件的检查内容

① 检查塔板各部件的结焦、污垢、堵塞情况，检查塔板、鼓泡元件和支承结构的腐蚀变形及坚固情况。塔盘、鼓泡元件和各构件等几何尺寸和材质应符合图纸规定。

② 检查塔板上各部件（出口堰、受液盘、降液管）的尺寸是否符合图纸及标准的规定。

③ 对于各种浮阀、条阀塔板应检查其浮阀、条阀的灵活性，是否有卡死、变形、冲蚀等现象，浮阀、条阀孔是否有堵塞等情况。

④ 检查分配器、集油箱、喷淋装置和除沫器等部件的腐蚀、结垢、破损、堵塞情况。

⑤ 检查填料的腐蚀、结垢、破损、堵塞情况。

⑥ 在检修前，要做好防火、防爆和防毒的安全措施，既要把塔内部的可燃性或有毒性介质彻底清洗吹净，又要对设备内及塔周围现场气体进行化验分析，达到安全检修的要求。

知识点四　人孔拆卸与安装

一、打开人孔

人孔打开的顺序：从上往下依次打开人孔。具体的操作方法如下。

① 根据螺母规格选择合适的扳手，工具选用应本着尺寸标准、强度标准、类型标准和质量标准的原则进行，同时还应考虑难易程度（包括锈蚀程度）。如 M27 以上的螺母，应采用液压扳手。

② 预先沿直径方向对称留下四个螺栓，余下螺栓拆卸顺序是隔一个拆一个，拆卸下来的螺栓都要戴上螺母，放在不易掉落和影响操作的地方，摆放整齐。

③ 拆卸最后剩余的四个螺栓。先逐个松动 2~3 扣。用尖扳手从一边撬动人孔盖试探分离，观察是否有物料喷出，如果有物料喷出，应迅速紧固已松动的螺栓，进行报告；如果没有出现上述现象，先拆除人孔合页轴对面的其他三个螺栓，最后拆卸剩余的一个螺栓，但在拆卸最后一个螺栓时，应先将尖扳手插入上部螺栓孔中，避免损坏螺纹。最后慢

慢打开人孔到最大开度。注意点如下：

松动螺栓时初始用力不能过猛，更不能使用爆发力，如果工作面比较小，螺栓拆卸所需强度很大，操作员应系上安全带，安全带应拴在牢固位置上；扳口一定要压实。如需加套管的，应选择合适的管径和长度。

注意站位，要在侧面，以防一旦有物料喷出而出现意外。

二、人孔检修

① 清理人孔密封面及更换垫片；

② 清理密封面时要注意避免划伤密封面；

③ 新更换的垫片材质应与旧垫片相同。

三、封人孔

检修最后一个工序是封人孔。具体操作如下。

（1）穿螺栓　先从下部往两侧穿至一半数量（穿入同时戴上螺母），这时可以将密封垫放入，再将其他螺栓穿好。必须留一个螺栓孔做调试用。

（2）调试和紧固螺栓　先将调试扳手插入调试螺栓孔（最上侧1～2个孔）将螺栓孔对正，法兰对齐，同伴用手将螺母带扣至密封垫用力能拔动为止，要均匀。然后对密封垫进行调正，全部压在水线面上不能偏。到位后开始从上下左右按十字对角均匀紧固，如图3-22所示，上紧后可拿掉调试扳手穿上螺栓。其他螺栓采取对角拧的方法进行，直到达到要求。

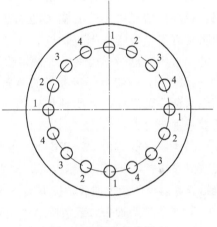

图3-22　螺栓上紧顺序

知识点五　塔设备修理

一、局部变形的修理

在设备的工作压力不大，局部变形不严重及未产生裂缝的情况下，可以用压模将变形处压回原状。在进行操作时，先将局部变形处加热到850～900℃（Q235钢），然后用压模矫正，矫正次数根据变形情况而定。在任何情况下，当温度降到600℃的时候，矫正便应停止。在矫正过的壁面上，应堆焊一层低碳钢，这样可以防止局部变形再次发生。

若设备局部变形很严重，则可采用外加焊接补板的方法来进行修理。即在塔体外壁上加焊一块经预弯的钢板进行加强，防止再次发生局部变形。

二、塔体裂缝的修补

设备壳体的裂缝一般可以采用煤油法或磁力探伤法来检查。裂缝检查出后，应在其两端钻出直径为 15～20mm 的检查孔，检查两端裂缝的深度，同时防止裂缝的继续发展。为了弄清不穿透裂缝的深度，也可用钻孔的方法来检查，但这时不仅要在两端钻孔，同时还要在中间钻几个孔，其数量应足够表明裂缝在整个长度上的深度。

① 对承压壳体的内、外表面的腐蚀或裂纹，如果损坏深度小于壁厚的 6%，而且不大于 2.5mm 时，可采用砂轮机打磨修复消除，修复部位与非修复表面相接触区应圆滑过渡；按照检修质量标准的要求进行检查；并查清造成这种损坏的原因，制订出相应措施，避免或减少这种现象发生。

② 对承压壳体上深度大于壁厚 6% 的裂纹及穿透型窄裂纹，应用砂轮机彻底清除裂纹，加工出焊接坡口。当厚度小于 15mm 时可采用单面坡口，厚度大于 15mm 时采用双面坡口，坡口表面经渗透检查合格后，用手工电弧焊进行补焊。施焊时，应从裂缝两端向中间施焊、并采用多层焊，然后进行焊接表面修整磨平，再经表面渗透检查合格，视焊接情况决定是否需要进行消除应力处理。对宽度大于 15mm 的穿透宽裂缝，应将带有整个裂缝的钢板切除，在切口边缘加工出坡口，再补焊上一块和被切除钢板尺寸和材料完全一样的钢板，被切除钢板的宽度应不小于 250mm、长度比裂缝长度大 50～100mm，以避免焊接补板的两条平行焊缝间彼此影响。焊接补板时应从板中心向两端对称分段焊接，以使补板四周间隙均匀，保证焊接质量。最后按照检修质量标准的要求进行检查。

③ 对承压壳体内、外部检查，发现有深度大于壁厚 6% 的局部腐蚀，必须进行挖补修理或清理补焊，应制订检修方案。检修方案应包括检修前准备、检修内容、质量标准和安全措施等内容，经批准后，按方案执行。

④ 角焊缝表面裂纹经清除后，当焊脚高度不能满足要求时，应补焊修复至规定的形状和尺寸，并进行表面渗透检查。

⑤ 对焊缝的裂纹、未熔合、超标条状夹渣和未焊透等缺陷的处理，应按《在用压力容器检验规程》要求执行。

三、内部构件的检修

① 对泡罩塔盘和泡罩的松动螺栓进行紧固，视结垢情况定是否清洗，拆卸时由中间到两边逐块取出，清洗塔盘和泡罩时用 50℃ 的 10% 硝酸、2% 聚偏磷酸、5% 乙二胺四乙酸混合液来清洗，然后用脱盐水冲洗干净。

② 对液体分布器变形部位用机械方法平整、校正，不得采用强烈锤击；对开裂焊口及断裂钢板用手工电弧焊补焊时，要间断时间补焊，防止钢板变形。

③ 对液体再分布器、填料支承板变形部位进行平整、校正，对开裂焊口及断裂的钢板补焊，须施焊均匀、时间间断，防止补焊处钢板变形，将松动的夹紧板紧固。

④ 对塔内支撑圈开裂的焊口或轻微腐蚀的焊接热影响区，用手工电弧焊补焊。

⑤ 对塔内腐蚀严重的内件，可以考虑整体更换。

知识点六　检修安全注意事项

塔设备在检修过程中，塔内为受限空间，其安全问题应特别注意。具体的检修安全注意事项如下。

① 制订检修方案时，其内容必须包括相应的安全措施。

② 维修人员应熟悉设备特点和工艺介质的物理化学性质。应按规定穿戴防护用具，并严格遵守有关安全规定，需动火时必须办理动火证。

③ 检修时，检修人员进入塔内之前，必须进行氧气含量分析、办理进塔作业许可证，并派专人在人孔等处进行监护，有可靠的联络措施。

④ 进塔检修人员应穿不带铁钉的干净胶底鞋；在塔板上工作时，应站在支撑塔板的横梁处或木板上。

⑤ 塔内作业应保持清洁，避免检修中的垫片、油布、残渣、碎片等杂物遗留在塔内。

⑥ 起吊内件时，应按有关起重、吊装安全规定进行，并派专人负责。

⑦ 塔内照明应使用安全电压（12V）；若检修用具的使用电压超过 26V，应配置漏电保护器；接线应使用绝缘良好的软线，并有可靠的接地；应符合 GB/T 3805—2008《特低电压（ELV）限值》的规定。

⑧ 高空作业时，必须系好安全带，戴好安全帽。

⑨ 立式笼梯、平台、脚手架必须牢固、可靠。

⑩ 检修中应加强组织和协调，塔内、塔外、上方、下方应相互照应、密切联系。

▶ 子项目二 填料塔检修

 **项目实施**

填料塔是塔设备的另一种，与板式塔一样是广泛使用的塔设备之一。本项目在实施中，重点关注填料塔填料的更换工作任务，同时与板式塔进行对比，了解其结构上的特点。依托现有设备进行填料更换练习，项目的实施方案见表 3-2。

表 3-2 填料塔检修项目实施方案

步骤	工作内容
信息与导入	读任务书及引导文、填料塔设备图纸，分析工作任务，明确工作目标；熟悉或回顾相关知识和标准规范，搞清缺乏的知识；选择信息来源（教材、其他书籍、相关标准规范、网络资源等），收集与工作任务相关的信息；分组并分工，明确责任。收集的信息主要围绕工作任务，应包括 SHS 01007—2004《塔类设备维护检修规程》、填料塔结构、填料塔内件结构、填料塔填料更换方法及步骤等
计划	根据任务书整理和加工收集的信息，熟悉填料塔结构和零部件，针对填料塔设备检修中的任务制订工作计划，包括填料更换等。通过讨论、综合，在工作步骤、工具与辅助材料、时间（规定时间、实际完成时间）、工作安全、工作质量等方面提出小组实施方案，并考虑评价标准
决策	学生的汇报实施方案，教师在学生决策时给予帮助，必要时（在学生可能出现重大决策错误影响后续工作进行时）进行干涉，给予咨询指导。学生认清各个解决方案的优缺点，完善工作计划，确定最终的实施方案
实施	学生自主实施"填料更换"工作任务，分工进行各项工作，对任务实施情况进行记录，记录时间点，记录实施过程中的问题，根据需要对实施计划做必要调整
检查	自主按照标准对工作成果进行检查，记录自检结果
评估与优化	汇报小组工作和自检结果，说明本组工作的设计思路和特点，满意的地方和不足的地方，对出现的故障和错误进行分析，对过程和结果进行评价，提出优化方案，写出评价报告

知识链接

填料塔结构

填料塔在传质形式上与板式塔不同，它以填料作为气液接触元件，气液两相在填料层中逆向接触。液体自塔顶进入，通过液体喷淋装置均匀淋洒在塔截面上；气体由塔底进入塔内，通过填料缝隙中的自由空间上升，从塔上部排出，气液两相在填料塔内呈逆流，得到充分接触，从而达到传热和传质的目的。填料塔是一种连续式气液传质设备，主要应用于吸收与解吸、气体增湿减湿、精馏等化工生产过程。

填料塔具有结构简单、压力降小、易于用耐腐蚀非金属材料制造等优点，对于处理腐蚀性强的物料、易起泡沫的物料及真空操作，颇为适用。当塔径增大时，会引起气液分布不均、接触不良等情况，造成效率下降，即称为放大效应。同时，填料塔还有重量大、造价高、清理检修麻烦、填料损耗大等缺点，以致使填料塔长时间以来不及板式塔使用广泛。但随着新型高效填料的出现，流体分布技术的改进，填料塔的效率有所提高，放大效应也在逐步得以解决。

填料塔的气体流动速度和工艺操作速度，以及填料层的高度、喷淋密度、气体通过床层时的压力降等都是填料塔的关键性参数，填料塔安装时正确的填料装填方法、装填高度等都是保证工艺参数的关键。

一、填料

填料是填料塔的核心，它提供了塔内气液两相的接触面，填料与塔的结构决定了塔的性能。填料必须具备单位体积的表面积大；使气液相接触的自由体积大；对气相阻力小，即空隙截面积大；重量轻；机械强度高；耐介质腐蚀，经久耐用；价格低廉等特点。

填料的选择，应根据操作压力和介质来选择填料的材质，根据操作工艺要求选择填料的形式，根据填料塔径选择填料尺寸。

1. 填料的材质与使用范围

填料的材质要根据被处理物料的腐蚀性及操作压力来确定。填料的材质可为金属、陶瓷、石墨和塑料。各种材质的填料使用范围见表 3-3。

表 3-3　填料的使用范围

材质	一般使用范围	备注
瓷质或耐酸陶瓷	除氢氟酸外，低压条件下的中性和酸性介质和溶剂	弱碱性介质时，用特种陶瓷，瓷质环比陶质环强度大，同时较耐碱
碳质（石墨填料）	可用于碱性（包括热碱）溶液，除了硝酸外的所有酸类；不适用于氧化介质	耐温度波动，重量轻
塑料（聚乙烯、聚丙烯、氯乙烯）	根据塑料性质，适于碱、盐、水溶液和各种酸类	重量轻，但要注意塑料填料的允许工作温度
钢质填料	可用于热碱，其他用途可根据金属而定	比陶瓷可能重些，价格贵，但适用于高压

2. 常用填料的类型与性能

填料品种很多（图 3-23），最古老的填料是拉西环。在国外被认为较理想的是鲍尔环、矩鞍填料和波纹填料等工业填料，经测试验证，这些填料已被推荐为我国今后推广使用的通用型填料。

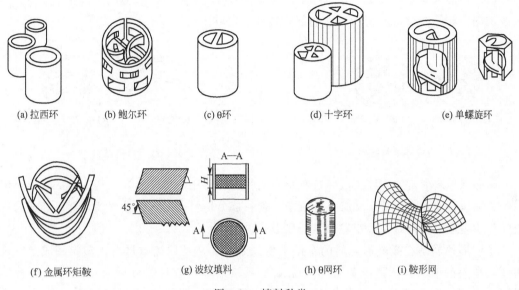

(a) 拉西环　　(b) 鲍尔环　　(c) θ环　　(d) 十字环　　(e) 单螺旋环

(f) 金属环矩鞍　　(g) 波纹填料　　(h) θ网环　　(i) 鞍形网

图 3-23　填料种类

（1）拉西环填料　拉西环填料［图 3-23（a）］于 1914 年由拉西发明，为外径与高度相等的圆环。它在填料中曾占有极重要的地位，至今仍有采用。拉西环历史悠久，数据资料比较完整，设计、操作的经验丰富，它具有外形简单、制造方便、取材容易、造价低廉、能用非金属耐腐蚀材料制造等优点。但由于拉西环的比面积较小，气液分布较差，阻力大，传质效率较低。更为严重的缺点是由于它自身的形状引起的严重沟流和壁流，使气液分布不匀，相际接触不良。

拉西环的衍生型有 θ 环［图 3-23（c）］、十字环［图 3-23（d）］等，比表面积稍有增加，但本质的缺点没有解决。近年来人们发现若将拉西环的高度减少（即长径比小于 1），将明显地增加分离效率和降低压力降，因此具有颇大的经济意义，这种截短了的拉西环称为短拉西环。

（2）鲍尔环填料　鲍尔环填料是在拉西环的基础上经改进而得到的一种性能优良的填料，并有逐渐用其代替其他填料的趋势。其形状是在拉西环的侧壁上开出两排长方形的窗孔，上下两层窗孔的位置是错开的，被切开的环壁的一侧仍与壁面相连，另一侧向内弯曲，形成内伸的舌叶，舌叶的侧边在环中心相搭。如图 3-23（b）所示。开孔的面积占环壁总面积的 35% 左右。

由于环壁窗孔可供气、液流通，使环的内壁面得以充分利用，因此同样尺寸与材质的鲍尔环与拉西环相比，其相对效率要高出 30% 左右；由于气、液流通截面积增加，通过填料层的气流阻力大为降低，流体的分布状况也有所改善，因此在相同条件下，鲍尔环比拉西环处理能力大、压力降小。

（3）阶梯环填料　如图 3-24 所示，阶梯环填料是在环壁上开窗孔，被切开的环壁形成叶片向环内弯曲，填料的一端扩为喇叭形翻边。这样不仅增加了填料环的强度，而且使填料在堆积时相互的接触由线接触为主变成为以点接触为主，不仅增加了填料颗粒的空隙，减少了气体通过填料层的阻力，而且改善了液体的分布，有利于液膜的不断更新，提高了传质效率。

（4）鞍形填料　鞍形填料分为两类，即弧鞍形填料和矩鞍形填料，形状类似马鞍，如图 3-25（a）和图 3-25（b）所示，它们都是敞开式填料。

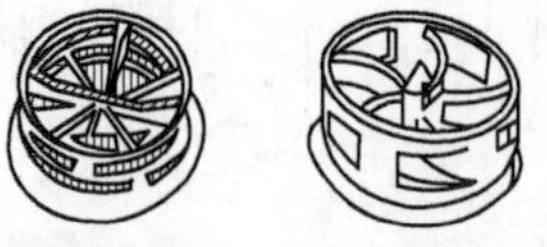

(a) 金属阶梯环　(b) 塑料阶梯环　　　　(a) 弧鞍形填料　(b) 矩鞍形填料　(c) 改进型矩鞍填料

图 3-24　阶梯环填料结构　　　　　　图 3-25　鞍形填料结构

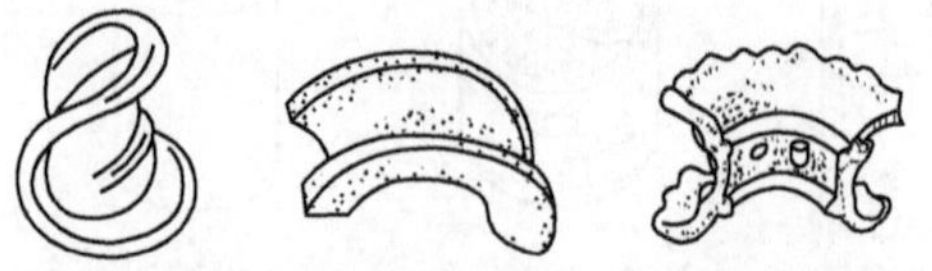

弧鞍形填料通常由陶瓷制成。这种填料与拉西环相比虽然性能有一定程度的改善，但由于相邻填料容易产生叠合和架空的现象，使一部分填料表面不能被湿润，即不能成为有效的传质表面，目前基本被矩鞍形填料所取代。

矩鞍形填料是在弧鞍形填料的基础上发展起来的，可用瓷质材料、塑料制成。它是将弧鞍填料的两端由圆弧改为矩形，克服了弧鞍形填料容易相互叠合的缺点。这种填料因为在床层中相互重叠的部分较少，空隙率较大，填料表面利用率高，传质效率提高。

近年来出现了矩鞍填料的改进型填料，其特点是将原矩鞍填料的平滑弧形边线改为锯齿状，并在表面增加皱裙和开有圆孔，结构如图 3-25（c）所示。由于结构上进行了上述改进，改善了流体的分布，增大了填料表面的湿润率，增强了液膜的湍动，降低了气体阻力，处理能力和传质效率得到了提高。

（5）金属环矩鞍填料　1978 年美国 Norton 公司首先开发出金属环矩鞍填料。这种填料将开孔环形填料和矩鞍填料的特点相结合，吸取了环形和鞍形填料的优点，结构如图 3-23（f）所示。由于这种填料是一种敞开的结构，所以流体的通量大、压降低、滞留量小，也有利于液体在填料表面的分布及液体表面的更新，从而提高传质效率。金属环矩鞍填料是综合性能较好的新型填料，特别适用于乙烯、苯乙烯等减压操作。

（6）波纹填料　波纹填料是属于整砌类型的规则填料，它是将许多波纹形薄板叠在一起，组成盘状，如图 3-23（g）所示。各层薄板的波纹成 45°角，而盘与盘之间填料成 90°角交错排列。这样有利于液体重新分布和气液接触。气体沿波纹槽内上升，其压力降较乱堆填料低。另外由于结构紧凑，比表面积大，故传质效率较高。

波纹板材料可根据物料的温度及腐蚀情况，采用铝、碳钢、不锈钢、陶瓷、塑料等材料制造。

波纹填料的缺点是：不适于容易结痂、固体析出、聚合的物系；清洗填料困难；造价较高。因此，限制了它的使用范围。

（7）波纹网填料　金属丝编织的波纹网填料与波纹填料结构基本一样。不同的是它用金属丝编织成的金属网代替金属板。它与波纹板相比空隙率增大，表面积也增大，因此气体通量大、压力降低，传质效率增高、操作弹性大。故适用于精密精馏及高真空精馏装置，为难分离物系、热敏性物系及高纯度产品的精馏提供了有效的手段。

二、填料塔的主要零部件

1. 填料支承装置

填料的支承装置结构对填料塔的操作性能影响很大，若设计不当，将导致填料塔无法正常工作。对填料支承装置的基本要求是：有足够的强度以支承填料的重量；有足够的自由截面，以使气、液两相通过时阻力较小；装置结构要有利于液体的再分布；制造、安装、拆卸要方便。常用的填料支承装置有栅板、格栅板、开孔波形板等。

（1）栅板 栅板通常由若干扁钢组焊成型，栅板间距一般为散堆填料环外径的 $\frac{3}{5}$～$\frac{4}{5}$，如图 3-26 所示。当塔径小于 350mm 时，栅板可直接焊在塔壁上；当塔径为 400～500mm 时，栅板需搁置在焊于塔壁的支撑圈上；当塔体直径较大时，栅板不仅需搁置在支撑圈上，而且支撑圈还得用支持板来加强。若塔径不大（$d<500mm$），可采用整块式栅板，塔径较大时，宜采用分块式栅板。栅板外径比塔内径小 10～40mm。分块式中每块栅板的宽度为 300～400mm，以便从人孔送入塔内进行组装。

栅板支承结构简单，强度较高，是填料塔应用较多的支承结构。但栅板自由截面积较小，气速较大时易引起液泛。

（2）格栅板 格栅板由格条、栅条以及边圈组成，如图 3-27 所示。当塔径小于800mm 时，可采用整块式格栅板，当塔径大于 800mm 时，应采用分块式格栅板。栅板条间距 t 一般为 100～200mm，塔径小时取小值。格板条间距 t_1 一般为 300～400mm，塔径小时取小值。格栅板通常由碳钢制成。当介质腐蚀性较大时，可采用不锈钢制造。

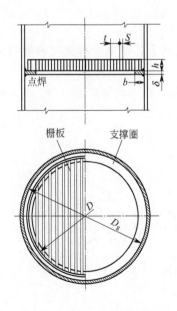

图 3-26　整块式栅板结构图

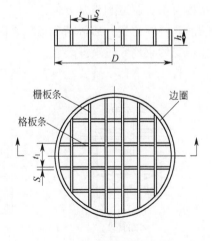

图 3-27　整块式格栅板结构图

格栅板的缺点是如将散装填料直接乱堆在栅板上，则会导致空隙堵塞从而减少其开孔率，故这种支撑装置广泛用于规整填料塔。

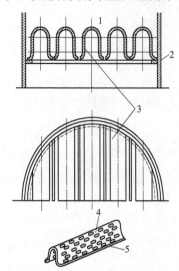

图 3-28 开孔波形板结构图
1—凸台缝隙；2—支承圈；3—波形板；
4—波形板顶部；5—底部开孔

（3）开孔波形板 开孔波形板属于梁形气体喷射式支承装置。波形板由开孔金属平板冲压为波形而成。其结构如图 3-28 所示。在每个波形梁的侧面和底部上开有许多小孔，上升的气体从侧面小孔喷出，下降的液体从底部小孔流下，故气、液在波形板上为分道逆流。既减少了流体阻力，又使气、液分布均匀。开孔波形板的特点是：支承板上开孔的自由截面积大；支承板上气液分道逆流，允许较高的气、液负荷；气体通过支承板时所产生的压降小；支承板做成波形，提高了刚度和强度。波形板结构为多块拼装形，每块支承件之间用螺栓连接，波形的间距与高度和塔径有关。

2. 液体喷淋装置

在塔顶部装设喷淋装置，可使塔顶引入的液体能沿塔截面均匀分布进入填料层，避免部分填料得不到湿润，降低填料层的有效利用率，影响传质效果。喷淋装置的类型很多，常用的可分为以下几种类型：

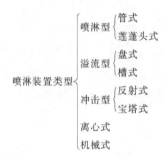

选择喷淋装置的原则是能使液体均匀地分布在填料上，使整个塔截面的填料表面湿润、结构简单、制造和检修方便。

喷淋装置的位置，通常高于填料表面 150～300mm，以提供足够的自由空间，让上升的气体不受约束地穿过喷淋装置。

（1）管式喷淋器 管式喷淋器的典型结构见图 3-29 和图 3-30。

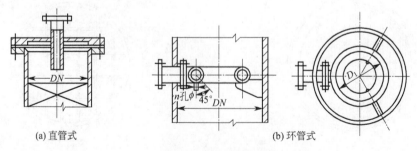

(a) 直管式   (b) 环管式

图 3-29 管式喷淋器

图 3-29（a）为直管式喷淋器。它结构简单，安装、拆卸简便。但喷淋面积小，而且不

均匀，只能用于塔径小于300mm且对喷淋均匀性要求不高的场合。

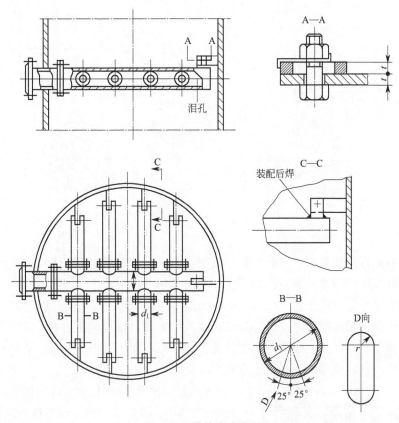

图3-30 排管式喷淋器

图3-29(b)为环管式多孔喷淋器。它是在环管的下部开有3～5排孔径为4～5mm的小孔，开孔总面积与管子截面积大约相等。环管中心圆直径一般为塔径的$\frac{3}{5}$～$\frac{4}{5}$。环管多孔喷淋器结构较简单，喷淋均匀度比直管好，适用于直径小于1200mm的塔设备。

图3-30为排管式喷淋器。它由液体进口主管和多列排管组成。主管将进口液体分流给各列排管。每根排管上开有1～3排布液孔，孔径为$\phi 3$～$6mm$。排管式喷淋器一般采用可拆连接，以便通过人孔进行安装和拆卸，安装位置至少要高于填料表面层150～200mm。当液体负荷小于$25m^3/(m^2 \cdot h)$时，排管式喷淋器可提供良好的液体分布。其缺点是当液体负荷过大时，液体高速喷出，易形成雾沫夹带，影响分布效果，且操作弹性不大。

(2)莲蓬头式喷淋器　莲蓬头式喷淋器又称喷头式喷淋器，是应用较多的液体分布装置。莲蓬头一般由球面构成。莲蓬头直径d为塔径D的$\frac{1}{5}$～$\frac{1}{3}$，球面半径r为$\left(\frac{1}{2}$～$1\right)$$d$，见图3-31，球面上小孔的直径为3～10mm，开孔总数由计算确定。莲蓬头距填料表面高度约为塔径的$\frac{1}{2}$～1。为装拆方便，莲蓬头与进口管可采用法兰连接。莲蓬头喷淋器结构简单，安装方便，但易堵塞，一般适用于直径小于600mm的塔设备。这种装置要求液体洁净，以免发生小孔堵塞，影响布液的均匀性。

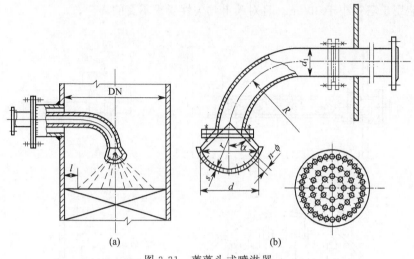

图 3-31　莲蓬头式喷淋器

多孔式喷淋器结构简单,安装、拆卸简便,但喷淋面积小,而且不均匀,只能用于塔径较小,且对喷淋均匀性要求不高的场合。

(3) 盘式喷淋器　图 3-32 所示为一溢流型盘式喷淋器。它与多孔式液体喷淋器不同,进入布液器的液体超过堰的高度时,依靠液体的自重通过堰口流出,并沿着溢流管壁呈膜状流下,淋洒至填料层上。溢流型布液装置目前广泛应用于大型填料塔。它的优点是操作弹性大,不易堵塞,操作可靠且便于分块安装。

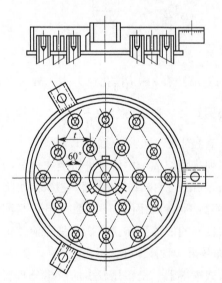

图 3-32　溢流型盘式喷淋器

操作时,液体从中央进液管加到分布盘内,然后从分布盘上的降液管溢出,淋洒到填料上。气体则从分布盘与塔壁的间隙和各升气溢流管上升。降液管一般按正三角形排列。为了避免堵塞,降液管直径不小于 15mm,管子中心距为管径的 2~3 倍。分布盘的周边一般焊有三个耳座,通过耳座上的螺钉,将分布盘支承在支座上。拧动螺钉,还可调整分布盘的水平度,以便液体均匀地淋洒到填料层上。

(4) 槽式喷淋器　槽式喷淋器也属于溢流型分布器,其结构如图 3-33 所示。操作时,液体由上部进入分配槽,漫过分配槽顶部缺口流入喷淋槽,喷淋槽内的液体经槽的底部孔道和侧部的堰口分布在填料上。分配槽通过螺钉支承在喷淋槽上,喷淋槽用卡子固定在塔体的支撑圈上。

槽式喷淋器的液体分布均匀,处理量大,操作弹性好,抗污染能力强,适应的塔径范围广,是应用比较广泛的液体分布装置。

3. 液体再分布装置

由于工艺条件的要求,需要的填料层总高度较大,当液体沿填料层流下时,由于周边液体向下流动阻力较小,故液体有逐渐向塔壁方向流动的趋势,称为"干锥体"现象,使液体沿塔截面分布不均匀,降低了传质效率。为了克服这种现象,应将填料层分段,在各填料层之间，安装液体再分布器。在不同部位设置的液体分布装置作用相同，结构不同。为了便于区别，将最上层填料上部的液体分布装置称为喷淋装置，而将填料层之间设置的分布装置称为液体再分布器。当采用金属填料时，每段填料高度不应超过 7m，采用塑料填料时，每段填料高度不应超过 4.5m。

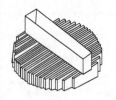

图 3-33　槽式喷淋器

液体再分布装置应有足够的自由截面，一定的强度和耐久性，能承受气、液流体的冲击，且结构简单可靠，便于装拆。常见的液体再分布装置有锥形分布器（图 3-34）和盘式分布器。

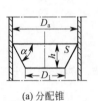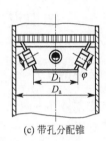

(a) 分配锥　　　　(b) 槽形分配锥　　　　(c) 带孔分配锥

图 3-34　液体再分布装置

工厂中应用最多的是锥形分布器。锥壳下端直径为塔径的 0.7～0.8，上端直径与塔体内径相同，并可直接焊在塔壁上。分配锥结构简单，但安装后减少了气体流通面积，扰乱了气体流动，且在分配锥与塔壁连接处形成了死角，妨碍填料的装填。分配锥只能适用于直径小于 1m 的塔内。

▶ 子项目三　塔设备安装

项目实施

本项目选自化学工程建设企业的工程项目。其中塔内件安装也可以作为检修任务之一。项目实施的重点在于对塔设备安装过程中的各个环节的了解，熟悉塔设备安装的方法。项目实施方案见表 3-4。

表 3-4　塔设备安装项目实施方案

步骤	工作内容
信息与导入	读任务书和塔设备安装方案,分析塔设备安装中的工作任务,熟悉或回顾相关知识和标准规范,搞清缺乏的知识;选择信息来源(教材、其他书籍、相关标准规范、网络资源等),收集与塔设备安装相关的信息;分组并分工,明确责任
计划与决策	根据任务书整理和加工收集的信息,熟悉塔设备安装中的工作准备、塔设备吊装、塔设备找正、塔设备内件的安装等。对其中涉及人、机、料、法、环等几方面的工作进行整理,在工作步骤、工具与辅助材料、时间(规定时间、实际完成时间)、工作安全、工作质量等方面进行梳理,并考虑评价标准

续表

步骤	工作内容
实施	本项目中塔设备吊装、塔设备找正等操作实施在校内很难完成,但可进行"塔设备内件安装及水平度调整""塔设备垂直度测定"等工作任务,学生可分工进行各项工作,对任务实施情况进行记录,记录时间点,记录实施过程中的问题
检查	自主按照标准对工作成果进行检查,记录自检结果
评估与优化	汇报小组工作和自检结果,说明本组工作的设计思路和特点、满意的地方和不足的地方,对出现的故障和错误进行分析,对过程和结果进行评价,提出优化方案,写出评价报告

知识链接

知识点一　塔设备安装的准备

一、塔设备安装的工序

塔设备的安装必须遵循一定的顺序,按正确工序安装,能起到事半功倍的效果。塔设备安装的具体工序如下所示。

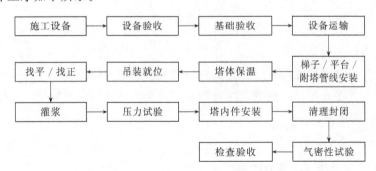

二、塔设备安装前的准备工作

塔设备安装前需进行大量的准备工作,主要包括施工准备、设备验收和基础验收。

1. 施工准备

塔设备安装前应进行下列准备工作:

① 安装前应根据设计图样或技术文件的要求画定安装基准线及定位基准标记,对相互间有关联或衔接的设备,还应按关联或衔接的要求确定共同的基准。

② 安装前应对塔体、附件及地脚螺栓进行检查,不得有损坏或锈蚀;检查塔的纵向中心线是否清晰正确,应在上、中、下三点有明显标记,即使在保温情况下也要留好这个找垂直的标记,否则塔安装找垂直度会出现难题;检查塔的方位标记、重心标记及吊挂点,对不能满足安装要求者,应予补充。

③ 核对塔底座环上的地脚螺栓孔距尺寸,应与基础地脚螺栓位置相一致;如采用预留孔,其预留孔应和底座环地脚螺栓位置相一致,如果不一致就要调整,将塔底座螺孔扩孔,或调整地脚螺栓。当大型吊车将塔吊起后穿不上螺栓,现场调整是来不及的,且吊车吊重物不能在空中停留时间太长,因此,不做好准备工作将影响吊装。

④ 有内件装配要求的塔，在安装前要检查内壁的基准圆周线，基准圆周线应与塔轴线相垂直，再以基准圆周线为准，逐层检查塔盘支持圈的水平度和距离。有的塔盘支撑圈水平度超差太多，仅靠塔盘板调水平已无能为力，支撑圈还要切割下来进行找平，费工费力。因此，吊装立塔之前一定不要怕麻烦，逐圈找支撑圈的水平度，吊装后的内件安装工作就能顺利实施。

2. 设备验收、清点、检查及保管

① 制造厂交付安装的塔及附件，必须符合设计要求，并附有出厂合格证明书及安装说明书等技术文件。

② 检查与清点应在有关人员（例如建设单位、监理单位、施工单位、制造单位的相关人员）参加下，对照装箱单及图样，按下列项目进行，并应填写验收、清点记录。

a. 塔体（或分节）编号、箱数及包装情况；

b. 塔的名称、类别、型号及规格；

c. 塔的外形尺寸及管口方位；

d. 缺件、损坏、变形及锈蚀状况。

③ 塔应运送到现场的适当地点，并要将放置的方向有利于吊装，避免二次搬运，塔的下面垫以道木，管孔、人孔等应封闭好，避免灰尘、脏物等进入。

3. 基础验收及处理准备

（1）基础的验收　在安装机器及设备前，应严格地进行基础质量的检查和验收工作，保证安装质量，缩短安装工期，避免在安装过程中对基础的某些部分作额外的补修工作。

当基础建成后，土建部门在交出基础给安装部门时，必须附有基础的形状及主要几何尺寸的实测图表、基础坐标的实测图表、基础标高的实测图表、基础沉陷的观测记录和基础质量合格证的交接证书等技术文件。基础上应明显地画出标高基准线、纵横中心线、相应的建筑物上的坐标轴线以及沉降观测的水准点。

基础验收的具体工作就是根据图纸和技术规范，对基础工程进行全面的检查。检查的主要内容是基础的外形尺寸、空间位置和强度、地脚螺栓预埋情况或预留孔位置，防震、隔震措施等。基础的外观不得有裂纹、蜂窝、空洞以及露筋等缺陷。

（2）基础的处理　完成基础的准备、基础验收后，在设备安装前应进行铲麻面和放垫板工作，以保证设备的安装质量。

① 铲麻面。基础验收后，在设备安装前，应在基础的上表面（除放垫板的地方外）铲出一些小坑，这项工作就称为铲麻面。铲麻面的目的是使二次灌浆时浇灌的混凝土或水泥砂浆能与基础紧密地结合起来，从而保证机器及设备的稳固。铲麻面的方法有两种：手工法和风铲法。铲麻面的质量要求是：每 $100cm^2$ 内应有 $5\sim6$ 个直径为 $10\sim20mm$ 的小坑。

② 放垫板。在安装机器及设备前，必须在基础上放垫板，安放垫板处的基础表面必须铲平，使垫板与基础表面能很好地接触。

放垫板的目的是可以通过垫板厚度的调整，使被安装的机器及设备能达到设计的水平度和标高；增加机器及设备在基础上的稳定性，并将其重量通过垫板能均匀地传递到基础上去；便于二次灌浆。

（3）垫板　垫板的种类很多，按垫板的材料来分，可分为铸铁垫板（厚度为 20mm

以上）和钢板垫板（厚度为 0.3～20mm）两种；按垫板的形状来分，可分为平垫板、斜垫板、钩头斜垫板、开口垫板和调节垫板等五种，如图 3-35 所示。中小型机器及设备的平垫板和斜垫板的尺寸，可根据机器及设备的质量从表 3-5 和表 3-6 中选择。

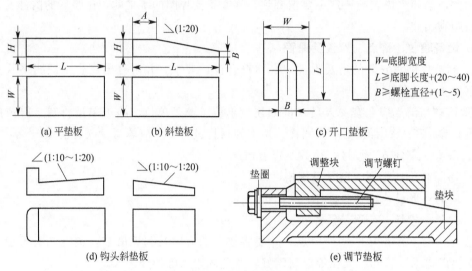

(a) 平垫板　　　　(b) 斜垫板　　　　　(c) 开口垫板

W=底脚宽度
L≥底脚长度+(20～40)
B≥螺栓直径+(1～5)

(d) 钩头斜垫板　　　　　　　　(e) 调节垫板

图 3-35　垫板的种类

表 3-5　平垫板的尺寸　　　　　　　　　　　单位：mm

编号	L	W	H	使用范围
1	110	70	3 6 9 12 15 25 40	5t 以下的机器及设备，20～35mm 直径的地脚螺栓
2	135	80	3 6 9 12 15 25 40	5t 以上的机器及设备，30～50mm 直径的地脚螺栓
3	150	100	25 40	5t 以上的机器及设备，35～50mm 直径的地脚螺栓

注：1. 垫板一般都放在地脚螺栓的两侧，如垫板只放在地脚螺栓一侧，则应按地脚螺栓直径选用大一号的尺寸。

2. 为了精确的调整水平和标高，还采用厚度为 0.3mm、0.5mm、1mm、2mm 的薄钢板垫板，最上面一块垫板的厚度应≥1mm。

表 3-6　斜垫板的尺寸　　　　　　　　　　　单位：mm

编号	L	W	H	B	A	使用范围
1	100	60	13	5	5	5t 以下的机器及设备，20～35mm 直径的地脚螺栓
2	120	75	15	6	10	5t 以上的机器及设备，35～50mm 直径的地脚螺栓

安放垫板时，可以采用标准垫法（在每一地脚螺栓两侧各放一组垫板）、井字垫法、十字垫法、单侧垫法和辅助垫法（在两组垫板之间加放一组辅助垫板）等，这些垫法见图 3-36。垫板的面积、组数和放置方法应根据机器及设备的质量和底座面积的大小来确定，放置垫板应遵守下列原则。

① 每个地脚螺栓近旁至少应有一组垫板，相邻两垫板组的距离，一般应保持 500～1000mm；垫板组在能放稳和不影响灌浆的情况下，应尽量靠近地脚螺栓，如图 3-37 所示。

② 每一组垫板内，应将厚垫板放在下面，薄垫板放在上面，最薄的垫板应夹在中间，以免发生翘曲变形；同一组垫板中，其几何尺寸要相同；同时斜垫板放在最上面，单块斜

垫板下面应有平垫板。

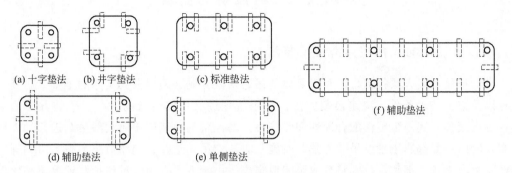

(a) 十字垫法　　(b) 井字垫法　　　　(c) 标准垫法　　　　　　　　(f) 辅助垫法

(d) 辅助垫法　　　　　　(e) 单侧垫法

图 3-36　垫板的放置方法

③ 不承受主要负荷的垫板组使用成对斜垫板（即把二块斜度相同而斜向相反的斜垫板沿斜面贴合在一起使用），找平后用电焊焊牢。

④ 承受主要负荷并在设备运行时产生较强连续振动的垫板组不应采用斜垫板而只能采用平垫板。

⑤ 每组垫板应放置整齐平稳，保证接触良好，设备找平后每一组垫板均应被压紧，可用 0.25kg 手锤逐组轻轻敲击听音检查。

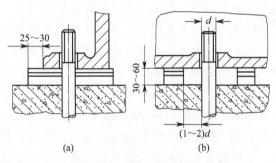

图 3-37　垫板的放置位置

⑥ 设备找平后，垫板应露出设备底座面外缘，平垫板应露出 25～30mm，斜垫板应露出 25～30mm；平垫板伸入设备底座面的长度应超过地脚螺栓的中心。

⑦ 采用调整垫板时，螺纹部分和调整块滑动面上应涂以润滑脂，找平后，调整块仍留有可继续升高的余量。

三、设备的运输

整体的塔设备可以用拖运架和滚杠等运输工具来运输，如图 3-38 所示。设备起吊前的位置视基础的高低而异，基础越高，离基础的距离越大，以免在起吊过程中，设备与基础相碰。

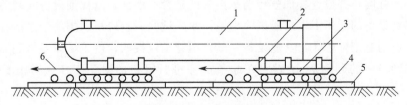

图 3-38　塔设备的运输

1—塔体；2—垫木；3—拖运架；4—滚杠；5—枕木；6—牵引索

知识点二　塔设备的安装

一、塔设备的双杆整体滑移吊装法

塔设备的吊装方法很多，但对于具体的吊装对象，则必须根据其实际的重量、高度和直径以及施工技术条件，决定吊装方法，采用既先进又切实可行的方案。吊装方案的选择，也直接关系到吊装工作的合理性和经济性。塔设备的吊装属于用大型吊车进行的大件吊装，所以一般都属于Ⅲ类吊装方案，对施工方法、吊车选择、现场情况、施工协调等工作都要考虑周到、细致，否则将造成影响或损失。吊装方案必须经过包括监理单位和建设单位的各级审批，审批后方可施工。

塔设备的吊装宜采用整体综合安装的方法，即在不妨碍吊装情况下，将平台、梯子、附塔管线、涂漆、绝热层、塔上电气和仪表及塑性很好而黏附又很牢固的衬里等工程在地面上施工完毕，然后随塔一起吊装。这样能节省空中作业的工作量，提高工作效率和质量。注意还必须把找垂直度的上、中、下三点90°方向即相当于6个点的位置在保温时留出，塔安装完毕，垂直度验收合格后，再对这6个点位进行保温。

焊接塔体上的结构平台支撑件、配管支架、绝热工程支撑件等构件，其焊接工作应在压力试验之前完成；塔的防腐、衬里及绝热工程，应在压力试验合格之后进行。

塔类设备进行吊装大多采用双桅杆整体滑移式吊装，起重杆之一为固定式起重杆，另一杆常用轮胎式起重机配合使用，便于调整设备位置。也可以采用一台大型吊车主吊，另一台吊车溜尾，两台吊车配合吊装的方法。后一种方法要比桅杆式吊装快捷，凡是吊车充足的情况下，都采用两台吊车配合吊装的方法。安装的工艺过程主要包括：准备工作、吊装工作、校正工作和内部构件的安装工作等。

1. 吊装前的准备

（1）设备外观检查　整体式塔设备在起吊前，应进行全面的外观检查，根据塔的设备图和技术要求，检查塔的外形、尺寸、管口数量、接管直径和相对位置、地脚螺栓孔的数量和布置、塔体的椭圆度和不垂直度以及焊接质量等。如发现有差错，或者不符合要求的地方，应在起吊前处理完毕。

（2）塔设备水压试验　塔设备在吊装前，应进行试压，以检查其制造质量是否合格。特别是现场组装的塔器，必须进行水压试验。由制造厂整体制造好并经过试压合格后运抵现场的塔设备，有时为了排除对其运输和存放中损伤的怀疑，也需要进行水压试验，目的是检验设备的强度，并检查各部分特别是接头处是否有泄漏，以保证设备安装后能正常生产运行。塔类设备的试压多以水压试验为主，水压试验后，应将水排放干净。

（3）管口的对正　塔体与其他设备一般是用管子连接的，由于塔体在吊起后很难再进行调整（特别是大的调整），所以要在起吊前即进行管口的对正工作。对正工作有两种情况。

① 管口方位相差很大。这时可以用千斤顶来顶，使塔体绕自身的轴线旋转，如图3-39所示。若塔体上没有足够强度的筋条，可在塔体两端分别焊上支脚，作为千斤顶的着力点，但需要征得使用部门的同意。为了减少转动时的摩擦力，应在支承垫板和塔体接

触处涂上润滑剂。两个千斤顶应以相同的速度进行工作，否则塔体易被损坏。有时也可利用钢丝绳绕在塔体外面，在切线方向用力拉，可使塔体旋转，如图 3-40 所示。

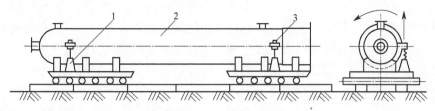

图 3-39　用千斤顶旋转塔体对正管口方位

1—千斤顶；2—塔体；3—支脚

② 管口方位相差不大。这时可以用捆绑塔体的吊索，将起重滑轮组上的吊钩的位置偏斜一个角度，则塔体在吊起后，便能自动转到所需的位置，如图 3-41 所示。

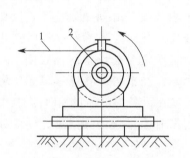

图 3-40　用钢丝绳旋转塔体

1—钢丝绳；2—塔体

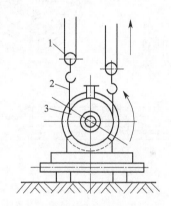

图 3-41　用起重滑轮组和吊索旋转塔体

1—起重滑轮组；2—吊索；3—塔体

（4）起重工具和机械的准备与布置　先根据吊装方案来准备（计算和选择）起重杆、绳索、锚桩和卷扬机等，然后将它们布置在理想的位置上。当吊装设备较多时，应考虑起重杆工作最有利的位置，减少移动次数。布置锚桩时应考虑提高它的利用率，尽可能利用周围的建筑物来代替。布置拉索时应使它与地面成 30°，最大不超过 45°。布置卷扬机时，应比较集中，便于指挥。

在施工现场，当吊装重量不同时，其起重杆、拉索和锚点的布置不同。另外在布置时，应使起重杆的中心与基础的中心在一条直线上，以保证塔体就位时其中心线能与基础中心线相重合。两根起重杆的中心与基础中心的距离应相等，并尽可能与两根起重杆中心连线相垂直，以保证起吊时两杆受力均衡。

选用哪种吊车，吊车吨位和能力是否满足要求，要根据实际情况和吊车性能表进行选择。钢丝绳的选择要根据钢丝绳的破断拉力、安全系数和吊装形式来计算和选择。上述吊装参数，应在吊装方案中予以说明。此外，吊装的安全技术措施，也是一项重要的工作内容，必须认真落实。

（5）锚点的设定　要注意安全可靠，必要时进行拔出力试验。

（6）起重杆的竖立　起重杆在竖立之前应将起重滑轮组和拉索等系结好，并经过严格的检查，以免在起吊后发生松脱现象。起重杆竖立时可以采用滑移法、旋转法和扳倒法等三种常见的方法，也可以根据现场的具体情况选择其他方法，如利用汽车式或履带式起重机来竖立。起重杆的底部应垫以枕木，以减小对土壤的压力。对于需要移动的起重杆，还应在起重杆的底部放置板撬。起重杆立起后可用链式起重机拉紧拉索，并且使起重杆向后稍倾斜一定的角度，以免吊装时起重杆过分地向前倾斜，而增加主拉索上的拉力。

（7）卷扬机的固定　卷扬机一般采用钢丝绳绑结在预先埋设好的锚桩上或用平衡重物和木桩来固定，有时也可利用建筑物来固定。

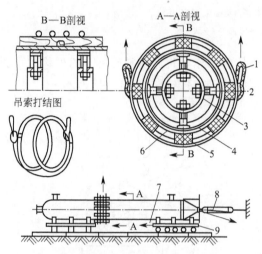

图 3-42　吊索捆绑塔体的方法

1—万能吊索；2—定距钢索；3—支撑装置；

4—塔体；5—垫木；6—角钢加强圈；

7—牵引索；8—制动滑轮组；9—拖动架

（8）设备的捆绑　塔类设备的捆绑位置应位于设备重心以上，具体尺寸应根据计算或经验来决定。一般对于外形简单的塔类设备，其捆绑位置约在重心以上 1.5m 到全高的 2/3 处（从塔底测量），不允许捆绑在设备的进出口接管等薄弱处。捆绑用的吊索直径和根数应由计算确定。捆绑时，应在吊索与设备之间垫以垫木，以免擦伤设备壳体，并防止吊索在起吊时产生滑脱现象，垫木应卡在设备的加强圈上，如图 3-42 所示。当捆绑一些壁厚较薄的塔类设备时，应在设备内部加设临时的支撑装置，以免起吊时因吊索的抽紧压力使塔体发生变形。捆绑好后应将吊索挂到吊钩上。

除了在设备上捆绑吊索以外，还应在设备的底部安设制动用的滑轮组，其作用是使吊装过程平稳进行，以防设备与基础相撞。有时还可在拖运架的前方拴上一根牵引索，以便协助起重滑轮组向前牵引设备。

有时采用特制的对开式的卡箍来夹持塔体，卡箍上有两只耳环可供起重钩或 U 形起重卡环拴挂，吊装好后可以将卡箍拆除。目前，大多数设备外壳上有时也可在塔壁外焊有专供起吊用的吊耳，吊装好后不必除去。

2. 吊装工作

（1）吊装前的检查　在塔器吊装前应再一次对前面所做的各项准备工作进行检查，特别是对起重工具和机械进行仔细的检查，如起重机臂杆、锚桩和卷扬机的固定，起重钢丝绳、滑轮组、吊钩、卡环，吊索的互相连接等都要认真检查，对钢丝绳的选用类型、直径要计算到位，钢丝绳外观检查要无断丝、锈蚀等缺陷。检查完全合格后，方可进行起吊工作。

（2）预起吊　预起吊也叫试吊，即一切检查合格后，各项准备工作就绪，就可以进行预起吊。预起吊的目的，就是通过实际吊装检查前面的准备工作是否到位，是否完全可靠，如果发现有不当之处，应及时予以处理。

在预起吊时，首先开动卷扬机，直到钢丝绳拉紧时为止，然后再检查吊索的连接是否有松动脱落现象，以及其他各处的连接情况是否良好。待一切都正常时，再开动卷扬机把塔体前部吊起，当距地面0.5m时，再停止吊装，检查塔体有无变形，或发生其他不良现象，保证一切都无问题后，便可进行正式起吊。

（3）正式起吊　待预起吊顺利完成后，就可以进行正式起吊。在正式起吊时，因为两台吊车同时进行，一台主吊，一台溜尾，所以两台卷扬机操作必须互相协调，速度应保持一致。塔体底部的制动滑轮组的绳索也要用一台卷扬机拉住，以防塔体与基础的碰撞。有时因摩擦力过大而不能顺利地前进，则可利用卷扬机牵引栓在拖运架前方的一根牵引索协助塔体前进。从正式起吊开始到就位前，起升工作应在统一指挥下连续进行，中间不能停歇而让塔体悬挂在空中。具体的起吊过程如图3-43所示。

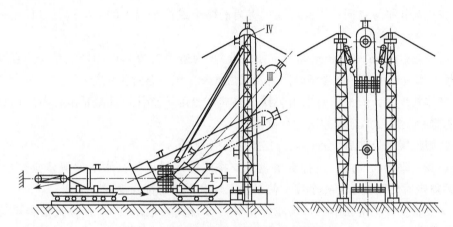

图 3-43　双杆整体滑移吊装法的起吊过程

起吊前，应保证塔体平稳地上升，不得有跳动、摇摆以及滑轮卡住和钢丝扭转等现象。为了防止塔体左右摇摆，可预先在塔顶两侧拴好控制索来控制。在起吊过程中应注意检查起重杆、拉索、锚桩等的工作情况，特别要注意锚桩的受力情况，严防松动；另外还应注意起重杆底部的导向滑轮，不能因受起重钢丝绳的水平拉力的作用而带着起重杆底部向前移动。当塔体逐渐升高，接近垂直位置时，可能会受到拉索的阻碍，此时必须将拉索放松，移到另外的位置上去，使塔体易于通过。当塔将到达垂直位置时，应控制拴在塔底的制动滑轮组，以防塔底离开拖运架的瞬间向前猛冲，碰坏基础或地脚螺栓。当塔体吊升到稍高于地脚螺栓时，即停止吊升，然后便可进行就位工作。

（4）设备就位　就是使塔类设备底座上的地脚螺栓孔，对准基础上的地脚螺栓（或预留孔），将塔体安放在基础表面的垫板上。若螺栓孔与螺栓不能对准，则用链式起重机（或撬杠）使塔体稍微转动，也可用气割法将螺栓孔稍加扩大，便于塔体就位。

二、塔设备的找正与找平

当塔体放置在垫板上之后，在起重杆未拆除之前，应进行塔体的校正工作。一般校正工作的主要内容包括标高和垂直度的检查。设备安装的找正与找平应与起重工密切配合。

1. 塔设备测量和调整的基准

塔设备找正与找平应按基础上的安装基准线（中心标记和水平标记）对应设备上的基准测量点进行调整和测量。调整和测量的基准规定如下：

（1）塔支承（裙式支座、耳式支座、支架等）的底面标高应以基础上的标高基准线为基准。

（2）塔的中心线位置应与基础上的中心线重合。

（3）塔的方位应以基础上距离设备最近的中心点划线为基准。

（4）塔的垂直度应以塔的上下封头切线部位的中心划线为基准。

塔体找正的补充测试点宜选择在主法兰口、塔体铅垂的轮廓面、其他指定的基准面或加工面。

2. 塔找正与找平的规定

塔的找正与找平应符合下列规定：

① 找正与找平应在同一平面内互成直角的两个或两个以上的方向进行（仅用一个方向容易产生较大误差）；

② 高度超过20m的直立式设备（如塔器），为避免气象条件的影响，其垂直度的调整和测量工作应避免在一侧受阳光照射及风力大于4级的条件下进行；

③ 塔体找平时，应根据要求用垫铁（或其他专用调整件）调整精度；不应用紧固或放松地脚螺栓及局部加压等方法进行调整；

④ 紧固地脚螺栓前后设备的允许偏差应符合规定；

⑤ 塔找铅垂度的同时，应抽查塔盘或支撑圈的水平度，其水平度偏差应符合要求，超过上述规定时要调整塔的铅垂度，使铅垂度与水平度均符合规定。

⑥ 塔设备安装调整完毕后，应立即作好"设备安装记录"，并经检查监督单位验收签证。

3. 塔找正与找平的允许偏差

塔体找正与找平后，其允许偏差应符合表3-7的规定。

表3-7　塔体安装允许偏差

检查项目	允许偏差/mm		
	一般塔		与机器衔接塔
中心线位置	$D \leqslant 2000$	± 5	± 3
	$D > 2000$	± 10	
标高	± 5		相对标高± 3
铅垂度	$H/1000$　但不超过30(20)		
方位	沿底座环圆周测量		沿底座环圆周测量
	$D \leqslant 2000$	10	—
	$D > 2000$	15	5

4. 标高的检查

经过验收合格的塔器设备，其顶端出口至底座之间的距离均为已知的，所以检查设备的标高时，只需测量底座的标高即可。检查时，可用水准仪和测量标杆来进行测量。若标高不满足要求时，则可用千斤顶把塔底顶起来，或者用起重杆上的滑轮组把塔吊起来，然后用垫板来进行调整。

5. 垂直度的检查

塔的垂直度要求是十分严格的，是塔安装的重要质量指标。如果塔的垂直度超出偏差允许范围，将会直接影响其生产工艺效率、指标，使反应不均匀。同时也会影响塔盘的水平度、气液的接触面积和反应效率，有的甚至会造成塔的报废。因此，建设单位、监理单位都要高度重视塔的垂直度，即使到安装后期，如有疑问，仍可以复测塔的垂直度，发现问题及时调整。

垂直度的检查方法常用的有以下两种。

（1）铅垂线法　检查时，由塔顶互成垂直的 0°和 90°两个方向上各挂设一根铅垂线至底部，然后在塔体上下部的 A、B 两测点上用直尺进行测量。如图 3-44 所示。设塔体上部在 0°和 90°两个方向上的塔壁与铅垂线之间的距离为 a_1、a_1'，下部的距离为 a_2、a_2'，上下两测点之间的距离为 h，则塔体在 0°和 90°两个方向上的垂直度的偏差量分别为：

$$\Delta = a_1 - a_2 \quad \text{和} \quad \Delta' = a_1' - a_2'$$

故塔体在 0°和 90°两个方向上的垂直度应分别为：

$$\frac{\Delta}{h} = \frac{a_1 - a_2}{h} \quad \text{和} \quad \frac{\Delta'}{h} = \frac{a_1' - a_2'}{h}$$

（2）经纬仪法　用此法检查时，必须在塔体未吊装以前，先在塔体上下部作好测点标记。在塔设备就位后互成 90°方向上，架设两台经纬仪，等待塔设备的安装就位。当吊车将塔器稳稳地坐落在基础垫铁上时，地脚螺栓都已穿入，检查人员利用经纬仪开始测量其垂直度。在垂直度未找好，地脚螺栓未紧固前吊车不许摘钩，但索具可适当松弛，便于找垂直度。

待塔体竖立后，用经纬仪测量塔体上下部的 A、B 两测点。若将 A 点垂直投影下来能与 B 点重合，即说明塔体垂直；若 A 点垂直投影下来不能与 B 点重合，即说明塔体不垂直，如图 3-45 所示。此时可以用测量标杆测出其偏差量为 Δ，故塔体的垂直度为 Δ/h。用同样的方法检查和测量塔体另一个方向（与前一个方向成 90°）的垂直度。

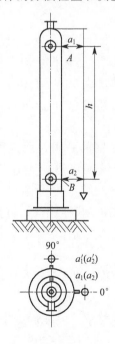

图 3-44　用铅垂线法
检查塔体垂直度

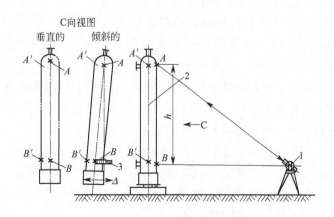

图 3-45　用经纬仪法检查和测量塔体的垂直度
1—经纬仪；2—塔体；3—测量标杆

当垂直度要求不高时，也可以用经纬仪来检查和测量塔体轮廓线不垂直度的方法来确定塔体的垂直度。此时，经纬仪的视线（光轴）与塔壁相切。此法比上面的方法简便（因为不需要预先在塔上作测点标记），但精确度较差（因为塔体的变形会影响测量的精确度）。

如果检查不合格，用垫板来调整。校正合格后，拧紧地脚螺栓，然后进行二次灌浆，待混凝土养生期满后，便可拆除或移走起重杆。

三、塔设备的内件安装

1. 填料塔

（1）填料支承结构的安装　填料支承结构（栅板、波纹板）安装后应平稳、牢固。支承结构的通道孔径及孔距应符合设计要求，气体通道不得堵塞。支承结构安装后的水平度不得大于 $2D/1000$，且不大于 $4mm$。

（2）实体填料的安装　实体填料（拉西环、鲍尔环、阶梯环等）多为不规则排列。装填料（瓷环）时，对于高塔多采用湿法，对于低塔多采用干法。所谓湿法安装就是先在塔内灌满水，然后从塔顶直接将填料倒入。因为塔内有水，可以防止填料碰碎。但在加填料的过程中要逐渐将水放出。所谓干法安装即不在塔内灌水，直接将填料倒入，因此填料容易损坏。

填料应清洗干净，不得沾有油污、泥砂等污物。填料质量应符合设计要求。安装过程中要防止填料破碎或变形，破碎变形者必须拣出。塑料填料应防止日晒老化。

规则排列填料应靠塔壁逐圈向中心排列，两层填料排列位置允许偏差为填料外径的1/4。乱堆填料也应从塔壁开始向中心均匀填平，鞍形及鞍环形填料填充的松紧度要适当，避免架桥和变形，杂物要拣出，填料层表面要平整。

（3）网体填料的安装　丝网波纹填料的质量、填充体积应符合设计要求，安装时应保证设计规定的波纹片的波纹方向与塔轴线的夹角，其允许偏差为 $\pm5°$。若无设计规定，最下一层丝网波纹方向应垂直于支承栅板，其余各层波纹方向与塔轴线成 $30°$（或 $45°$）角。每层填料盘相邻网片的波纹倾角应相反，相邻两层填料盘波纹方向互成 $90°$ 角。填料盘与塔壁应无空隙，塔壁液流再分布装置应完好。

丝网波纹填料分块装填时，应从人孔装入，每层先填装靠塔壁的一圈，后逐圈向塔中间装填，每块用特制的夹具固定，填装时要压紧。波纹板填料可参照上述方法安装。

（4）填料床层压板的安装　为防止填料在塔内气流和液体的作用下发生位移，填料床层上应置网型压板。压板的规格、重量及安装要求应符合设计要求。在确保限制填料位移的情况下，不要对填料层施加过大的附加力。

（5）液体分布装置安装　液体分布装置（喷淋装置）安装质量的好坏直接影响塔的传质效果。安装应符合下列要求：

① 喷淋器的安装位置距上层填料的距离大小应符合设计图纸要求，安装后应牢固，在操作条件下不得有摆动或倾斜；

② 莲蓬头式喷淋器的喷孔不得堵塞；

③ 溢流式喷淋器各支管的开口下缘（齿底）应在同一水平面上；

④ 冲击型喷淋器各个分布器应同心，分布盘底面应位于同一水平面上，并与轴线相垂直，盘表面应平整光滑；

⑤ 各种液体分布装置安装的允许偏差应符合规定；

⑥ 液体分布装置安装完毕后，都要做喷淋试验，检查喷淋液体是否均匀。

液体再分布装置的安装要求同塔盘的安装。填料塔内件安装合格以后，应立即填写安装记录。

2. 板式塔

（1）安装顺序　塔盘构件宜按下列顺序进行安装：

① 内部支撑件安装或复测；

② 降液板安装；

③ 塔盘板安装；

④ 气液分布元件安装；

⑤ 清理杂物；

⑥ 最终检查；

⑦ 通道板安装；

⑧ 人孔封闭。

（2）安装方法　板式塔主要有浮阀塔、泡罩塔和筛板塔等，它们的塔板大多在制造时已装配好，并保证了塔板的水平度，故在吊装后一般不进行调整。

对于立式安装塔盘则是在塔体安装完成后进行的，其主要方法和步骤如下文。

① 支撑圈的安装。将特制的水平仪放在上一层支撑圈上或特殊的支架上，用刻度尺下端放在支撑圈上测量各点的水平度偏差。支撑圈与塔壁焊接后，重新测量支撑圈上各点的水平度偏差是否在允许范围内，以便调整。相邻两支撑圈的间距应符合要求，如图3-46所示。

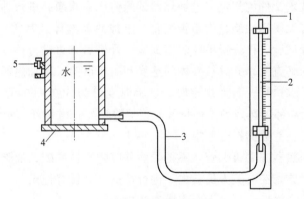

图 3-46　水平仪测量图

1—木板；2—玻璃管；3—软胶管；4—储液罐；5—固定卡子

② 支持板的安装。支持板与降液板、降液板与受液盘、降液板与塔内壁、支持板与支撑圈安装后的偏差应在允许范围内。

③ 支承横梁的安装。双溢流或多溢流塔中，支承塔板横梁的水平度、弯曲度以及与支撑圈的偏差均必须在允许范围内。

④ 塔盘的安装。塔盘是在降液板、横梁螺栓紧固并检查合格后进行安装的。先组装两侧弓形板，再向塔的中心安装矩形板，最后安装通道板。塔板安装时，先临时固定，待各部位尺寸与间隙调整符合要求后，再用卡子或螺栓紧固，然后用水平仪校准塔盘的水平度。合格后，拆除通道板，以便出入。

安装过程中，塔板上的卡子、螺栓的规格、位置、紧固程度、板的排列、板孔与梁的距离、板与梁或支撑圈的搭接尺寸等均应符合要求。

⑤ 其他。受液盘的安装与塔板相同，其偏差应符合要求。溢流堰安装后，堰顶水平度和堰高的偏差要在允许范围内。塔盘气液分布元件的安装根据塔的类型不同而不同，如浮阀塔安装应开度一致，无卡涩现象；筛板塔应开孔均匀，大小相同；泡罩塔不能歪斜或偏移，以免影响鼓泡的均匀性等。

3. 内部有复杂构件的塔

这类塔设备的内件复杂，安装技术要求高，必须按步骤进行。

① 设备内件安装前，应仔细按施工图样或技术文件要求进行清理和检查。清理检查后的内件需试压时，应按设计图样要求进行单件压力试验，合格后经吹洗干净才能进行安装。

② 为避免内件制造误差可能引起的安装困难，对内件应进行预组装，并检查内件的总误差。符合图样要求后，应将各对口连接处打上标记。打标记时参考有关规定。

③ 反应器的催化剂筒和内部热交换器连接后，连接螺栓应对称均匀紧固。其内筒配对后总平直度允许偏差不得超过 2mm。催化剂筒装入设备后，应校正外筒与筒间温度计管的方位。并同时校正内、外筒的同轴度，最大允许偏差不得超过 ±2mm。测量温度计管的膨胀间隙及内筒与上盖之间的距离，应符合设计要求。催化剂筒安装时，不得有杂物落入筒内。

④ 反应设备内，电加热器安装前检查电加热器的绝缘性、耐压性和升温试验，并使其符合设计图样或技术文件的规定。电加热器试验前应先吹净并进行外观检查。检查各处的紧固情况，焊缝有无损坏，绝缘物是否完整。电加热器本体及其零件分别进行干燥后，即可先进行单体绝缘试验，再进行单体耐压试验，合格后方可进行整体组对。组对后的电加热器应检查本体的平直度，并进行整体的绝缘和耐压试验。电加热器的升温试验，按设计图样或技术文件要求执行。若无规定时，试验温度可为 800～900℃，在试验温度下保持 10min，并满足无局部过热及炉丝伸长现象；焊缝良好；电炉丝与承重结构无短路，绝缘无损坏，各种电气性能数据符合要求。

试验合格的电加热器应妥善保管，不得受潮并应防止被酸碱、油脂或灰尘污染。试验时应有专门的安全措施，在有关人员参加下进行检查，并做好记录。

组装完毕并试验合格后，可吊入合成塔壳体内。

注意，设备交付施工单位时未发现而在施工过程中发现的缺陷，如损坏和锈蚀等情况，应由施工单位会同建设单位分析原因，查明责任，及时处理。施工完毕尚未交工验收的设备，应按该设备技术文件的规定进行定期检查和维护。

四、塔设备的其他方法吊装

塔设备由于结构或安装条件等原因，还常采用其他一些方法吊装，如分段吊装法、单杆整体吊装法以及联合吊装法等。

1. 分段吊装法

分段吊装的塔，每段内有数块塔板，在组装过程中，不仅要保证塔的内件相互位置正确，而且更重要的是要保证塔板安装的整体水平度。

（1）顺装法 此种方法是从下向上一节一节地进行装配，其吊装过程如图 3-47(a) 所示。首先将要安装的底部第一个塔节吊放到基础上，找正塔节的水平度，并加以固定；再将第二个塔节吊放到第一节上，并进行找正、组对或焊接，再依次吊装第三、四节，直至顶盖。

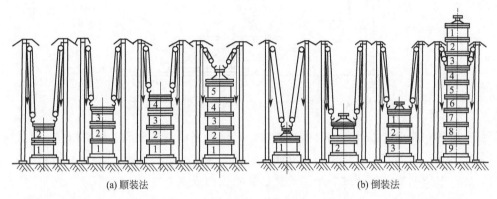

(a) 顺装法　　　　　　　　　　　(b) 倒装法

图 3-47　塔设备分段吊装法

优点：适用于吊装总重量很大，但每一节的重量较轻的塔设备。所以只需起重量较小，其高度超过吊装塔的总高度的起重杆就可满足要求。

缺点：高空作业的工作量大，操作不够安全，质量难以保证。

（2）倒装法 此法是从上向下一节一节地进行装配，其具体装配过程如图 3-47（b）所示。首先将第一塔节吊放在基础上，吊起顶盖放在第一节上进行组装或焊接，再将塔顶盖及第一节一起吊起，装配第二塔节，将第一、二塔节组装或焊接，再将顶盖及第一、二节吊起，装配第三塔节，依次将塔体装配完成。

优点：减少高空作业工作量，安全、质量易保证。

缺点：需要起重量较大的起重杆，但起重杆高度可低于塔总高。它适用于吊装总重量不太大，但高度较高的塔设备。

2. 单杆整体吊装法

塔设备的单杆整体吊装法分为滑移法、旋转法及扳倒法三种。与起重杆的安装方法基本相同，其安装工艺和双杆整体滑移法也基本相同。

3. 联合吊装法

利用起重杆和建筑构架上的起重滑轮组或链式起重机进行联合整体吊装是很常见的一种吊装方法。其吊装过程如图 3-48 所示。先用两根起重杆上的起重滑轮组或链式起重机将塔体吊到一定的高度，然后把挂在建筑构架上的两个起重滑轮组与塔体连接起来，拉紧这两个起重滑轮组或链式起重机，并随之放松两根起重杆上的起重滑轮组或链式起重机，这样塔体就被转动到建筑构架上。这时可以将起重杆上的滑轮组或链式起重机放下，而完全用构架上的滑轮组或链式起重机把塔体逐渐放下来，坐落到构架上。

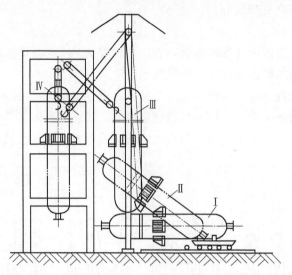

图 3-48　起重杆和建筑构架联合整体吊装塔设备

综上所述，在选择塔设备的吊装方法时，必须根据设备的重量、高度和直径以及施工技术条件（起重工具和起重机械的起重能力）等具体情况进行选择。选择吊装方法的正确与否，会直接影响施工的速度、施工的质量和施工的成本。

子项目四　塔设备日常维护

 项目实施

塔设备日常维护项目的实施分两部分，一部分是借助校内化工单元操作装置，在装置运行中对塔设备进行维护；另一部分是在企业实践过程中实施。项目的实施方案见表 3-8。

表 3-8　塔设备日常维护项目实施方案

步骤	工作内容
信息与导入	读任务书,分析工作任务,明确工作目标;熟悉或回顾相关知识和标准规范,搞清缺乏的知识;选择信息来源(教材、其他书籍、相关标准规范、网络资源等),收集与塔设备日常维护工作任务相关的信息。收集的信息包括塔设备日常维护与检查的内容、塔设备常见故障及处理方法、塔设备完好标准、某企业日常巡检要求等
计划与决策	根据任务书制订工作计划,本工作计划为根据某企业的生产实际情况,日常对塔设备检查中的检查项目。要考虑工作安全、工作质量、废料处理、环保等方面问题
实施	项目的实施需要在学生到企业实习中完成,或在进行校内化工单元操作实训项目时完成
检查	学生自主按照标准对工作记录结果自检
评估与优化	教师听取学生小组的工作汇报,给予评价。学生汇报小组工作和自检结果,说明工作中满意之处和不足之处,对出现的故障和错误进行分析,对过程和结果进行评价,提出优化方案,写出评价报告

知识点一　塔设备的日常维护

1. 塔设备完好标准

（1）塔设备运行正常，效能良好

① 设备效能满足正常生产需要或达到设计要求；

② 压力、压降、温度、液面等指标准确灵敏、调节灵活，波动在允许范围内；

③ 各出入口、降液管等无堵塞。

（2）各部构件无损，质量符合要求

① 塔体、构件的腐蚀应在允许范围内，塔内主要构件无脱落；

② 塔体、构件、衬里及焊缝无超标缺陷，内件无脱落现象；

③ 塔体内外各部构件材质及安装质量应符合设计及安装技术要求或规程规定。

（3）主体整洁，零部件齐全好用

① 安全阀和各种指示仪表，应定期校验，灵敏准确；

② 消防线、放空线、紧急放空线等安全设施齐全畅通，照明设施齐全完好，各部位阀门开关灵活无内漏，防雷接地措施可靠；

③ 梯子、平台、栏杆完整、牢固，保温、油漆完整美观，静密封无泄漏；

④ 基础、钢结构裙座牢固，无不均匀下沉；各部分紧固件齐整牢固，符合抗震要求。

（4）技术资料齐全准确

① 设备档案，并符合石化企业设备管理制度要求；

② 属压力容器设备应取得压力容器使用许可证；

③ 设备结构图及易损配件图。

2. 日常维护

塔设备的日常维护应做到以下几点。

① 操作人员必须精心操作，认真执行工艺规程，严格控制各项工艺指标，使设备处于正常运行状态，严禁超温、超压、超负荷运行。

② 设备开、停车及调节塔负荷，必须按照操作规程规定的步骤进行操作。

③ 操作过程中升、降温及升、降压速率应严格按规定执行。

④ 操作人员、维修人员每天应定时定点对下列内容进行巡回检查：

a. 设备各连接处法兰及阀门、管道等有无泄漏现象。

b. 检查液面计有无异常现象。

c. 设备有无异常响声、振动、碰撞、变形、摩擦等现象。

⑤ 保持设备的清洁。

⑥ 螺栓和紧固件应定期涂防腐油脂。

塔设备运行时巡回检查内容及方法见表3-9。

表 3-9 塔设备运行时巡回检查内容及方法

检查内容	检查方法	问题的判断或说明
操作条件	①查看压力表、温度计和流量表 ②检查设备操作记录	①压力突然下降——泄漏 ②压力上升——填料阻力增加或塔板阻力增加,或设备、管道堵塞
物料变化	①目测观察 ②物料组成分析	①内漏或操作条件被破坏 ②混入杂物、杂质
防腐层、保温层	目测观察	对室外保温的设备,着重检查温度在100℃以下的雨水浸入处,保温材料变质处,长期经外来微量的腐蚀性流体浸蚀处
附属设备	目测观察	①进出管阀门的连接螺栓是否松动、变形 ②管架、支架是否变形、松动 ③人孔是否腐蚀、变形,启用是否良好
基础	①目测观察 ②水平仪	基础如出现下沉或裂纹,会使塔体倾斜,塔板不水平
塔体	①目测观察 ②渗透探伤 ③磁粉探伤 ④敲打检查 ⑤超声波斜角探伤 ⑥发泡剂(肥皂水、其他)检查 ⑦气体检测器	塔体的接管处、支架处容易出现裂纹或泄漏

知识点二　塔设备常见故障及处理方法

塔设备常见故障与处理方法见表 3-10。

表 3-10 塔设备常见故障及处理方法

序号	故障现象	故障原因	处理方法
1	工作表面结垢	①被处理物料中含有机械杂质(如泥、砂等) ②被处理物料中有结晶析出和沉淀 ③硬水所产生的水垢 ④设备结构材料被腐蚀而产生的腐蚀产物	①加强管理,考虑增加过滤设备 ②清除结晶和沉淀 ③清除水垢 ④清除腐蚀产物并采取防腐蚀措施
2	连接处失去密封能力	①法兰连接螺栓没有拧紧 ②螺栓拧得过紧而产生塑性变形 ③由于设备在工作中发生振动,而引起螺栓松动 ④密封垫圈产生疲劳破坏(失去弹性) ⑤垫圈受介质腐蚀而坏掉 ⑥法兰面上的衬里不平 ⑦焊接法兰翘曲	①拧紧松动螺栓 ②更换变形螺栓 ③消除振动,拧紧松动螺栓 ④更换变质的垫圈 ⑤选择耐腐蚀垫圈换上 ⑥加工不平的法兰 ⑦更换新法兰
3	塔体厚度减薄	设备在操作中,受到介质的腐蚀、冲蚀和摩擦	减压使用;或修理腐蚀严重部分;或设备报废
4	塔体局部变形	①塔局部腐蚀或过热使材料强度降低,引起设备变形 ②开孔无补强或焊缝处的应力集中,使材料的内应力超过屈服极限而发生塑性变形 ③受外压设备,当工作压力超过临界工作压力时,设备失稳而变形	①防止局部腐蚀产生 ②矫正变形或切割下严重变形处,焊上补板 ③稳定正常操作

续表

序号	故障现象	故障原因	处理方法
5	塔体出现裂缝	①局部变形加剧 ②焊接的内应力 ③封头过渡圆弧弯曲半径太小或未经返火便弯曲 ④水力冲击作用 ⑤结构材料缺陷 ⑥振动与温差的影响 ⑦应力腐蚀	裂缝修理
6	塔板越过稳定操作区	①气相负荷减小或增大；液相负荷减小 ②塔板不水平	①控制气相、液相流量；调正降液管、出入口堰的高度 ②调正塔板水平度
7	塔板上鼓泡元件脱落和腐蚀	①安装不牢 ②操作条件破坏 ③泡罩材料不耐腐蚀	①重新调正安装 ②改善操作，加强管理 ③选择耐蚀材料，更新泡罩

 知识拓展

起重工具的选择与使用——起重杆的安装与移动

起重杆也叫桅杆或抱杆，是一种常用而又结实简单的起重装置，如图 3-49 所示。起重杆是一立柱，用拉索（桅索、拖拉绳或张紧绳）张紧而立于地面。拉索的一端连接在起重杆的顶端，而另一端连接在锚桩上。

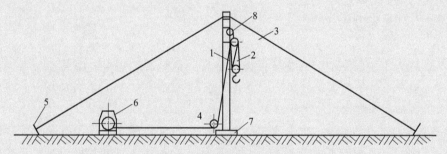

图 3-49　起重杆

1—起重杆；2—起重滑轮组；3—拉索；4—导向滑轮；

5—锚桩；6—卷扬机；7—枕木垫；8—支撑或悬梁

拉索的数目不得少于 3 根，即各拉索在水平投影面上的夹角不得大于 120°；通常是 4～6 根。起重前拉索必须用滑轮组预先加以拉紧，每根拉索的初拉力为 10～20kN。拉索和地面夹角 30° 为宜，不得大于 45°。拉索与输电线保持一定的安全距离。

在起重杆的上端装有起重滑轮组，以备起重之用。滑轮组用一特殊的支承或悬梁连接在起重杆顶端，以免在起重时滑轮组沿起重杆下滑或重物撞击起重杆。起重滑轮组的绳索从上滑轮导出，经过固定在起重杆底部的导向滑轮而引导到卷扬机上。起重杆的基础应平整坚实，不积水。

起重杆可以装成垂直的，需要时也可装成倾斜的，其倾斜角以不超过 10° 为宜（超过 10° 时，应视作斜杆）。

1. 起重杆的分类与选择

根据结构材料的不同，起重杆可分为木起重杆和金属起重杆两大类。

（1）木起重杆　木起重杆是采用圆木杆制成的，其结构如图 3-50 所示。这种起重杆的起重量可达 100kN，起重高度为 10m。木起重杆现在已较少使用。

木起重杆一般可组成人字起重架和三脚起重架，如图 3-51 所示。分别用于起重量在 5kN 和 10kN 以下，起重高度不大于 3m 的情况。木起重杆常用于安装和修理现场作临时性的起重作业。

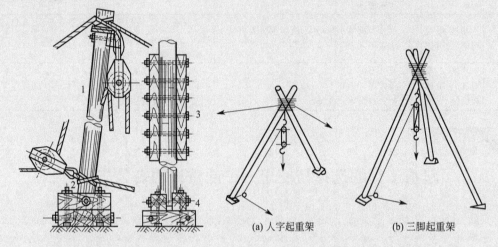

图 3-50　木起重杆
1—起重杆的顶部与拉索和定滑轮的连接；
2—起重杆的底部与导向滑轮的连接；
3—起重杆的接合；4—底座

图 3-51　人字起重架和三脚起重架
(a) 人字起重架　　(b) 三脚起重架

（2）金属起重杆　金属起重杆按其结构可分为金属管式起重杆和金属桁架结构式起重杆两种。前者适用于起重能力在 200kN 以下，起重高度在 30m 以内的场合，超过此限者，采用金属桁架结构式起重杆较为适宜。

① 金属管式起重杆的选择。金属管式起重杆是用无缝钢管或螺旋形有缝钢管制成的，其结构如图 3-52 所示。在起重杆的顶部栓有拉索，并焊有短管支承；在起重杆底部焊有钢板制的底座，或者制成铰链式支承底座，以便起重杆能倾斜一定的角度。金属管式起重杆所用钢管的规格见表 3-11。金属管式起重杆也可组成人字起重架和三脚起重架。

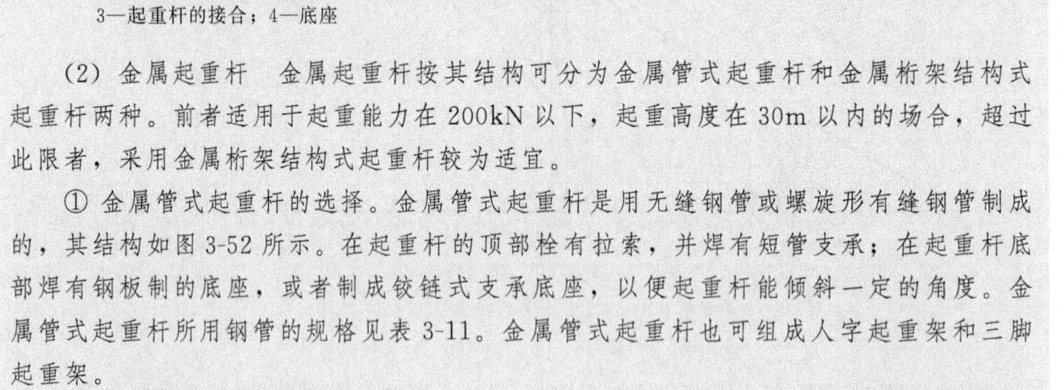

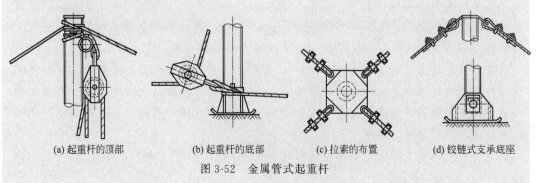

(a) 起重杆的顶部　　(b) 起重杆的底部　　(c) 拉索的布置　　(d) 铰链式支承底座

图 3-52　金属管式起重杆

表 3-11　金属管式起重杆用的钢管规格　　　　　　　　单位：mm

起重能力/kN	起重杆为下列高度时的管子外径和壁厚					
	8m	10m	15m	20m	25m	30m
30	152×6	152×6	245×6	299×9	351×10	426×10
50	152×8	168×10	245×8	299×11	351×11	426×10
100	194×8	194×10	245×10	299×13	351×12	426×12
150	219×8	219×10	273×8	325×9	351×14	426×12
200	245×8	245×10	299×10	325×10	377×10	426×14

②　金属桁架结构式起重杆的选择。金属桁架结构式起重杆是用角钢制成的桁架，其截面呈方形，如图 3-53 所示。为了便于搬运，它可分成几段，各段之间用连接板和螺栓连接。为了悬挂起重滑轮组，在起重杆顶部焊一悬梁（耳环），底部也有一个同样的耳环，用于连接导向滑轮。起重杆的底部坐落在枕木垫上，顶部用拉索张紧。此外，为了使起重杆可以向任何方向转动，底部应做成球面铰链支承；为了便于移动，底部应制成撬板式。

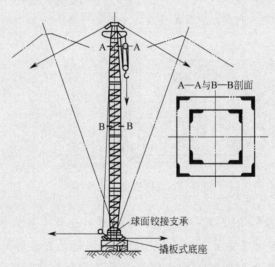

图 3-53　金属桁架结构式起重杆

金属桁架结构式起重杆起重能力可超过 1000kN，起重高度可达 50～60m。在化工厂的安装工地上，当起吊大型设备时常用两个金属桁架结构式起重杆进行整体吊装。

2. 起重杆的安装

起重杆的安装方法有以下三种。

（1）滑移法　如图 3-54 所示。安装前，先将主起重杆放在枕木上，使其重心对应安装地点。然后在主起重杆重心以上约 1～1.5m 处系结一吊索，并将它挂到辅助起重杆的起重吊钩上。最后，开动卷扬机，逐步吊起主起重杆；此时，起重杆的下端沿地面滑动。这种安装方法称滑移法。主起重杆滑移过程中应逐渐放长其上的拉索，并用拉索控制主起重杆摇摆，待主起重杆竖直后，将拉索拴牢在锚桩上，使主起重杆稳固地竖立在安装位置上。这种方法所用的辅助起重杆的高度为主起重杆高度的一半再加上 3～3.5m。

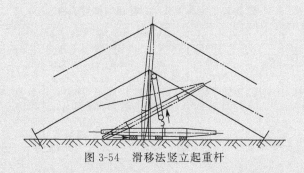

图 3-54　滑移法竖立起重杆

（2）旋转法　如图 3-55 所示。安装前，先将主起重杆放在枕木上，使其下端置于安装地点，并用钢丝绳系结。然后在主起重杆的重心以上适当位置系结一吊索，并将它挂到辅助起重杆的吊钩上。最后开动卷扬机，主起重杆即绕其下端支点旋转而逐渐竖立。这种安装方法称旋转法。在起吊过程中，主起重杆上两侧的拉索必须拉紧并逐渐放长，以防主起重杆左右摆动。当主起重杆升起与地面成 60°～70°角时，停用辅助起重杆的卷扬机，用拉索来竖立主起重杆。这种方法所用的辅助起重杆的高度为主起重杆高度的 1/2～1/3。

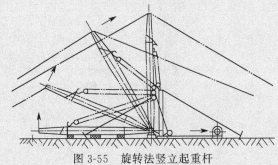

图 3-55　旋转法竖立起重杆

（3）扳倒法　如图 3-56 所示。安装前，主起重杆的放置与旋转法的相同，但辅助起重杆是立在主起重杆的基础上。然后，用钢丝绳将辅助起重杆的上端和主起重杆相连，另外再用滑轮组将辅助起重杆的上端连接于坚固的锚桩上。最后，开动卷扬机，利用滑轮组将辅助起重杆扳倒，与此同时，使主起重杆由水平位置旋转到垂直位置。这种安装方法称扳倒法。在起吊过程中，主起重杆上的拉索必须拉紧并逐渐放长，以防主起重杆左右摆动。当主起重杆转到 60°角时，停用辅助起重杆的卷扬机，用拉索来竖立主起重杆。这种方法所用的辅助起重杆的高度为主起重杆高度的 1/4～1/3。

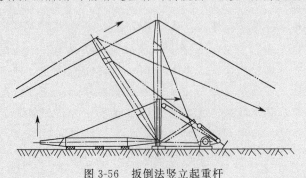

图 3-56　扳倒法竖立起重杆

3. 起重杆的移动

由于起重工作的需要，有时须移动起重杆的位置。移动起重杆可用卷扬机来进行，其方法有两种。

① 利用起重杆本身的卷扬机来移动起重杆。将起重滑轮组上的起重吊钩连接在起重杆的底座上，开动起重卷扬机时，起重杆就向卷扬机方向移动。或用一根绳索绕过起重杆底座上的导向滑轮，使其一端连接于起重杆欲移动方向的一个固定点上，而其另一端则和起重滑轮组上的起重吊钩相连，在开动起重卷扬机时，起重杆便向固定点所在方向移动。

② 用独立的卷扬机来移动起重杆。用这种方法移动起重杆时，只要用绳索将起重杆的底座与卷扬机连接起来，然后开动卷扬机就可移动起重杆。

不论采用哪种方法移动起重杆，均可按图3-57所示的步骤进行。

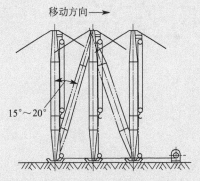

图 3-57 起重杆的移动方法

第一步：放长与移动方向相反侧的拉索，使起重杆向移动方向倾斜，其倾斜角度控制在 15°～20°。

第二步：利用卷扬机移动起重杆下部的底座，使起重杆超过垂直位置后再向反方向倾斜 15°～20°。

第三步：利用收短移动方向侧的拉索，使起重杆处在新的垂直位置。

若要作较长距离的移动，则可按上述步骤重复进行。

项目四

反应器的安装与维修

用于完成化学反应的设备称为反应设备（也称反应器）。反应设备是炼油、化工生产装置中的关键性设备。一般情况下，工业上的化学反应是不可能全部完成的，也不可能只生成一种产物。但是，人们总是希望尽可能抑制副反应发生，努力提高目的产物的收率，充分有效地利用原料，减轻分离设备的负荷，降低生产过程的能量消耗。一个好的反应设备不仅能够满足这些要求，而且操作控制方便、具有较大的生产能力。反应设备内进行的过程不仅具有化学反应的特征，而且具有传递过程的特征。只有综合考虑化学反应动力学、流体的流动、传热和传质等诸多因素，才能做到反应设备的正确选型、合理设计、有效使用和最佳控制。

▌ 子项目一　釜式反应器检修

炼油、化工生产过程中，在反应器中进行的不仅仅是单纯的化学反应过程，同时还存在着流体流动、物料传热、传质等物理传递过程。由于化学反应时原料的种类很多，反应过程也很复杂，对反应产物的要求也各不相同，因此反应器的结构类型多种多样，尺寸大小不一，操作方式和操作条件也各不相同。

 项目实施

本项目选择釜式反应器作为学习内容，通过六步教学法，学习釜式反应器的检修工作

任务和检修工作标准。依托现有釜式反应器完成釜体检查与测量、修理等工作任务。项目实施方案见表 4-1。

表 4-1　釜式反应器检修项目实施方案

步骤	工作内容
信息与导入	读任务书及引导文、釜式反应器图纸,分析工作任务,明确工作目标;熟悉或回顾相关知识和标准规范,搞清缺乏的知识;选择信息来源(教材、其他书籍、相关标准规范、网络资源等),收集与工作任务相关的信息。收集的信息主要围绕工作任务,应包括 SHS 01008《固定床反应器维护检修规程》、SHS 01002《石油化工设备润滑管理制度》、反应器的分类、反应器结构、釜式反应器检修内容及方法等
计划	根据任务书整理和加工收集的信息,熟悉釜式反应器结构和零部件,针对釜式反应器中釜体修理等任务制订工作计划。通过讨论、综合,在工作步骤、工具与辅助材料、时间(规定时间、实际完成时间)、工作安全、工作质量等方面提出小组实施方案,并考虑评价标准
决策	学生的实施方案,教师在学生决策时应给予帮助,必要时(在学生可能出现重大决策错误影响后续工作进行时)进行干涉,给予咨询指导 学生认清各个解决方案的优缺点,完善工作计划,确定最终的实施方案
实施	学生自主实施"反应釜壁厚测定"工作任务,分工进行各项工作,对任务实施情况进行记录,记录时间点,记录实施过程中的问题,根据需要对实施计划做必要调整
检查	自主按照标准对工作成果进行检查,记录自检结果
评估与优化	汇报小组工作和自检结果,说明本组工作的设计思路和特点,满意的地方和不足的地方,对出现的故障和错误进行分析,对过程和结果进行评价,提出优化方案,写出评价报告

 知识链接

知识点一　反应设备基本知识

一、反应设备的工作过程及作用

反应设备一般指反应器,反应器的主要作用是提供化学反应的场所,并维持一定的反应条件,使化学反应过程按预定的方向进行,得到合格的反应产物。一个设计合理、性能良好的反应器,应能满足如下几方面的要求。

①　满足化学动力学和传递过程的要求,即反应速率快、选择性好、转化率高、目的产品多、副产物少。

②　能及时有效地输入或输出热量,维持系统的热量平衡,使反应过程在适宜的温度下进行。

③　有足够的机械强度和抗腐蚀能力,满足反应过程对压力的要求,保证设备经久耐用,生产安全可靠。

④　制造容易,安装、检修方便,操作调节灵活,生产周期长。

二、反应设备的类型

在炼油、化工生产中,化学反应的种类很多,操作条件差异很大,物料的聚集状态也各不相同,因此反应器的种类也是多种多样。

1. 根据物料的聚集状态分类

根据物料的聚集状态可把反应器分为均相和非均相两种。前者又可分为气相反应器和

液相反应器，反应物料均匀地混合或溶解成为单一的气相或液相。非均相反应器又可分为气-液、气-固、液-液、液-固以及气-液-固相反应器等五种，化工生产中应用较多的是气-固和气-液两种，如乙烯直接氧化制环氧乙烷采用气-固相反应器，苯烷基化制乙苯采用气-液相反应器。

2. 根据反应器结构形式分类

根据反应器结构形式的特征，可以分为釜式、管式、塔式、固定床和流化床反应器等。釜式、管式反应器大多用于均相反应过程，塔式、固定床和流化床反应器大多用于非均相反应过程。

3. 根据操作方法分类

按操作方法反应设备可分为间歇式（或称为分批式）、半间歇式（或称为半连续式）和连续式三种。

间歇式操作是一次加入反应物料，在一定的反应条件下，经过一定的反应时间，当达到所要求的转化率时，取出全部产物的生产过程。

半间歇操作是指一些物料分批加入，而另一些物料连续加入的生产过程，或者是一次加入物料用蒸馏的方法连续移走部分产品的生产过程。半间歇操作是一个不稳定的过程。

连续操作是连续加入反应物和取出产物，反应器内温度和浓度均不随时间变化而变化，是一个稳定的过程。连续操作设备利用率高，产品质量稳定，易于自动控制，适用于大规模生产。炼油、化工生产中大多采用连续操作。

4. 根据温度条件和传热方式分类

根据温度条件反应器可分为等温和非等温两种，根据传热方式反应器又可分为绝热式、外热式和自热式三种。由于化学反应对温度变化有相当大的敏感性，所以传热方式和温度控制是反应器设计和操作中的重要问题。

反应设备的类型很多，其构造和适用条件也各不相同。一个反应过程在工业生产中究竟采用哪种类型的反应器，并无严格的规定，应以满足工艺要求为主，综合考虑各种因素，以减少能量消耗、增加经济效益为原则确定。

知识点二 釜式反应器结构

釜式反应器又称槽形反应器，是各类反应器中结构较为简单且应用较广的一种，主要应用于液-液均相反应过程，在气-液、液-液非均相反应过程中也有应用。在化工生产中，釜式反应器既适用于间歇操作过程，又可单釜或多釜串联用于连续操作过程，但在间歇生产过程应用最多。釜式反应器具有适用的温度和压力范围宽、适应性强、操作弹性大、连续操作时温度和浓度容易控制、产品质量均一等特点。但工艺要求较高转化率时，需要较大容积。通常在操作条件比较缓和的情况下操作，如常压、温度较低且低于物料沸点时，应用此类反应器最为普遍。

釜式反应器的基本结构见图4-1，主要包括反应器壳体、搅拌器、密封装置和换热装置等。釜式反应器壳体及搅拌器所用材料一般为碳钢，根据特殊需要，可在与反应物料接触部分衬不锈钢、铅、橡胶、玻璃钢或搪瓷，个别情况也可衬贵重金属（如银等）。根据反应要求，壳体也可直接用铜、不锈钢制造。

一、壳体

釜式反应器壳体部分的结构包括筒体、底、盖（也称封头）、手孔或人孔、视镜及各种工艺接管口等。

釜式反应器的筒体为圆筒形。底、盖常用的形状有平面、碟形、椭圆形和球形封头，釜底也有锥形的。平面封头结构简单，容易制造，一般多用在釜体直径小、常压或压力不大的情况；碟形和椭圆形封头应用较多；球形封头多用于高压反应器；当反应后的物料需用分层法使其分离时可用锥形底。

手孔或人孔是为了检查设备内部空间以及安装和拆卸设备内部构件而设置的。它的结构一般是在封头上接一短管，并盖以盲板。当釜体直径较大时，可以根据需要开设人孔，人孔的形状有圆形和椭圆形两种。

釜式反应器的视镜主要是为了观察设备内部的物料反应情况，以有比较宽阔的视察范围为其结构确定原则。

工艺接管口是反应釜进、出物料的通道和温度、压力的测定装置入口。进料管或加料管应做成不使料液的液沫溅到釜壁上的形状，以避免由于料液沿反应釜内壁向下流动而引起釜壁局部腐蚀。

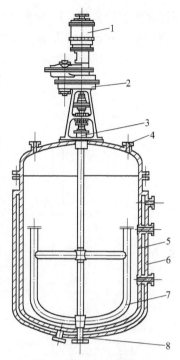

图 4-1　釜式反应器结构示意图
1—电动机；2—变速器；3—密封装置；
4—加料管口；5—壳体；6—夹套；
7—搅拌器；8—出料管口

釜式反应器的所有人孔或手孔、视镜和工艺接管口，除出料管口外，一般都开在顶盖上。

壳体材料根据工艺要求来确定，最常见的是铸铁和钢板。有的采用合金钢或复合钢板。当处理有腐蚀性介质时，则需用耐腐蚀材料制造反应釜，或者将反应釜内表面搪瓷，衬瓷板或橡胶。目前国内反应釜主要使用材料有 20CrMo、30CrMoA、45$^{\#}$ 钢、ZG25、16MnR 板、15 MnVR 板、14MnMoVB 等。

二、搅拌器

搅拌器是釜式反应器的重要部件，其作用是加强物料的均匀混合，强化釜内的传热和传质过程。常用的搅拌器有桨式、框式、锚式、旋桨式、涡轮式和螺带式等，如图 4-2 所示。

桨式搅拌器由钢条制成，一端为平轭形，是搅拌器中结构最简单的一种。框式搅拌器在水平桨之外增设垂直桨叶，形成一个框，可较好地搅拌液体。锚式搅拌器形状如锚，转动时几乎触及釜体的内壁，可及时刮除壁面沉积物，有利于传热。旋桨式搅拌器系用 2～3 片推进式桨叶装于转轴上而成。涡轮式搅拌器由一个或数个装置在直轴上的涡轮所构成。

以上几种搅拌器在炼油、化工和高聚物生产过程中应用较广，此外还有螺带式、电磁式、超声波式等。在工业上可根据物料的性质、要求的物料混合程度以及考虑能耗等因素选择适宜的搅拌器。在一般情况下，对低黏性均相液体混合物，可选用任何形式的搅拌器；对非均相液体分散混合物，选用旋桨式、涡轮式搅拌器较好；在有固体悬浮物存在，固液密度差较大时，选用涡轮式搅拌器，固液密度差较小时，选用桨式搅拌器；对于物料黏稠性很大的液体混合物，可选用锚式搅拌器。对需要有更大搅拌强度或需使被搅拌液体作上、下翻腾运动的情况，可根据需要在反应器内再装设横向或竖向挡板及导向筒等。

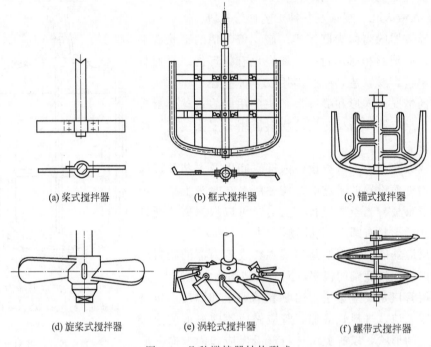

(a) 桨式搅拌器　　(b) 框式搅拌器　　(c) 锚式搅拌器

(d) 旋桨式搅拌器　　(e) 涡轮式搅拌器　　(f) 螺带式搅拌器

图 4-2　几种搅拌器结构形式

三、密封装置

静止的反应釜封头和转动的搅拌轴之间设有搅拌轴密封装置，以防止釜内物料泄漏。轴封装置主要有填料密封和机械密封两种。其结构与离心泵的密封结构类似。填料箱密封结构简单，填料装卸方便，但使用寿命较短，难免微量泄漏；机械密封结构较复杂，但密封效果较好。

四、换热装置

换热装置是用来加热或冷却反应物料，使之符合工艺要求的温度条件的设备。其结构形式主要有夹套式、蛇管式、列管式、外部循环式等，也可用直接火焰或电感加热，如图4-3 所示。

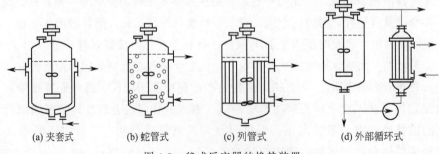

(a) 夹套式　　(b) 蛇管式　　(c) 列管式　　(d) 外部循环式

图 4-3　釜式反应器的换热装置

各种换热装置的选择主要取决于传热表面是否易被污染而需要清洗、所需传热面积的大小、传热介质的泄漏可能造成的后果以及传热介质的温度和压力等因素。一般在需要较大传热面积时常采用蛇管式或列管式换热装置；反应在沸腾下进行时，采用釜外回流冷凝器移走热量；在传热面积不大、传热介质压力又较低的情况下，常采用简单的夹套式换热器。

知识点三 反应釜检修质量标准

一、传动装置

反应釜用的搅拌器都有一定的转速要求，常用电动机通过减速器带动搅拌器转动。减速器为立式安装，要求润滑良好，无振动，无泄漏，长期稳定运转。因此，日常的维护是很重要的，其质量标准可参照 SHS 01028《变速机维护检修规程》规定执行。

二、密封装置

密封装置主要为填料密封装置和机械密封装置。

（1）填料密封

① 填料压盖与填料箱的配合为 G7/a11。

② 填料压盖孔与搅拌轴的间隙为 0.75～1.0mm（轴径 50～110mm）。

③ 填料压盖的端面与填料箱端面间距应相等，间距允许偏差为±0.3mm。

④ 填料应充填均匀，盘根填料应等轴径绕制，开口准确，每层交叉放置，防止同一方位上重叠。

（2）机械密封

① 机械密封端面比压要适当，不可任意改变弹簧的规格。

② 静环端面对轴线垂直度允差小于 0.05mm（转速在 200r/min 以下）。

③ 设备水压试验时，密封处的泄漏量不超过 10mL/h 为合格。

④ 设备进行气密性试验时，在转动状态下，机械密封的油槽应不产生连续小气泡为合格。

三、搅拌装置

（1）在密封处轴的径向摆动量，机械密封不大于 0.5mm，填料密封见表 4-2。

表 4-2 填料密封处轴的径向摆动量

工作压力/MPa	500r/min 以下径向摆动量/mm	工作压力/MPa	500r/min 以下径向摆动量/mm
<2.5	0.9	8.0～16	0.6
2.5～8.0	0.75		

（2）轴的直线度偏差应不大于 0.1mm/1000mm。

（3）搅拌扭转角建议控制在(0.25°～0.5°)/m。

（4）搅拌轴与桨叶垂直，其允许偏差为桨叶总长度的 4/1000，且不超过 5mm。

（5）转速高于 200r/min 的涡轮式、推进式搅拌器作静平衡后方可使用。

（6）涡轮式、推进式搅拌器的叶轮与搅拌轴的配合应采用 H7/js6。

（7）轴套与轴径配合间隙应符合表 4-3 的要求。

表 4-3　轴套与轴径配合间隙

轴径/mm	配合间隙/mm	轴径/mm	配合间隙/mm
50～70	0.6～0.7	90～110	1.0～1.1
70～90	0.8～0.9		

四、釜体

（1）钢制容器的制造，修补、焊接的技术要求按 GB 150—2011《固定式压力容器》及 SHS 01004—2004《压力容器维护检修规程》有关规定执行。

（2）关于修补焊缝探伤长度按 SHS 01004-2004《压力容器维护检修规程》规定。

（3）设备母材对焊条的要求应按表 4-4 的规定选用。

（4）不锈钢衬里焊缝应无气孔、疏松、缺焊、裂纹等缺陷，焊缝咬边深度不得大于 0.5mm，咬边连续长度不得大于 100mm。

（5）衬里应与本体紧密贴合；衬里与釜体的间隙要均匀为 2～4mm。

（6）釜体安装的不水平度不大于 0.25mm/m；安装标高误差 5mm。

（7）釜体检修后要进行水压试验，试验压力按 GB 150—2011《固定式压力容器》确定。

表 4-4　设备母材对焊条的要求

钢号	手工焊条牌号		自动焊	
	统一牌号	国标	焊丝牌号	焊剂牌号
Q235	J422	E4303	H08MnA	焊剂 431
Q245	J427	E4315	H08MnA	焊剂 431
Q345	J507	E5015	H10MnSi H10MnZ	焊剂 431
1Cr18Ni9Ti	A132	E347-16		

知识点四　反应釜体的修理

一、反应釜报废

反应釜使用过程中根据《固定式压力容器安全技术监察规程》进行检验。若到一定年限，出现下列情况之一者应予以报废：

① 设备壁厚均匀腐蚀超过设计规定的最小值。

② 设备壁厚因局部腐蚀小于设计规定的最小值且腐蚀面积大于总面积的 20%。

③ 水压试验时，设备有明显变形或残余变形超过规定值。

④ 因碱脆或晶间腐蚀严重，设备本体或焊缝产生裂纹，不能修复的。

⑤ 设备超标缺陷（如严重的结构缺陷危及安全运行时；焊缝不合格；严重未焊透、裂纹等）而无法修补时。

二、检修前的准备

凡进入装有易燃、易爆、有毒、有窒息性物质的釜内检修时，首先应该做到以下几点。

① 切断外接电源，挂上"禁动"警告牌。

② 排除釜内的压力。

③ 在进料、进气管道上安装盲板。

④ 清洗置换，经气体分析合格后并设有专人监护，方可进入釜内。

三、铸铁釜体的缺陷修复

釜体材料为铸铁时，其常见缺陷有砂眼、裂纹、点腐蚀或局部腐蚀等。由于铸铁塑性小，可焊性差，旧铸铁件的组织内部容易吸收油质或有机溶剂，所以焊接时很容易产生气孔。因此，在补焊时要采用合理的焊接工艺和必要的措施才能保证补焊的质量，釜体较大，加热困难，常用的补焊方法为电弧冷焊修复。

1. 准备工作

详细了解被焊釜体损坏情况、损坏原因、铸铁组织状态、刚性大小、使用要求等，以便决定修复方案，采取必要的工艺措施。一般步骤如下。

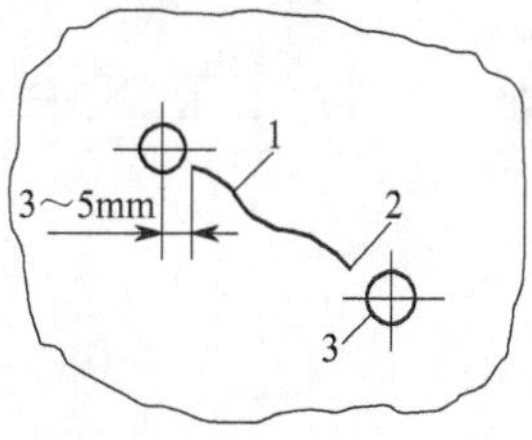

① 清洗设备，特别是缺陷部位要清洗干净，以便进一步检查。

② 查找裂缝的端点位置，方法有以下几种：

图 4-4　止裂孔位置
1—裂纹；2—裂纹终点；3—止裂孔

a. 裂纹是不规则的细线条，可用肉眼或放大镜直接观察。

b. 将裂纹处用清洁煤油浸湿，煤油渗透到裂缝中。然后用氧-乙炔火焰很快地将裂纹表面上的油质烧掉。在裂纹部位用白粉笔涂上一层白粉并留有一道印迹，便可以找到裂纹端点的位置。

c. 在裂纹处用手砂轮打磨光，此时有很细的金属粉末被磨削下来，并汇集在裂纹上，是一条肉眼可见的黑线，由此便可找到裂纹。

2. 在裂纹的终点钻止裂孔

离裂纹端点外 3～5mm 处各钻一个止裂孔，如图 4-4 所示。止裂孔为通孔，可防止裂纹延长。止裂孔的孔径尺寸见表 4-5。

表 4-5　止裂孔孔径尺寸

壁厚尺寸/mm	止裂孔直径/mm	壁厚尺寸/mm	止裂孔直径/mm
4～8	3～4	15～25	6～8
8～15	4～6	＞25	8～10

3. 坡口的制备

开坡口时把裂纹基本上除尽，以不影响断开的釜体合拢，并保证定位精确为原则，要求坡口尺寸应尽量小，操作要方便，焊接强度要高，裂纹一定要在坡口中间。具体方法如下。

① 受冲击负荷大的厚壁铸铁件，应先热压扣合，使裂纹强迫合拢一些后，再开坡口。

② 当只允许在一面焊接时，则采用开单面坡口为宜，焊接时为了防止铁水流下，可垫上紫铜板或石墨板。

③ 厚壁釜体并在两面焊接时，要先开一侧坡口，焊好后，再开另一侧坡口焊接。

④ 薄壁铸铁件，壁厚（δ）为 3～4mm 的，可不开坡口，只需把裂纹部位的表面磨光或铲光即可。壁厚为 5～8mm 的，可开成角度稍大的坡口，应留有适当的钝边。如果采用双面焊，其效果更好。

单、双面坡口的常见形式如图 4-5 所示。其尺寸见表 4-6。

开坡口方法：对小型纹，一般用铲、剔的方法；对于裂纹长、深度大的可用电弧开坡口，这种方法适用于结构简单、厚壁铸铁零件；有些变质或铸铁的金相组织形成粗大石墨片的铸铁件，在采用电弧开坡口时，工件应立放，从上而下开坡口，铁水容易流出。

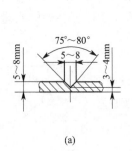 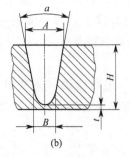 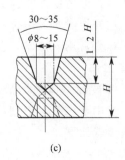

图 4-5　单、双面坡口形式

表 4-6　单、双面坡口尺寸

δ/mm	B/mm	A/mm	α/mm
15～40	10	15～20	16～18
40～80	15	30～50	28～30

4. 工件火烤除油

铸铁组织比较疏松，在油中（或接触油类）的工件，焊接之前必须用火烤，以便将内部油质去掉。

5. 工件预热

在温度较低的条件下，焊接前应将铸件放在室内，防止焊接时产生裂纹。焊前将工件放在电炉中缓慢、均匀地预热至 50～60℃。如果条件不具备，也可采用氧-乙炔火焰的虚火在焊接部位进行大面积烘烤，达到低温预热目的。

6. 焊条的选择

铸铁电弧冷焊焊条种类很多，除统一牌号的铸铁焊条外，还有自制铸铁焊条和结构钢焊条。采用哪种焊条都要根据釜体材质的化学成分、物理性能和加工要求，以及介质的腐蚀情况而定。

7. 铸铁冷焊修补工艺

铸铁冷焊的最大困难是焊缝热影响区和焊缝本身产生裂纹。热应力裂纹和热裂纹是两种性质不同的裂纹，都由应力引起。消除焊接应力是铸铁电弧冷焊工艺必须满足的。为了减少应力，防止裂纹，经多年的实践，总结了冷焊铸铁的工艺：短焊、断续、分散、逆向、较小电流与分段锤击等。具体顺序如下。

① 焊接场所应无冷风，比较暖和。

② 在能焊透的前提下，尽量选用小电流，以减少母材的熔化量。

③ 对于裂纹较长的工件，应进行点焊定位。采用对称、分散的顺序，而且一次不能焊得过多，点焊时焊接顺序如图 4-6 所示。

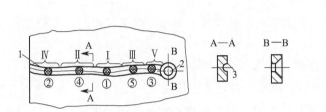

图 4-6　点焊顺序
1—点焊处；2—止裂孔；3—坡口

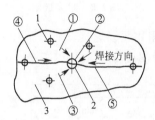

图 4-7　多裂纹集中的铸铁件焊法
1—止裂口；2—裂纹中心；3—工件

④ 对于多裂纹集中在一处的铸铁件，焊法如图 4-7 所示。先分别对称地焊支裂纹②、③、⑤、④、①，并由止裂孔处焊向裂纹中心部位。待支裂纹全部焊好后（包括止裂孔在内），再以短焊道和熄弧后立即锤击的方法来补焊主裂纹部分。

⑤ 焊接电流的控制。在开始时，因工件温度较低，为了使裂纹或坡口钝边焊透，控制电流可适当大些。在焊到坡口中间部位时，因工件温度有所升高，操作条件比较好，为了防止工件局部过热，电流可适当调小。当坡口快焊平时，应将电流调至最小，并以回火焊道进行焊接。

⑥ 运条方法。为了使焊缝有良好的塑性，焊第一层时，不宜采用横向摆动运条的方式，因这样会使电弧停留时间长且母材熔化量增大，造成焊缝塑性下降。所以第一层宜用线状焊，并且采用不停弧回火焊道，在焊第二层以上焊道时，不与母材直接接触，这时可采用划圈运条的方式，并适当摆动运条，但焊速不能过慢以免造成局部过热引起热应力裂纹。

⑦ 焊缝的锤击及再次引弧之前对焊缝的处理。每次熄弧后，要对焊缝进行有效锤击，以松弛焊接收缩应力，防止产生热应力裂纹。锤击的时间是每次熄弧后 4~5s 内，为达到良好的效果，每次锤击时，感到焊缝金属有变形。锤击时应先锤焊缝的边缘、凸出部分及先焊的部分，焊得较多的地方应该适当多锤。把焊缝清理干净。若没有缺陷、焊缝不灼手（厚壁铸铁件为 60~80℃，对薄壁铸铁件为 30~40℃）才能再次引弧继续焊接。

8. 修复实例

有一反应釜的封头，壁厚为 25mm，裂纹总长度为 60mm。裂纹深度为部分穿透，裂纹的位置在封头短节根部，如图 4-8 所示。修补步骤如下。

① 在修补前把设备清洗干净,达到施工的要求。

② 找裂纹端点,钻止裂孔,其直径为 $\phi6$mm。

③ 开 V 形坡口,角度为 70°,如图 4-9 所示,焊接时先焊底部再逐渐向上。焊条选用铸 100(铸化型钢芯铸铁焊条),焊条直径为 $\phi3.2$mm。

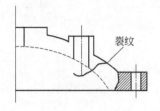

图 4-8 封头修复

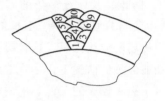

图 4-9 V 形坡口

④ 采用短段焊接,如图 4-10 所示。断续焊接,每段长 15mm,焊第二段时,要待第一段焊道温度降至 60℃以下。

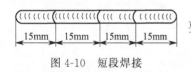

图 4-10 短段焊接

⑤ 控制电流为 80A,采用直流反接法,每段焊完之后要马上锤击,消除应力,防止热裂纹产生。

⑥ 焊完后冷却,进行检查,合格后再加工。

四、钢制(或不锈钢衬里)釜体的缺陷修补

钢制(或不锈钢衬里)反应釜与腐蚀性介质长期接触,产生均匀腐蚀、点腐蚀、应力腐蚀及碱脆时,除了对整体设备定期更换外,对局部缺陷可通过宏观检查、无损探伤,确定缺陷的性质,采取必要措施加以修补。

1. 非穿透的点腐蚀

非穿透的、不深的(深度不超过壁厚的 0.4%)裂缝,在焊补前作单面清理铲边,把边铲成 50°~60°的角。较长的焊缝应该用逐步退焊、分段补焊的方法。补焊时容易产生刚性,要采取降低焊接热效应的措施。

壳体的局部腐蚀,采用电弧堆焊法修补,如图 4-11 所示。腐蚀面积较大时,用贴补法,一般在被腐蚀部位补焊一块与母材材质相同的板材保护起来,如图 4-12 所示。

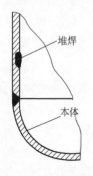

图 4-11 电弧堆焊

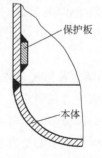

图 4-12 板材保护

2. 穿透的窄裂缝(或小孔)

穿透的窄裂缝也可用焊补的方法。修整裂缝,应保证焊缝的几何形状符合截面的厚

度。壳体厚度 $\delta<12\sim15$mm 时开 V 形焊缝，厚度 $\delta>12\sim15$mm 时开 X 形焊缝。用优质电焊条进行外补焊，焊条的成分要与本体金属的成分和金相结构相同。

裂缝长度小于 100mm 时，一般一次焊完；裂缝较长时，用逐段退焊法，从裂纹两端向中间焊，不要划圆弧，并采用多层焊接。

反应釜除封头圆滑过渡的部位外，设备其他部分都允许焊补裂缝。

3. 穿透的宽裂缝

采用挖补法，用气焊把带有缺陷的金属部分切下来，在切口处补焊一块与母材相同的钢板。从壳体切下的材料长度，应比裂缝（或腐蚀部位）长度长 50～100mm，其宽度应不小于 250mm，以避免在焊接补片的两条平行焊缝时彼此有热影响区。补片的装配焊接方案如图 4-13 所示。焊上的补片与本体表面平齐，无搭接部分，并且预先将补片压弯，其曲率半径与被修理壳体表面的弯曲半径一样，一块补片的面积不应超过被修理设备表面积的 1/3。

受压设备的修补，应符合压力容器安全监察规程。

4. 不锈钢衬里的修补

带衬里的反应釜容易产生鼓包，其主要原因是衬里泄漏时，气体介质进入夹层间，压力平衡时不会鼓包；当釜内压力迅速放掉，而夹层压力瞬间放不出去，使衬里受外压，当超过允许值时将发生鼓包。另外，也有因热应力引起的鼓包，但数量很少。衬里的修补，主要有以下的方法。

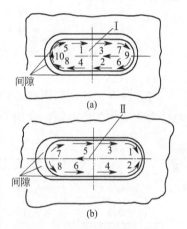

图 4-13　补片的装配焊接方案

I—所有焊接方向向两端；
II—所有焊接方向向一端

（1）压力修补法　利用容器的内部压力，使已变形的衬里复原。对大面积变形且衬里的鼓起高度 a 与变形面积的平均直径 d 的比值不大于 0.15（即 $a/d\leqslant0.15$）的壳体较为适用，修复方法如下。

①　先找出泄漏处，并按要求将泄漏处修好。

②　在壳体上钻 $\phi8\sim12$mm 的小孔，使夹套气体能畅通无阻的排入大气中。

③　充水升压（一般不用充气升压），但要均匀缓慢地进行，起压时间从升压开始到结束，不能少于半小时，充水升压时最高压力不应超过壳体屈服点的 90%。

④　对没有完全复原的部位，须用锤子轻击进一步修复。

（2）机械修补法　对于变形面积不大的壳体（或衬里）可用机械顶压的方法修复，所用的顶压工具如图 4-14 所示。

顶压工具根据设备形状而自制，一般由压模（压头）、丝杠、螺纹、连杆等部件组成。有的可用千斤顶来矫正凹陷和凸出。

检查凹陷和凸出处是否有裂缝，如果检查结果良好，那么在热状态下矫正即可。在施工现场，用煤气喷嘴加热较方便，根据缺陷的深度，矫正分一次或几次完成。在任何情况下，当温度降低到 600℃时，矫正应停止，避免产生脆裂。

在矫正的凸出的面积上，敷焊一层碳素钢（或同母材一样的材质）是有益的。经验表明，这样敷焊过的地方不会再变形。

5. 奥氏体不锈钢衬里缺陷的焊补

在化工生产中，不锈钢衬里设备经常出现大深度的局部腐蚀、点腐蚀（或裂纹）等缺陷，一般用电弧补焊的方法修复。

① 首先要确定缺陷的性质和部位，对于裂纹、点腐蚀这样的缺陷要用砂轮（最好是高速薄片手砂轮）沿缺陷处打好坡口，坡口的深度以能焊透为准。对局部大深度腐蚀可用挖补法，将腐蚀部位用风铲或电弧切割挖掉，补上同材质、同形状的钢板。

② 焊补工艺如下：

a. 用直流反接法，在能焊透的前提下，尽量选用较小电流（比碳钢焊接电流小15％），以利于减小母材的熔化量。

b. 为了防止工件局部过热引起的裂纹扩张及工件变形，应采用短焊、快速焊、窄焊道、多道焊等方法。

c. 焊接时不要作横向摆动，层间温度不宜大于60℃，以免造成局部过热引起热应力裂纹。

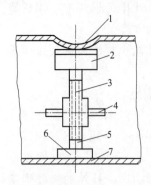

图 4-14　顶压工具

1—凸出部分；2—压模；
3—丝杠；4—螺纹；5—连杆；
6—压头；7—壳体

d. 在每一次熄弧后，对焊缝进行有效锤击，以松弛焊接收缩应力，防止产生热应力裂纹。

与腐蚀介质接触的焊缝最后焊接，可有效地防止晶间腐蚀。焊条的选择主要根据衬里的材质和工作条件而定，常用的不锈钢焊条见表 4-7。

表 4-7　常用不锈钢焊条牌号

钢材牌号	工作条件	选用焊条
1Cr18Ni9Ti	要求优良的耐腐蚀性能	A132
Cr18MoTi	要求良好的抗晶间腐蚀的性能	A212
00Cr18Ni9	耐腐蚀性能要求极高	A002
0Cr18Ni9Ti	工作温度低于 300℃，对抗裂抗腐蚀性能要求较高	A122

③ 技术要求如下：

a. 用手工电弧切割的钢板边缘要用砂轮磨掉 1~15mm。

b. 切割和焊接时，要防止飞溅物黏在焊缝两侧的母材上，或对母材造成弧疤。

c. 板厚大于或等于 3mm 时应开坡口，以保证焊透。

d. 设备修复后，按相关规程验收。

▶ 子项目二　釜式反应器密封装置的检修

釜式反应器的密封除了各种接管的静密封外，还要考虑搅拌轴与封头之间的动密封。由于搅拌轴是转动的，而反应釜的封头是静止的，在搅拌轴伸出封头处必须进行密封，以阻止釜内介质向外泄漏，或阻止空气进入反应釜内，这种运动件和静止件之间的密封称为动密封。在反应釜中这种密封经常被简称为轴封。轴封是釜式反应器的重要组成部分。轴封的形式很多，最常用的是填料密封、机械密封。

本项目的重点是对机械密封的检修。项目的实施见表4-8。

表4-8 釜式反应器密封装置检修项目实施方案

步骤	工作内容
信息与导入	读任务书及引导文,分析工作任务,明确工作目标;熟悉或回顾相关知识和标准规范,搞清缺乏的知识;选择信息来源(教材、其他书籍、相关标准规范、网络资源等),收集与工作任务相关的信息。收集资料包括 SHS 01002—2004《石油化工设备润滑管理制度》、密封知识
计划	根据任务书整理和加工收集的信息,熟悉釜式反应器中密封的结构及零部件,针对机械密封修理等任务制定工作计划。通过讨论、综合,在工作步骤、工具与辅助材料、时间(规定时间、实际完成时间)、工作安全、工作质量等方面提出小组实施方案,并考虑评价标准
决策	学生的实施方案,教师应在学生决策时给予帮助,必要时(在学生可能出现重大决策错误影响后续工作进行时)进行干涉,给予咨询指导 学生认清各个解决方案的优缺点,完善工作计划,确定最终的实施方案
实施	学生自主实施"机械密封修理"工作任务,分工进行各项工作,对任务实施情况进行记录,记录时间点,记录实施过程中的问题,根据需要对实施计划做必要调整
检查	自主按照标准对工作成果进行检查,记录自检结果
评估与优化	汇报小组工作和自检结果,说明本组工作的设计思路和特点、满意的地方和不足的地方,对出现的故障和错误进行分析,对过程和结果进行评价,提出优化方案,写出评价报告

知识点一 填料密封

一、基本要求

填料密封的基本要求如下。

① 填料箱体与填料压盖上钻孔中心的允许偏差为±0.6mm,孔的中心位置对其法兰盘中心线的不对称偏差不大于±0.6mm。

② 填料压盖孔与轴的间隙为 0.75~1.0mm。

③ 填料压盖端面与填料箱端面间距应相等,间距允许偏差为±0.3mm。

二、检修要点

填料密封的检修要点如下。

① 在安装填料时,应先将填料制成填料环。接头处应互为搭接,其开口坡度为45°,搭接后的直径应与轴径相同。每层错角按0°、180°、90°和270°交叉放置,防止接头在同一方位上重叠。

② 压紧压盖时,按对角线拧紧螺栓,用力要均匀,压盖与填料箱端面应平行,且四个方位的间距相等。

③ 填料箱体的冷却系统要畅通无阻,保证冷却效果,如发现有污垢,要及时处理,避免影响冷却效果。

知识点二　机械密封

安装机械密封时应注意以下内容。

一、设备精密度的检查

（1）轴与密封腔的垂直度　用夹具（如卡子）把百分表固定于轴上，转轴使百分表针头对准密封腔端面旋转一周，百分表最大值与最小值之差即为垂直度。垂直度允差与轴的转速、轴向密封圈形式有关。O形橡胶圈的允差较大，聚四氟乙烯V形圈的允差值要小些。釜用机械密封静环端面对轴线垂直度偏差应小于0.05mm（转速在200r/min以下）。其检查方法如图4-15所示。

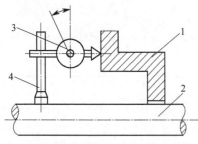

图4-15　检查轴与密封腔的垂直度示意
1—填料箱体；2—轴；3—百分表；4—夹具

（2）轴与密封腔的同轴度　把百分表固定在轴上，对密封腔内侧回转一圈得到百分表最大值与最小值之差，即为同轴度偏差。

一般规定反应釜同轴度偏差不大于0.5mm，要求动环及静环在同一圆心上。使窄密封与密封面全部接触。同轴度测定方法如图4-16所示。

（3）轴的径向跳动　反应釜搅拌轴的径向跳动大，将影响机械密封性能，促使泄漏量增加。过大的跳动，甚至使摩擦副环碎裂，轴的表面会出现沟槽，因此轴不允许有过大的跳动。轴径向跳动的测定方法如图4-17所示。按反应釜用机械密封标准规定，双端面机械密封径向跳动偏差不大于0.5mm，单端面机械密封径向跳动偏差不大于1mm。

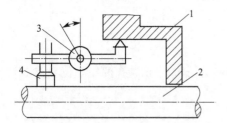

图4-16　检查轴与密封腔的同轴度示意
1—填料箱体；2—轴；3—百分表；4—夹具

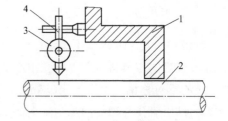

图4-17　检查轴的径向跳动示意
1—填料箱体；2—轴；3—百分表；4—夹具

（4）轴窜动量　反应釜用机械密封，大多数使用的是小弹簧，为了使机械密封的弹簧受力稳定，一般要求轴的轴向窜动量不大于1mm。

（5）轴的表面粗糙度　为了保证密封圈与轴的密封作用，在安装机械密封处，要求轴的表面粗糙度不得大于3.2μm。

二、安装前的准备工作

机械密封安装前的准备工作如下。

① 检查机械密封的型号、公称直径、弹簧压力，动、静环摩擦副的材质及端面表面

粗糙度等。

② 用干净的洗油对机械密封零件（除橡胶密封圈外）进行冲洗，然后擦干，在擦干时注意保护好密封面，不能擦伤、刻痕、碰撞等。

③ 压缩量的确定。在安装机械密封时，查明弹簧的工作长度，用卡尺量得弹簧的自由高度后。就可知弹簧的压缩量，在安装时应保证弹簧的压缩量在偏差的规定值内。首先应找到安装的基准线。基准线的确定，可在密封腔端面上对准轴划线，此线即为基准线。

三、釜用机械密封安装要点

机械密封属于精密零件，安装时勿敲、碰，要认真仔细检查各部尺寸，确认选择的机械密封是正确的，即可安装。

1. 拆卸

① 将机械密封固定螺栓松开，各部零件全部上移，并固定住，防止下落。

② 用夹具卡住竖轴，然后将机械密封零件放在夹具上。必要时用软布垫隔开动、静环，防止碰坏。

③ 松开联轴器，移开电动机、减速器及支架。将机械密封按顺序从轴上取下来。

2. 安装

① 将机械密封零件按顺序套在轴上，拧紧联轴器，安装好减速器、电动机及支架，然后去掉夹具。

② 在轴（或轴套）上涂润滑油，依次装入机械密封零件，防止损伤动、静环及密封圈。

③ 将静环装入静环压盖后，压紧静环压盖时受力要均匀。对于单端面机械密封，要保证转轴与静环端面的垂直度偏差不大于 0.05mm。

④ 为保证密封端面润滑，安装时应先在静环端面涂上一层清洁机油，润滑箱内润滑液面要高出密封端面 10～15mm。一般情况可选干净机油为润滑液。

⑤ 紧固螺钉时要均匀拧紧，尤其是轴套硬化处理后，不要偏斜。

⑥ 轴与端面的垂直度，一般通过调节减速器支架螺钉、釜口法兰螺钉及静环压盖等来达到要求。

⑦ 通过压紧螺母调节弹簧压缩量，视现场介质压力、设备精度等情况，适当控制端面比压。

⑧ 检查辅助装置是否正常，端面应充满介质，以免干摩擦，用手盘车无异常现象，应进行下列工作方可使用。

气密性试验：其压力按试压要求不产生连续小气泡为合格（相当小于 10mL/h）。

运转试验：试验条件尽可能与生产条件一致，并检查各密封点的密封情况，适当进行调整，密封装置经试运转合格后，须经 4h 以上跑合运转方可交付使用。

四、机械密封安装后的检查

（1）动环　由于釜口法兰端面有微量的不垂直及设备运转时产生的振动因素，所以要求动环有良好的浮动性，且动环与轴径有一定的间隙，以保证密封正常工作。

（2）弹簧座　弹簧座与轴的配合，在选用机械密封时采用动配合（F8/h8），间隙很小。如果存在较大间隙时，当拧紧固定螺钉后，其固定环容易产生偏心，造成密封面上的压力不均匀，使密封面出现泄漏现象。

（3）密封圈 在安装时，试加密封圈感到有受力时，才可加入。

子项目三 反应釜日常维护

反应釜日常维护项目可依托校内化工单元操作装置中的间隙反应实训装置进行，在装置运行时对相应的项目进行检查。另外，也可在企业实习中完成此项目。项目实施方案见表4-9。

表4-9 反应釜日常维护项目实施方案

步骤	工作内容
信息与导入	读任务书，分析工作任务，明确工作目标；熟悉或回顾相关知识和标准规范，搞清缺乏的知识；选择信息来源（教材、其他书籍、相关标准规范、网络资源等），收集与反应器日常维护工作任务相关的信息。收集的信息包括反应器日常维护与检查的内容、反应器常见故障及处理方法、某企业日常巡检要求等
计划与决策	根据任务书制订工作计划，本工作计划为根据某企业的生产实际情况，日常反应器检查中的检查项目。要考虑工作安全、工作质量、废料处理、环保等方面问题
实施	项目的实施需要在学生到企业实习中完成，或在校内化工单元操作实训项目进行时完成。根据检查项目表格进行检查，并填写相应表格
检查	学生自主按照标准对工作记录结果自检
评估与优化	教师听取学生小组的工作汇报，给予评价。学生汇报小组工作和自检结果，说明工作中满意之处和不足之处，对出现的故障和错误进行分析，对过程和结果进行评价，提出优化方案，写出评价报告

 知识链接

知识点一 反应釜使用操作注意事项

一、碳钢反应釜使用注意事项

碳钢反应釜使用的注意事项如下。

① 反应釜在运行中，严格执行操作规程，禁止超温、超压。

② 按工艺指标控制夹套（或蛇管）及反应器的温度。

③ 避免温差应力与内压应力叠加，使设备产生应变。

④ 要严格控制配料比，防止剧烈反应。

⑤ 要注意反应釜有无异常振动和声响，如发现故障，应检查修理并及时消除。

二、搪玻璃反应釜操作注意事项

搪玻璃反应釜在正常使用中应注意以下几点。

① 加料要严防金属硬物掉入设备内，运转时要防止设备振动。

② 尽量避免冷罐加热料和热罐加冷料，严防温度骤冷骤热。搪玻璃耐温剧变小于120℃。

③ 尽量避免酸碱液介质交替使用，否则，将会使搪玻璃表面失去光泽而腐蚀。

④ 严防夹套内进入酸液（如果清洗夹套一定要用酸液时，不能用 pH<2 的酸液）。酸液进入夹套会产生氢效应，引起搪玻璃表面像鱼鳞片一样大面积脱落。一般清洗夹套可用 2% 的次氯酸钠溶液，最后用水清洗夹套。

⑤ 出料釜底堵塞时，可用非金属棒轻轻疏通，禁止用金属工具铲打。对黏在罐内表面上的反应物料要及时清洗，不宜用金属工具，以防损坏搪玻璃衬里。

知识点二　反应釜重要装置维护

一、传动装置

反应釜用的搅拌器都有一定的转速要求，常用电动机通过减速器带动搅拌器转动。减速器为立式安装，要求润滑良好、无振动、无泄漏、长期稳定运转，因此日常的维护是很重要的。

（1）减速器振动　减速器在转动时如发生振动，一般有以下原因，应及时检查并调整。

① 釜内负荷过大或加料不均匀。

② 齿轮中心距或齿轮侧隙不合适。

③ 齿轮表面加工精度不符合要求。

（2）减速器超温　减速器试车中温度超过规定指标时，一般原因如下。

① 轴弯曲变形。

② 齿轮啮合间隙过小；轴套与轴配合过紧。

③ 密封圈或填料与轴配合过紧。

④ 轴承安装间隙不合适，轴承磨损或松动。

⑤ 润滑油质量不好；油量不足或断油。

二、搅拌器

搅拌器是反应釜中的主要部件，在正常运转时应经常检查轴的径向摆动量是否大于规定值。搅拌器不得反转，与釜内的蛇管、压料管、温度计套管之间要保持一定距离，防止碰撞，定期检查搅拌器的腐蚀情况，有无裂纹、变形和松脱。有中间轴承或底轴瓦的搅拌装置，定期检查项目如下，

① 底轴瓦（或轴承）的间隙。

② 中间轴承的润滑油是否有物料进入损坏轴承。

③ 固定螺栓是否松动，松动会使搅拌器摆动量增大，引起反应釜振动。

④ 搅拌轴与桨叶的固定要保证垂直，其垂直度允许偏差为桨叶总长度的 4/1000，且不大于 5mm。

三、壳体（或衬里）检测

壳体（或衬里）的检测有以下几种。

（1）宏观检查　将壳体（或衬里）清洗干净，用肉眼或五倍放大镜检查腐蚀、变形、裂纹等缺陷。

（2）无损检测法　将被测点除锈、磨光，用超声波测厚仪的探头与被测部位紧密接触（接触面可用机油等液体作耦合剂）。利用超声波在同一种均匀介质中传播时声速为一个常数，而遇到不同介质界面时具有反射的特性，通过仪器可用数码直接反映出来，并可测出该部位的厚度。

（3）钻孔实测法　当使用仪器无法测量时，可采用钻孔方法测量。用手电钻钻孔后测量仪器的实际厚度，测后应补焊修复。对用铸铁、低合金高强度钢等可焊性差的材料制作的容器，不宜采用本法测量厚度。

（4）测定壳体内、外径　对于铸造的反应釜，内、外径经过加工的设备，在使用过程中属于均匀腐蚀的，测量壳体内、外径实际尺寸，并查阅技术档案，确定设备减薄程度。

（5）气密性检查　主要针对衬里，在衬里与壳体之间通入空气或氨气，其压力为0.03～0.1MPa（压力大小视衬里的稳定性而定）。通入空气时可用肥皂水涂于焊缝或腐蚀部位，检查有无泄漏；通入氨气时，可在焊缝和被检的腐蚀部位贴上酚酞试纸，在保压5～10min后，以试纸上不出现红色斑点为合格。

知识点三　反应釜常见故障及处理方法

反应釜常见的故障及处理方法见表4-10。

表 4-10　反应釜常见故障与处理方法

故障现象	故障原因	处理方法
壳体损坏（腐蚀、裂纹、透孔）	①受介质腐蚀（点蚀、晶间腐蚀） ②热应力影响产生裂纹或碱脆 ③磨损变薄或均匀腐蚀	①采用耐蚀材料衬里的壳体需重新修衬或局部补焊 ②焊接后要消除应力，产生裂纹要进行修补 ③超过设计最低的允许厚度需更换本体
超温超压	①仪表失灵，控制不严格 ②误操作；原料配比不当；产生剧烈反应 ③因传热或搅拌性能不佳，发生副反应 ④进气阀失灵，进气压力过大、压力高	①检查、修复自控系统，严格执行操作规程 ②根据操作法，紧急放压，按规定定量、定时投料，严防误操作 ③增加传热面积或清除结垢，改善传热效果；修复搅拌器，提高搅拌效率 ④关总气阀，切断气源修理阀门
密封泄漏	填料密封 ①搅拌轴在填料处磨损或腐蚀，造成间隙过大 ②油环位置不当或油路堵塞不能形成油封 ③压盖没压紧，填料质量差，或使用过久 ④填料箱腐蚀	①更换或修补搅拌轴，并在机床上加工，保证表面粗糙度 ②调整油环位置，清洗油路 ③压紧填料，或更换填料 ④修补或更换
	机械密封 ①动静环端面变形、磁伤 ②端面比压过大，摩擦副产生热变形 ③密封圈选材不对，压紧力不够，或V形密封圈装反，失去密封性 ④轴线与静环端面垂直度误差过大 ⑤操作压力、温度不稳，硬颗粒进入摩擦副 ⑥轴窜量超过指标 ⑦镶装或粘接动、静环的镶缝泄漏	①更换摩擦副或重新研磨 ②调整比压至合适，加强冷却系统，及时带走热量 ③密封圈选材、安装要合理，要有足够的压紧力 ④停车，重新找正，保证垂直度误差小于0.5mm ⑤严格控制工艺指标，颗粒及结晶物不能进入摩擦副 ⑥调整、检修使轴的窜量达到标准 ⑦改进安装工艺，或过盈量要适当，或粘接剂要好用，粘接牢固

续表

故障现象	故障原因	处理方法
釜内有异常的杂音	①搅拌器摩擦釜内附件(蛇管、温度计管等)或刮壁 ②搅拌器松脱 ③衬里鼓包,与搅拌器撞击 ④搅拌器弯曲或轴承损坏	①停车检修找正,使搅拌器与附近有一定间距 ②停车检查,紧固螺栓 ③修鼓包,或更换衬里 ④检修或更换轴及轴承
搪瓷搅拌器脱落	①被介质腐蚀断裂 ②电动机旋转方向相反	①更换搪瓷轴或用玻璃修补 ②停车改变转向
搪瓷釜法兰漏气	①法兰瓷面损坏 ②选择垫圈材质不合理、安装接头不正确,空位,错移 ③卡子丢失或松动	①修补、涂防腐漆或树脂 ②根据工艺要求,选择垫圈材料,垫圈接口要搭,位置要均匀 ③按设计要求,有足够数量的卡子,并要紧固
瓷面产生鳞爆及微孔	①夹套或搅拌轴管内进入酸性杂质,产生氢脆现象 ②瓷层不致密,有微孔隐患	①用碳酸钠中和后,用水冲净或修补,腐蚀严重的需更换 ②微孔数量少的可修补,严重的更换
电动机电流超过额定值	①轴承损坏 ②釜内温度低,物料黏稠 ③主轴转数较快 ④搅拌器直径过大	①更换轴承 ②按操作规程调整温度,物料黏度不能过大 ③控制主轴转数在一定的范围内 ④适当调整搅拌器直径

项目五

储罐的安装与维修

石油化工厂生产装置中的储罐主要用于贮装原油、中间油和成品油、石化产品、各种气体和化工原料以及各种品质的工业用水。根据介质的性质、体积、压力的不同，储罐的结构、尺寸、材质也不同。

对储罐应进行日常的巡回检查及周期性的定期检查，通过检查可以掌握其劣化的速率，从而为以下诸多重要的方面提供可靠的保证：

① 降低发生火灾的可靠性、保证储罐的应有装载能力；

② 保持储罐的安全工作状况；

③ 能对储罐实施正确的、及时的修理；

④ 防止储罐缺陷进一步扩大；

⑤ 防止储罐附近的地下水、河道及周围大气遭受污染。

⁞ 子项目一　储罐检修

项目实施

本项目借助现有储罐进行，完成对储罐每年一次的定期检查。在检查前需要编制工作计划，确定检查项目，项目实施方案见表 5-1。

表 5-1　储罐检修项目实施方案

步骤	工作内容
信息与导入	读任务书及引导文、立式圆筒形储罐图纸,分析工作任务,明确工作目标;熟悉或回顾相关知识和标准规范,搞清缺乏的知识;选择信息来源(教材、其他书籍、相关标准规范、网络资源等),收集与工作任务相关的信息。收集的信息主要围绕工作任务,应包括 SH/T 3530—2011《石油化工立式圆筒形钢制储罐施工技术规程》、SH/T 3537—2009《立式圆筒形低温储罐施工技术规程》、SHS 01012—2004《常压立式圆筒形钢制焊接储罐维护检修规程》、储罐结构、储罐检修工作安全等
计划	根据任务书整理和加工收集的信息,熟悉储罐的结构和零部件,针对储罐检修工作任务制订工作计划。通过讨论、综合,在工作步骤、工具与辅助材料、时间(规定时间、实际完成时间)、工作安全、工作质量等方面提出小组实施方案,并考虑评价标准
决策	学生的实施方案,教师应在学生决策时给予帮助,必要时(在学生可能出现重大决策错误影响后续工作进行时)进行干涉,给予咨询指导。 学生认清各个解决方案的优缺点,完善工作计划,确定最终的实施方案
实施	学生借助现有储罐自主实施"储罐检查"工作任务,分工进行各项工作,对任务实施情况进行记录,记录时间点,记录实施过程中的问题,根据需要对实施计划做必要调整
检查	自主按照标准对工作成果进行检查,记录自检结果
评估与优化	汇报小组工作和自检结果,说明本组工作的设计思路和特点、满意的地方和不足的地方,对出现的故障和错误进行分析,对过程和结果进行评价,提出优化方案,写出评价报告

知识链接

知识点一　储罐基本知识

一、储罐的用途与形式

储罐是用来盛装生产用的原料气、液体、液化气等物料的设备。这类设备属于结构相对比较简单的容器类设备,所以又称为储存容器。按容量来说,一般立式圆筒形储罐的容积大于 $10000m^3$ 以上,习惯称为大型储罐。

按温度划分,可分为低温储罐、常温储罐(<90℃)和高温储罐(90~250℃)。

按压力划分可分为接近常压储罐(-490~2000Pa)和低压储罐(2000Pa~0.1MPa)。

按其结构特征有立式储罐、卧式储罐及球形储罐(如图 5-1)等。球形储罐用于储存石油气及各种液化气,大型卧式储罐用于储存压力不太高的液化气和液体,小型的卧式和立式储罐主要作为中间产品罐和各种计量、冷凝罐用。在炼油厂的储运系统中用量最多的是大型的立式储油罐,按其罐顶的构造可分为:固定顶储罐、浮顶储罐、内浮顶储罐。

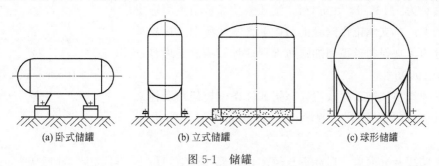

(a)卧式储罐　　(b)立式储罐　　(c)球形储罐

图 5-1　储罐

二、常见储罐的结构

储罐由罐体（罐底、罐壁、罐顶或球壳组成，包括内部附件）、附件（指焊到罐体上的固定件，如梯子、平台等）、配件（指与罐体连接的可拆部件，如安装在罐体上的液面测控计量设备、消防设施）以及有关防雷、防静电、防液堤安全措施等组成。

1. 球形储罐

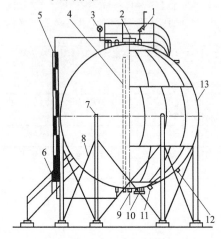

图 5-2　球形储罐

1—安全阀；2—上人孔；3—压力表；4—气相进出口接管；5—液位计；6—盘梯；7—赤道正切柱式支座；8—拉杆；9—排污管；10—下人孔及液相进出口接管；11—温度计连接管；12—二次液面计连接管；13—球壳

近年来，我国在石油化工、合成氨、城市燃气的建设中，广泛使用了大型球形容器。例如在石油、化工、冶金、城市煤气等工程中，球形容器被用于储存液化石油气、液化天然气、液氨、液氮液氧、天然气等物料。由于球形容器多作为有压存储容器，故又称球形储罐，简称"球罐"。

球罐的结构如图 5-2 所示。它由球罐本体、支柱和附件组成。球罐本体是由球壳板拼焊而成的一个球形容器，瓜瓣式球罐的球体由赤道带、上温带、上寒带、下温带、下寒带、上极、下极等组成。球罐的支座有柱式、裙式、半埋入式、高架式等多种，一般常用由多根无缝钢管制成的柱式支座。球罐的附件主要有外部扶梯、阀门、仪表、顶部平台及罐内立梯等。

球形储罐与圆柱形储罐比较有许多优点，在相同容积下，球罐的表面积最小，在压力和直径相同的条件下，球形储罐的内应力最小，并且受力均匀。采用同样的板材时，球罐的壁厚仅为立式储罐壁厚的一半。钢材消耗，一般可减小 15%～20%。另外，球罐还有占地面积小、基础工程量小等优点。为此，球形储罐作为压力容器在国内外都得到广泛应用。

2. 固定顶储罐

固定顶储罐又分为：锥顶储罐、拱顶储罐。

（1）锥顶储罐　锥顶储罐又可分为自支承锥顶罐和有支承锥顶罐两种。

自支承锥顶是一种形状接近于正圆锥体表面的罐顶，锥顶坡度最小为 1/16，最大为 3/4。锥顶载荷靠锥顶板周边支承于罐壁上。自支承锥顶储罐的简图如图 5-3 所示。自支承锥顶又分为无加强肋锥顶和加强肋锥顶两种结构。储罐容量一般小于 1000m³。

有支承锥顶其锥顶荷载主要靠梁或檩条（桁架）及柱来承担。柱子可采用钢管或型钢制造。其储罐容量可大于 1000 m³。

锥顶储罐制造简单，但耗钢量较多，顶部气体空间最小，可减少"小呼吸"损耗。自

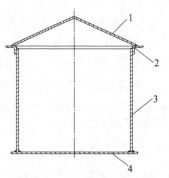

图 5-3　自支承锥顶储罐简图

1—锥顶；2—包边角钢；
3—罐壁；4—罐底

支承锥顶还不受地基条件限制。有支承式锥顶不适用于有不均匀沉陷的地基或地震荷载较大的地区。除容量很小的罐（200 m³ 以下）外，锥顶储罐在国内很少采用。

（2）拱顶储罐　自支承拱顶储罐的罐顶是一种形状接近于球形表面的罐顶。自支承拱顶又可分为无加强肋拱顶（容量小于 1000m³）和有加强肋拱顶（容量大于 1000m³）。有加强肋拱顶由 4~6mm 的薄钢板和加强筋（通常用扁钢构成）以及由拱形架（用型钢组成）构成。自支承拱顶的荷载靠拱顶板周边支撑于罐壁上（拱形架作罐顶承载结构时，拱形架的周边杆端应与包边角钢焊成整体，但顶板与拱形架的组件之间不得焊接）。拱顶半径 $R = （0.8~1.2）D$，D 为储罐的直径。它可承受较高的剩余压力，蒸发损耗较小。它与锥顶储罐相比耗钢量少但罐顶气体空间较大，制作需用胎具，是国内外广泛采用的一种储罐。拱顶罐的整体结构如图 5-4 所示，罐底板的结构如图 5-5 所示，罐壁板的结构如图 5-6 所示，罐拱顶形状如图 5-7 所示。

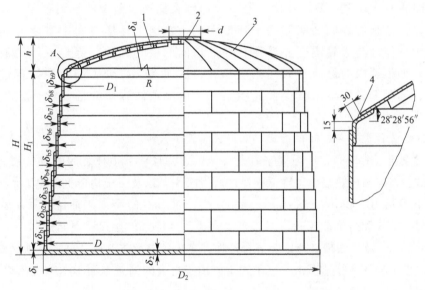

图 5-4　球形拱顶储油罐（单位：mm）
1—加强筋；2—罐顶中心板；3—扇形顶板；4—角钢环

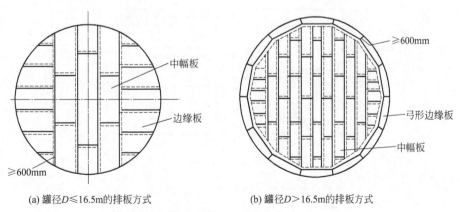

(a) 罐径 $D \leqslant 16.5$m 的排板方式　　　(b) 罐径 $D > 16.5$m 的排板方式

图 5-5　罐底板结构

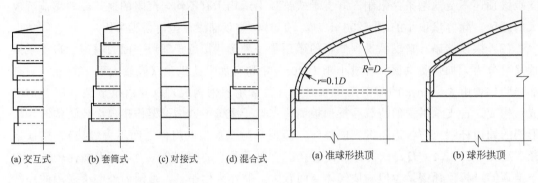

(a) 交互式　　(b) 套筒式　　(c) 对接式　　(d) 混合式　　　　(a) 准球形拱顶　　　　(b) 球形拱顶

图 5-6　罐壁板结构　　　　　　　　图 5-7　罐拱顶形状

3. 浮顶储罐

浮顶储罐的浮动顶（简称浮顶）是一个漂浮在储液表面上的浮动顶盖，随着储液面上下浮动。浮顶与罐壁之间有一个环形空间，在这个环形空间中有密封元件使得环形空间中的储液与大气隔开。浮顶和环形空间的密封元件一起形成了储液表面上的覆盖层，使得罐内的储液与大气完全隔开，从而大大减少了储液在储存过程中的蒸发损失，同时保证安全，减少大气污染。采用浮顶储罐储存油品比固定顶罐可减少油品损失 80％左右。

浮顶的形式种类很多，如单盘式、双盘式、浮子式等。

双盘式浮顶（图 5-8），从强度来看是安全的，并且上下顶板之间的空气层有隔热作用。为了减少对浮顶的热辐射，降低油品的蒸发损失，以及由于构造上的原因，我国浮顶油罐系列中容量为 $1000m^3$、$2000m^3$、$3000m^3$、$5000m^3$ 的浮顶汽油罐，采用双盘式浮顶。双盘材料消耗和造价都较高，不如单盘式浮顶经济。单盘式浮顶储罐如图 5-9 所示。$10000 \sim 50000\ m^3$ 浮顶油罐，考虑经济合理性，多采用单盘式浮顶。总之浮顶储罐容积越大，浮盘强度的校核计算越严格。浮子式主要用于更大的储罐（如 $100000\ m^3$ 以上），一般说来储罐越大，浮顶越省料。

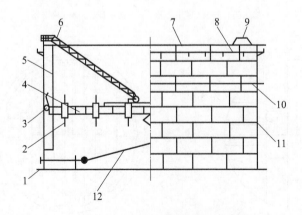

图 5-8　双盘式浮顶储罐

1—罐底板；2—浮顶立柱；3—密封装置；4—双盘顶；

5—量液管；6—转动浮梯；7—包边角钢；8—抗风圈；

9—泡沫消防挡板；10—加强圈；11—罐壁；12—中央排水管

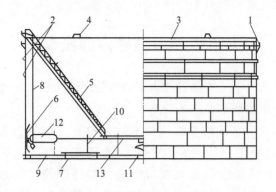

图 5-9 单盘式浮顶储罐

1—抗风圈；2—加强圈；3—包边角钢；4—泡沫消防挡板；
5—转动扶梯；7—加热器；8—量油管；9—底板；10—浮顶立柱；
11—排水折管；12—单盘顶；13—单盘板

浮顶罐因无气相存在，几乎没有蒸发损耗，只有周围密封处的泄漏损耗。罐内没有危险性混合气体存在，不易发生火灾。故与固定顶罐相比有蒸发损耗少、火灾危险性小和不易被腐蚀等优点。

知识点二 检查中的安全注意事项及检查工具

检查人员进入罐内检查之前，应注意工作安全。对储罐而言，最主要的是应将罐内的所有气体及残存物质彻底清除。尤其要对硫化铁或残存汽油的自燃予以特别的重视。只有在确认储罐已与外部完全切断隔离，罐内已彻底置换和清洗干净后方可开始检查工作。在检查人员进入罐内开始工作之前，还应对罐的整体作一次初步的宏观目视，确认在人员进行检查时不会发生部件的突然塌落、翻倒等危害人身安全的事故，否则应采取必要的加固及防范措施。

检查用的工具可分为两类：一类是必备的，另一类是视需要而备的。前者主要包括：测深仪、手电钻、U形水柱测压计、内径卡尺、外径卡尺、锤击检查用小锤、作标记用的油漆、钢卷尺、手电筒或照明灯、直尺、超声波测厚仪、扳手、小刀、笔记本等。后者主要包括：水平仪、表面磁粉探伤设备、表面着色渗透探伤设备、射线探伤仪、超声探伤仪、吸尘设备、打砂设备、测量用水平仪、真空试漏盒、真空泵等。

其他需准备的设施还包括有梯子、木板、脚手架等。在有些场合，带轮子可移动的脚手架对于检查与修理十分方便。

此外，为配合检查所需的公用系统，还应具备蒸汽、水、压缩空气、电力、通风等条件。

要使在储罐周围工作的人员都知悉储罐正在检查及修理。人员进入罐内后，罐外要有人监护，并挂上有人进入罐内的告示标牌。

知识点三　储罐内部检查

为了缩短停罐的时间，事先应制订好内部检查的详细计划。各种前述的检查工具以及水、电、汽等配套的公用系统都要准备就绪。

（1）初步的宏观检查　在开始全面详细的内部检查之前，首先应对罐的内部做初步的宏观目视观察，这是内部检查的第一步。为了安全起见，首先应检查罐顶及其他内部构件是否会有不牢靠的构件及大块的腐蚀物落下伤人。通过宏观目视，可以初步判断出罐内腐蚀严重的大致部位，这些部位通常是气相部件、气液交界部位以及罐底。

（2）罐底　对罐底应进行全面的测厚，精确而有效的方法是超声波测厚。锤击试验可以用于初步判断减薄区域。锤击试验对于发现罐底的大面积蚀坑十分有效。对严重的蚀坑，应先打砂后测出蚀坑的深度。对罐底被压出的凹坑，以及与浮顶支撑及加热盘管支撑相接触的部位要仔细检查，这些地方容易积水产生腐蚀。

（3）罐壁　罐壁下部与罐底相连的角焊缝及与其邻近的罐壁，其受力状况最为苛刻，在对这些部位表面进行包括打砂在内的彻底清扫后，进行表面着色或磁粉裂纹探伤检查。对外部检查发现有泄漏迹象的区域是内部检查时的重点。通常介质的特性及储罐或内壁涂层的材料种类决定了储罐内壁容易发生腐蚀的部位。一般在气液交界处较易发生腐蚀。

使用中气相侧干湿交替的工况，以及介质具有腐蚀性的工况，通常造成罐壁会被均匀地腐蚀减薄。对于腐蚀严重的部位，可在外壁进行测厚。

（4）泄漏　罐底、罐壁的焊缝或板材本身是否存在由气孔、裂纹引起的泄漏，检查的方法有多种。常用的一种方法是真空盒查漏法，另一种方法是氨试漏法。

（5）内壁防腐涂层、内衬层　储罐的内壁有防腐涂层、内衬层的，发生泄漏时，应根据涂层及内衬层的不同种类及形式采用不同的检查方法。

（6）罐顶及结构件　对罐顶及结构件的检查，通常情况下目视即可。当目视发现存在严重的腐蚀或其他形式的损坏时，应搭脚手架后做更仔细的检查。

当罐壁发现有局部的严重腐蚀时，所有的罐顶支柱在其同一高度范围内的部分都应进行检查。通过测量储罐外径的变化可确定其腐蚀程度。

（7）内部辅助设施　对罐内的加热盘管、挠性接管、接头以及混合器等，检查的主要方法为目视法，对盘管及其支架应检查是否有腐蚀、变形及开裂。

子项目二　储罐的安装

储罐安装项目的实施，主要围绕储罐的安装方法和安装步骤，学生通过编制工作计划了解储罐的安装情况。在未来工作中，可对工作计划进行检验和进一步学习。此处因储罐安装内容太多，教学中难以实现，故不再给出项目实施方案。

知识点一　储罐的安装方法

对于大型储罐，由于其直径和高度较大，壁较薄，需要许多块薄钢板组合而成。因此钢板的排板、装配和焊接就成为储罐施工的中心问题。储罐直径大，其径向刚度相对要小，不能进行一般容器的卧式装配和焊接，也不能像一般容器（如塔体等）整体起吊或分节起吊，必须有其独特的安装方法。

目前储罐的安装方法主要有正装法、倒装法以及卷装法等。

一、正装法

正装法的特点是把钢板从罐底部一直到顶部逐块安装。正装法在浮顶罐的施工安装中用得较多，即"充水正装法"，它的安装顺序是在罐底及第二层圈板安装后，开始在罐内安装浮顶、临时的支承腿。为了加强排水，罐顶中心要比周边浮筒低，浮顶安装完以后，装上水，除去支承腿，浮顶即作为安装操作平台。每安装一层后，将水上升到下一层工作面，继续进行安装。提前充水和渐渐地增加水量，让罐底下的土壤慢慢地沉降，这种方法比罐建成后再充水试验节约时间。

由于正装法是把钢板从储罐底部一直到顶部逐块安装起来的，因此它存在较多的缺点。例如，高空作业量大，要有脚手架的装卸工序，增加了辅助工时；钢板要吊到高空安装，不仅操作不方便，且不易保证质量、费时间，同时薄钢板悬在高空中还易变形；工序限制严格，作业面窄，各工种互相制约，造成安装工序繁琐，施工速度慢，安全难以保证。所以正装法在施工安装拱顶储罐中很少采用（除非对储罐各圈罐壁要求对接焊时）。

对与浮顶罐的安装，国内采用较为普遍、颇受欢迎的是充水正装施工方法。因为在有水源的条件下，充水正装法是一种较好的、稳妥可靠的施工方法。它具有以下优点：

① 施工时罐壁和浮顶的受力状态与使用时的受力状态基本上是一样的，因而不会在施工过程中影响罐体。

② 整个充水正装的施工过程，是对储罐基础逐步增加荷载的过程，也是对储罐各部的检验过程，比较易于保证质量。

③ 施工用料较少。

④ 虽然高空作业较多，但罐内工作可以在浮船上操作；罐外吊篮较宽，外侧有栏杆，内侧靠罐壁，只要吊篮各部牢固可靠，还是比较安全的。

二、倒装法

倒装法就是从罐顶开始由上往下安装。将罐顶和上层第Ⅰ罐圈在地面上装配、焊好后，将第Ⅱ罐圈的外围，以第Ⅰ罐圈为胎具，对正、点焊成圆圈，然后将第Ⅰ罐圈及罐顶盖部分，整体起吊至第Ⅰ、第Ⅱ罐圈相搭接的位置（留下搭接压边，且忌脱边）进行点焊，然后再焊死环焊缝。

按同样的方法，把第Ⅲ罐圈钢板围在第Ⅱ罐圈的外围，对正、点焊成圆圈后，再将已焊好的罐顶、第Ⅰ罐圈、第Ⅱ罐圈部分整体吊至第Ⅱ罐圈、第Ⅲ罐圈相搭接的位置停下，压边点焊并焊死环焊缝。如此一层层罐圈继续接高，直到罐下部最后一层罐圈拼接后，与罐底板以及角接焊缝焊死。近几年，我国已经成功地采用了气吹倒装施工法，并用于大型拱顶储罐及浮顶罐的施工安装中。

倒装法的实现，主要是充分利用了储罐施工本身所具有的下列特点：

① 按储罐外形，可以分段吊装。

② 储罐的高度和直径相差不大，起吊时不致造成过分晃动。

倒装法与正装法比较，最显著的优点是把大量的高空作业变成低空作业。这样不仅节省有关脚手架的工序及避免原材料的浪费，且由于低空拼焊操作方便，质量易于保证，加快施工速度。同时，每拼装成一圈之后再起吊比逐块起吊减少了起吊次数，且每次只起吊一个罐圈的高度，所以每次起吊的高度也变小了。此外，倒装法施工中，可将各层罐圈的拼装与焊接工序分开，扩大施工作业面，各工种可混合使用，减少各工种互相制约的现象。因此，可节约劳动力，大大缩短施工周期。

三、卷装法

卷装法就是将罐体先预制成整幅钢板，然后用胎具将其卷成卷筒再运至储罐的基础上，将卷筒竖起来，展开成罐体，装上顶盖，封闭安装缝建成。

知识点二　立式圆筒形钢制焊接储罐的安装

立式圆筒形钢制焊接储罐安装的基本程序如下：施工准备—材料检验—预制—安装与焊接—检验—充水试验—防腐保温—竣工验收。

一、储罐的施工准备

储罐的主要施工准备工作有：施工现场的"四通一平"（通水、通电、通路、通讯、施工场地平整），取得施工许可证等合法手续；施工技术的准备（图纸会审、施工组织设计等），施工材料的准备，施工设备和施工人员的准备等。

储罐施工应在充分准备的基础上进行，准备不足会影响施工质量，造成施工消耗增加、成本提高、质量下降等问题。

二、材料检验与验收

建造储罐用的主材和焊材使用前必须进行检验，检验的主要内容有：外观检验，材料合格证或质保书检查，有特殊要求时需要进行材料复验（包括化学成分检验、力学性能试验等），对于厚度大于或等于23mm的储罐底圈板和第二圈板还要进行超声波探伤检查。

（1）外观检验　储罐用钢板应逐张进行外观检查，无锈蚀、裂纹、重皮、夹层等缺陷，其质量应符合现行国家标准的规定。钢板表面局部减薄量、划痕深度与钢板实际负偏差之和不应大于相应钢板标准允许的负偏差。材料检验是保证储罐制作质量的第一关，必须高度重视。

（2）材料验收　建造储罐选用的材料和附件，应具有质量合格证书，并符合相应国家现行标准的规定。钢板和附件上应有清晰的产品标识，在材料验收时，一定要在钢板上核对实际标识，应与证明材料内容相符。

（3）焊接材料的要求　焊接材料（焊条、焊丝、焊剂及保护气体）应具有质量合格证书并符合下列要求：

① 焊条应符合现行国家标准 GB/T 5117—2012《非合金钢及细晶粒钢焊条》、GB/T 5118—2012《热强钢焊条》、GB/T 983—2012《不锈钢焊条》的规定。药芯焊丝应符合现行国家标准 GB/T 10045—2001《碳钢药芯焊丝》、GB/T 17853—1999《不锈钢药芯焊丝》的规定。埋弧焊使用的焊丝应符合现行国家标准 GB/T 14957—94《熔化焊用钢丝》、GB/T 8110—2008《气体保护电弧焊用碳钢、低合金钢焊丝》的规定。

② 焊剂应符合现行国家标准 GB/T 5293—2018《埋弧焊用非合金钢及细晶粒钢实心焊丝、药芯焊丝和焊丝-焊剂组合分类要求》、GB/T 12470—2018《埋弧焊用热强钢实心焊丝、药芯焊丝和焊丝-焊剂组合分类要求》的规定。

③ 二氧化碳气体应符合国家现行标准 GB/T 6052—2011《工业液体二氧化碳》的规定，保护用氩气应符合现行国家标准 GB/T 4842—2017《氩》的规定。

三、储罐预制

（1）一般性规定

① 开工前准备检验用的样板，这些样板经检验合格方可使用。

② 储罐的预制方法不应损伤母材或降低母材性能。如有的施工单位用气割下料，气割又不规矩，使切割边缘成为曲线，同时又使钢板翘曲变形，影响母材性能，造成母材损耗太多。建议板材下料时，用剪板机进行，既不产生热变形，又剪切整齐，减少板材消耗。

③ 钢板切割机焊缝坡口加工应符合下列规定

a. 碳素钢板及低合金钢板宜采取机械加工：剪板机下料，坡口机加工坡口，或者采用自动、半自动火焰切割加工下料及开坡口。不锈钢应采用机械加工或等离子切割加工，绝不能用气割加工或气割下料。

b. 当工作环境温度低于下列温度时，钢材不得采用剪切加工：

普通碳素钢：-16℃；低合金钢：-12℃。

冬季施工时，特别要注意温度、环境，不要违反上述规定。

④ 钢板坡口加工应平整，不得有夹渣、分层、裂纹等缺陷，火焰切割和等离子切割坡口所产生的表面硬化层应去除。用角向磨光机打磨去掉硬化层。

⑤ 标准屈服强度大于 390MPa 的钢板，经火焰切割的坡口，应对坡口表面进行磁粉探伤或渗透检测。

⑥ 焊接接头的坡口形式和尺寸，当图样无要求时，应按现行国家标准 GB/T 985.1—2008《气焊、焊条电弧焊、气体保护焊和高能束焊的推荐坡口》的规定。

⑦ 普通碳钢工作环境温度低于-16℃或低合金钢工作环境温度低于-12℃时，不得进行冷校正和冷弯曲。

⑧ 构件在保管、运输及现场堆放时，应防止变形、损伤和锈蚀，应在干燥、通风的

地方存放，构件下垫道木。

⑨ 储罐的所有预制构件完成后，应有明显的编号，应用油漆或其他方法做出清晰的标识。

（2）样板的准备　制作检查样板，直线样板和弧形样板可做在一个样板上，一面是检查直线样板，一面是检查弧形样板。

（3）壁板预制　根据排版图，对壁板进行预制下料，在剪板机上下料，用样板进行检查。

（4）底板预制　根据排版图，对底板进行下料，允许偏差按规范要求办理。

弓形边缘板沿罐底半径方向的最小尺寸，不应小于700mm。

非弓形边缘板最小直边尺寸，不应小于700mm。

底板任意相邻焊缝之间的距离，不应小于300mm。

（5）固定顶板预制　任意相邻焊缝的间距，不应小于200mm。单块顶板本身的拼接，宜采用对接的形式。

（6）构件预制　抗风圈、加强圈、包边角钢用煨弯机预制成形，用弧形样板检查。其间隙不应大于2mm。

四、储罐的安装与焊接

储罐安装前应做好充分准备，应将构件的坡口和搭接部位的铁锈、水分及污物清理干净。对基础进行检查和验收，并按相关规定对基础进行复查，合格后方可安装。

1. 底板的安装与焊接

储罐基础验收合格后，将预制好的底板按图纸要求对接，将垫板点焊固定，垫板与两块底板贴紧，其间隙应不大于1mm，由中间向四周铺设底板。

底板施焊前，施工单位要向监理单位报告验收焊接工艺的评定。焊条的烘干、保管都要按规范规定的事项执行，在现场使用的焊条要使用保温筒，超过允许使用的时间应重新进行烘干。

底板的焊接，焊工应均匀、对称分布，由四名焊工在底板上同时焊接，按预先排好的焊接顺序，先焊短焊缝，后焊长焊缝，初层焊道采用分段倒退焊法。

2. 壁板的安装与焊接

罐壁板预制完毕后，在运输过程中容易产生变形，因此在组装时要进行复验，合格后，方可组装。

罐壁的焊接，先焊纵向焊缝，后焊环向焊缝，当焊完相邻两圈壁板的纵向焊缝后，再焊其间的环向焊缝，焊工应均匀分布，并且要沿同一方向施焊。这样做的目的是尽量减少焊接变形，同时焊接速度、电流、电压、电焊条直径等都要根据焊接工艺评定确定。

3. 固定顶安装

固定顶安装前，首先检查包边角钢的半径偏差，要达到图样和规范的要求。罐顶支撑柱的垂直度允许偏差不应大于柱高的0.1%，且不应大于10mm。顶板应按画好的等分线对称组装，顶板搭接宽度允许偏差为±5mm。

先焊顶板内侧焊缝，后焊顶板外侧焊缝，焊工要对称分布，由中心向外分段退焊。径向长焊缝，采用间隔开的隔缝对称施焊法，可以使焊接应力得以释放，减少变形。

4. 浮顶组装

大型浮顶罐的浮顶组装在底板完成后进行，一般情况下，先架好临时支架，在临时支架上进行浮顶的组对焊接，浮顶板的搭接宽度允许偏差为±5mm，外边缘板与底圈罐壁间隙允许偏差为±15mm。

五、储罐检验

储罐底板所有焊缝须进行100%真空试验。每条对接焊缝外端300mm长进行射线检测，检测合格后方准进入下一道施工工序。对焊接后的壁板进行射线检测，纵向焊缝、环向焊缝、T形焊缝按规范要求进行无损检测。

六、真空试漏法

真空试漏法即负压检漏法，先将焊缝表面清理干净，刷肥皂水，将真空箱扣在焊缝上。真空箱与地板接触处由密封条密封，或用揉好的面或腻子密封，确保接口处不漏气，用真空泵提供动力（按设计要求的真空度，一般为53kPa）进行检漏。通过真空箱上的透明有机玻璃板，观察焊缝表面是否有气泡产生，如有气泡产生，则做好标记，补焊后再次试漏，直至合格。储罐底板焊缝必须经100%的试漏检查，每段焊缝都应检测，并全部检查合格，底板的真空试验才算完成。因此，这是一项量大、费时、费力的工作。底板的真空试验是一项很重要的过程控制，为了避免给后续工作带来隐患，必须认真实行。

七、水压试验

向罐内充洁净的水，打开上面的人孔，充水至储罐高度的1/2，检查罐底、罐壁的稳定性和严密性，观察有无渗漏；同时测量沉降值，再充水到罐高的3/4，用水准仪测量基础沉降值，同时检查罐的稳定性和严密性；再充水至最高液位，用水准仪测量基础沉降值，保持48h，罐壁无渗漏、无异常变形、基础沉降值在允许范围内为合格。

▶ 子项目三　储罐日常维护

储罐日常维护项目可依托校内现有储罐进行检查，主要是对储罐的外表进行目视检查。项目在实施中，需要学生自主选择和确定检查项目，并实际进行检查，填写相应表格。项目的实施见表5-2。

表5-2　储罐日常维护项目实施方案

步骤	工作内容
信息与导入	读任务书，分析工作任务，明确工作目标；熟悉或回顾相关知识和标准规范，搞清缺乏的知识；选择信息来源（教材、其他书籍、相关标准规范、网络资源等），收集与反应器日常维护工作任务相关的信息。收集的信息包括储罐日常维护与检查的内容、储罐常见故障及处理方法、某企业罐区日常巡检要求等
计划与决策	根据任务书制订工作计划，本工作计划为根据某企业的生产实际情况，日常储罐检查中的检查项目。要考虑工作安全、工作质量、废料处理、环保等方面问题

续表

步骤	工作内容
实施	项目的实施需要在学生到企业实习中完成,或在校内石油储运罐区进行检查而完成
检查	学生自主按照标准对工作记录结果自检
评估与优化	教师听取学生小组的工作汇报,给予评价。学生汇报小组工作和自检结果,说明工作中满意之处和不足之处,对出现的故障和错误进行分析,对过程和结果进行评价,提出优化方案,写出评价报告

知识链接

知识点一　储罐的日常维护

① 储罐在使用时,要制定操作规程和巡回检查维护制度,并严格执行。

② 操作人员巡回检查时,应检查罐体及其附件有无泄漏。收发物料时应注意罐体有无鼓包或抽瘪等异常现象。

③ 储罐发生以下现象时,操作人员应按照操作规程采取紧急措施,并及时报告有关部门:

a. 浮顶储罐、内浮顶储罐浮盘沉没,或转动扶梯错位、脱轨。

b. 浮顶储罐浮顶排水装置漏油。

c. 浮顶储罐浮盘上积油。

d. 储罐基础信号孔或基础下部发现渗油、渗水。

e. 常压低温氨储罐及内浮顶罐液位自动报警系统失灵。

f. 储罐罐底翘起(特别是常压低温氨储罐)或设置锚栓的低压储罐基础环墙(或锚栓)被拔起。

g. 重质油储罐突沸冒罐。

h. 接管焊缝出现裂纹或阀门、紧固件损坏,难以保证。

i. 罐体发生裂缝、泄漏、鼓包、凹陷等异常现象,危及安全生产。

j. 发生火灾直接威胁储罐安全生产。

④ 储罐在操作过程中应注意的事项:

a. 储罐的透光孔在生产过程中应关闭严密。

b. 在检尺、取样后应将量油孔盖盖严。

c. 浮顶罐浮顶上的雨雪应及时排除。油蜡、氧化铁等脏物应定期清扫。

d. 必须在浮顶罐、内浮顶罐的油位升高至 4m 以上后方可开动搅拌器或调合器。

e. 浮顶储罐和内浮顶储罐正常操作时,其最低液面不应低于浮顶、内浮顶(或内浮盘)的支撑高度。

f. 轻质油的检尺、测温、采样应遵照 SH 3097—2017《石油化工静电接地设计规范》的相关规定执行。

⑤ 储罐附件检查维护的主要内容见表5-3和表5-4。固定顶储罐附件检查维护的主要

内容见表 5-3。浮顶储罐附件检查维护的主要内容见表 5-4。

⑥ 储罐液位计、高低液位报警、温度测量、压力测量、火灾报警、快速切断阀、氮封等仪表系统，由使用部门依据相关规定，结合现场实际确定检查维护内容，于适当时机进行。

⑦ 自动脱水器检查维护的主要内容：

定期对自动脱水器进行检查维护。检查连接法兰是否泄漏，过滤器是否堵塞，排水是否正常。对泄漏的法兰换垫，清理过滤器，检修、更换内部配件。

表 5-3　固定顶储罐附件检查维护的主要内容

附件名称	检查内容	维护保养	检查周期
进出口阀门	阀门及垫片的完好程度	阀杆加润滑油，清除油垢，关闭不严时应进行研磨或更换	清罐或全面检查维护时进行
机械式呼吸阀	阀盘和阀座接触面是否良好，阀杆上下是否灵活，阀壳网罩是否破裂，压盖衬垫是否严密，冬季罐体保温套是否良好，阀内有无冰冻。呼吸阀挡板是否完好	清除阀盘上的水珠、灰尘、锈渣；螺栓上抹油，必要时调换阀壳衬垫。若呼吸阀挡板腐蚀严重，应更换	每 3 个月检查维护一次，冰冻季节应加强检查。宜定期对呼吸阀进行标定
阻火器	波纹板阻火片是否清洁，垫片是否严密，有无腐蚀、冰冻、堵塞	清洁或更换波纹板	
升降管（起落管）	试验升降灵活性，旋转接头有无破裂，绞车是否灵活好用，钢丝绳腐蚀情况	绞车活动部分抹润滑油，钢丝绳涂润滑脂保护，顶部滑轮销轴上油	
活门操纵装置（保险阀门）	试验灵活性，填料函是否渗油，钢丝绳是否完好	活动关节加润滑油，上紧并调整填料，必要时更换钢丝绳及填料	清罐或全面检查维护时进行
加热器	加热管腐蚀情况，有无渗漏，支架有无损坏，管线接头有无断裂	进行试压、补漏	
调合器	腐蚀程度，喷嘴有无堵塞	清理喷嘴	
人孔、透光孔	是否渗油或漏气	更换垫片	
量油孔	孔盖与支座间密封垫是否脱落或老化，导尺槽磨损情况，压紧螺栓活动情况，盖子支架有无断裂	铸铁量油孔应改为铸铝，蝶形螺母及压紧螺栓各活动部位加润滑油，部件损坏及时更换	1 个月
液压安全阀	检查封油高度和阀腔	若封油被吹掉应及时加入，清洁阀壳内部，必要时更换封油	3 个月
通气管	防护网是否破损	清扫干净或更换	1 年
排污阀（虹吸阀）	填料函有无渗漏，手轮转动是否灵活，阀体是否内漏	调整填料函或换阀、加双阀	1 个月
泡沫发生器	管内有无油气排出，刻痕玻璃和网罩是否完好	更换已损坏的刻痕玻璃和网罩，压紧螺栓加油防锈	3 个月
液下消防系统	高背压泡沫发生器和爆破片是否完好，控制阀门是否灵活好用，扣盖是否完好	高背压泡沫发生器、爆破片、控制阀门进行检修或更换，配齐扣盖	3 个月
水喷淋系统	喷嘴是否堵塞，控制水阀是否灵活好用	清理堵塞的喷嘴，维修阀门	3 个月

表 5-4 浮顶储罐附件检查维护的主要内容

附件名称	检查内容	维护保养	检查周期
浮顶排水装置	单向阀腐蚀程度,关闭是否严密。排水装置本体腐蚀程度,转动部分是否灵活,是否泄漏	清除单向阀污垢,涂防腐涂料或更换。对浮顶排水装置试压消漏	清罐或全面检查维护时进行
导向管滚轮	滚轮有无脱落,转动是否灵活	转动部位加润滑油	
加热器	加热管腐蚀情况,有无渗漏,支架有无损坏,管线接头有无断裂	进行试压、补漏	
调合器	腐蚀程度,喷嘴有无堵塞	清理喷嘴	
进出口阀门	阀门及垫片的完好程度	阀杆加润滑油,清除油垢,关闭不严时应进行研磨或更换	
人孔、透光孔	是否渗油或漏气	更换垫片	
量油孔	孔盖与支座间密封垫是否脱落或老化,导尺槽磨损情况,压紧螺栓活动情况,盖子支架有无断裂	铸铁量油孔应改为铸铝,蝶形螺母及压紧螺栓各活动部位加润滑油,部件损坏及时更换	1 个月
转动扶梯	踏板是否牢固、灵活,升降是否平稳无卡阻	转动部分加润滑油	3 个月
密封装置	密封带有无破损	进行修补	清罐或全面检查维护时进行
浮顶自动通气阀	密封垫片有无损坏	更换垫片	
排污阀(虹吸阀)	填料函有无渗漏,手轮转动是否灵活,阀体是否内漏	调整填料函或换阀、加双阀	1 个月
泡沫发生器	管内有无油气排出,刻痕玻璃和网罩是否完好	更换已损坏的刻痕玻璃和网罩,压紧螺栓上油防锈	
液下消防系统	高背压泡沫发生器和爆破片是否完好,控制阀门是否灵活好用,扣盖是否完好	高背压泡沫发生器、爆破片、控制阀门进行检修或更换,配齐扣盖	3 个月
水喷淋系统	喷嘴是否堵塞,控制水阀是否灵活好用	清理堵塞的喷嘴,维修阀门	
事故排液口	排液口是否畅通	清理过滤网	3 个月
水封式紧急排水管	封液是否减少	补充水封	1 个月
机械式呼吸阀	阀盘和阀座接触面是否良好,阀杆上下是否灵活,阀壳网罩是否破裂,压盖衬垫是否严密,阀内有无冰冻	清除阀盘上的水珠、灰尘,螺栓上加油,必要时调换阀壳衬垫	每 3 个月检查一次,冰冻季节应加强检查。宜定期进行标定
阻火器	波纹板阻火片是否清洁,垫片是否严密,有无腐蚀、冰冻、堵塞	清洁或更换波纹板阻火片	

⑧ 对于低压储罐,其检查维护还应增加以下内容:

a. 每年应对其罐顶排气、补气装置如安全阀、压控阀进行检查、维护保养和校验,必要时予以检修或更换。对紧急放空阀进行检查和维护。缺少补气装置的宜予以完善。

b. 每年应对其压力表进行校验,必要时予以检修或更换。

c. 每年应对其锚栓进行上油维护。

知识点二　储罐常见故障与处理

储罐常见故障与处理见表 5-5。

表 5-5　储罐常见故障与处理

序号	故障现象	故障原因	处理方法
1	浮顶排水装置泄漏,介质自排水装置出口流出	①罐内叠管、软管或连接法兰泄漏 ②浮顶集水坑泄漏	①清罐检修消漏或在排水管上口加手阀暂用 ②清罐检修或粘堵消漏
2	机械式呼吸阀堵塞	①阻火器波纹板阻火片结冰或有介质堵塞 ②阀盘和阀座黏结 ③阀杆上下卡阻	①清理污物,必要时更换阻火片,加保温设施 ②清理阀盘和阀座污物维修或更换阀盘、阀杆
3	加热器出口有介质排出	加热器泄漏	清罐或全面检查维护时进行试压、补漏
4	阀门连接法兰或密封泄漏	①法兰垫片老化、损坏 ②法兰面损坏 ③阀杆锈蚀、变形 ④密封材料损坏	①更换垫片或采取打卡子等 ②修复法兰面或更换法兰 ③更换阀杆或阀门 ④更换密封材料
5	人孔或接管法兰面渗油	①垫片老化、损坏 ②螺栓未紧固好	①更换垫片 ②紧固螺栓
6	转动扶梯脱轨	①轨道设计安装不合理 ②轨道变形 ③障碍物阻塞	①对轨道设计安装进行改造 ②校正轨道 ③清除障碍物
7	浮顶密封装置部件变形损坏	①设计安装不合理 ②障碍物阻塞	①对设计安装进行改造 ②清除障碍物
8	浮顶或罐壁渗油	腐蚀穿孔,材质或焊接缺陷	清罐进行检修或采用粘补、砸入铅皮等临时措施
9	拱顶罐罐壁或罐顶抽瘪变形	①生产操作失误,储罐所需补气量超过呼吸阀的最大补气量 ②设计缺陷,呼吸阀的补气量不足 ③阻火呼吸阀堵塞 ④罐壁或罐顶强度不足	①按照 SHS 01012《常压立式圆筒形钢制焊接储罐维护检修规程》中附录 A 的方法恢复,并做好相应改进工作,调整、优化操作 ②改进设计,加大呼吸阀的补气量 ③定期维护防止阻火呼吸阀堵塞 ④检修储罐,保证强度
10	罐底泄漏	腐蚀穿孔,材质或焊接缺陷	清罐进行检修

知识点三　储罐的安全管理

凡需进罐检查或在罐体上动火的项目,在检修前应做好以下安全准备工作,达到安全作业条件:

① 将罐内油品抽至最低位(必要时接临时泵),加堵盲板,使罐体与系统管线隔离。

② 打开人孔和透光孔。

③ 清出底油。轻质油品罐用水冲洗,通入蒸汽蒸罐 24h 以上(应注意防止温度变化造成罐内负压)。重质油罐通风 24h 以上。

④ 排出冷凝液,清扫罐底。

储罐安全管理的注意事项有:

① 采用软密封的浮顶罐、内浮顶罐,动火前原则上应拆除密封系统并将密封块置于罐外(仅进罐检查可不拆除密封系统;若密封系统检查无明显泄漏,不影响动火安全时,动火前也可不拆除密封系统)。

② 进罐前必须对罐内气体进行浓度分析,安全合格后方可进入。

③ 进罐检查及施工使用的灯具必须是低压防爆灯,其电压应符合安全要求。

④ 动火前必须严格按照有关规定办理相关手续。

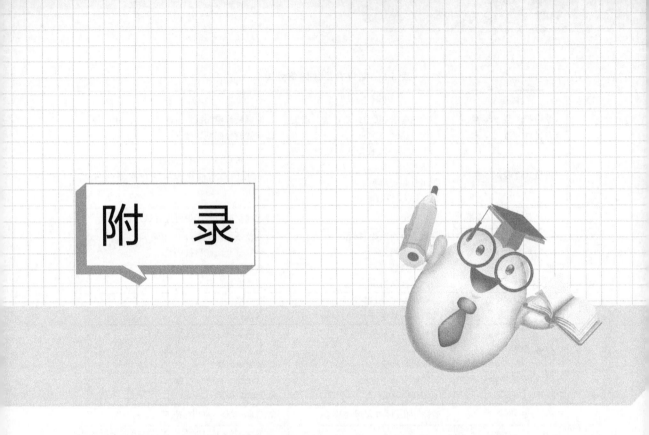

附 录

石油化工设备及管道安装是一项复杂的技术工作，安装前除要做好各项准备工作外，施工单位必须编制出切实可行的施工方案，以保证安装过程顺利进行。

任何一项工程开工前，必须编制施工方案并经逐级审批，在施工中，无论施工管理人员，还是施工操作人员，都必须严格执行施工方案。施工现场情况有变化，可对施工方案进行适当的修改，经批准后，执行修改后的施工方案。无方案施工，或虽有方案却不按方案施工，都是不允许的。

施工方案的编制内容如下：编制说明；编制依据；工程概况；施工准备；施工程序及施工方法；施工质量要求和质量保证措施；质量检验计划；安全风险分析和安全技术措施；施工机具计划；劳动力计划；施工用材料计划；施工进度计划等。凡是有监理参与的工程项目，监理工程师都要对施工方案进行审批。审核的要点包括：做好审核前的准备工作，充分收集并分析工程基础资料，掌握审核依据；审核施工方案中具体施工方法的可操作性、合理性；审核质量检验计划、安全技术措施的针对性；施工进度计划能否实现，能否保证合同工期等。

❖ 附录1 塔安装方案举例

xx公司炼油厂塔制造安装施工方案

一、编制说明

xx公司炼油厂共有67台塔，其中4台塔现场制作安装，其余63台塔整体到货现场安装。为了保质保量地完成这一艰巨任务，保证塔安装投产一次试车成功，在工期紧、任务重、技术难度大的情况下，特编制此方案，进行指导施工。

二、编制依据

本方案的编制依据主要有：
① 化工塔类设备施工及验收相关规范；
② GB 150—2011《压力容器》系列相关标准；
③ NB/T 47041—2014《〈塔式容器〉标准释义与算例》；
④ 国务院令（549）号《特种设备安全监察条例》；
⑤ TSG 21—2016《固定式压力容器安全技术监察规程》；
⑥ SH/T 3536—2011《石油化工工程起重施工规范》；
⑦ NB/T 47013—2015《承压设备无损检测》系列标准；
⑧ JGJ 130—2011《建筑施工扣件式钢管脚手架安全技术规范》；
⑨ SH/T 3503—2017《石油化工建设工程项目交工技术文件规定》；
⑩ SH 3524—2009《石油化工静设备现场组焊技术规程》；
⑪ SH/T 3515—2017《石油化工大型设备吊装工程施工技术规范》。

三、工程概况

需现场整体安装的 63 台塔明细见表1。

表 1　塔设备安装工程一览表

序号	所在车间	规格编号	容积	单重/t	数量	备注(塔名称)
1	芳烃抽提	0212-T-101	$\phi2600\times51654\times16/14$	60.9	1	分馏塔
2		0212-T-102	$\phi3000\times71554\times24/16/14$	113.7	1	二甲苯塔
3		0212-T-201	$\phi2200\times62904\times23/18/14$	73.5	1	蒸馏塔
4		0212-T-202	$\phi1200\times19235\times10$	6.9	1	非芳香烃蒸馏塔
5		0212-T-203	$\phi2400\times39452\times12$	34.1	1	回收塔
6		0212-T-204	$\phi1400\times7985\times10$	4.1	1	溶剂回收塔
7		0212-T-301	$\phi1800\times49089\times18/14$	43.9	1	苯塔
8		0212-T-302	$\phi2200\times62904\times12/18/14$	35.4	1	甲苯塔
9	连续重整	0211-T-201	$\phi1400\times1800\times35189\times18/14$	32.9	1	稳定塔
10		0211-T-301	$\phi800\times9400\times10$	4	1	洗涤塔
11	PSA	0214-T-101 A～J	$\phi1800\times8400$	18	10	吸附塔
12	加氢裂化	0203-T-201	$\phi2400\times32500$	70	1	主汽提塔
13		0203-T-202	$\phi4800/3000\times33100$	160	1	分馏塔
14		0203-T-204	$\phi1800\times23000$	35	1	脱丁烷塔
15		0203-T-205	$\phi2400\times30200$	38	1	脱乙烷塔
16		0203-T-206	$\phi1000\times19200$	55	1	分馏塔
17		0203-T-207	$\phi1000\times19200$	22	1	脱硫塔
18		0203-T-101	$\phi2200\times13500$	176	1	氢脱硫塔

序号	所在车间	规格编号	容积	单重/t	数量	备注(塔名称)
19		0201-T-101	$\phi3400\times38000\times(20+3)/(6+3)$	85	1	初馏塔
20		0201-T-103	$\phi2000\times4800$	20	1	常压汽提塔
21	常减压	0201-T-202	$\phi1800\times\phi2800\times51000\times18/30/26$	120	1	脱丁烷塔
22		0201-T-203	$\phi1400\times49000\times28$	80	1	脱乙烷塔
23		0201-T-201	$\phi800\times3600\times40\times36/34$	55	1	吸收塔
24		0256-T-101	$\phi800\times23900\times(12+3)$	80	1	再生塔
25		0256-T-201	$\phi2600\times19100$	36.5	1	急冷塔
26	硫黄回收	0256-T-202	$\phi24000\times19700$	39	1	尾气吸收塔
27		0256-T-203	$\phi2200\times21300$	34.1	1	再生塔
28		0256-T-301	$\phi2400\times38250\times(12+3)/19900$	54.5	1	主汽提塔
29	制氢	0234-T-101	$\phi1500\times13400$	15	1	酸性水汽提塔
30		0234-T-101 A~J	$\phi2800\times9000$	50	10	吸收塔
31		0234-T-101	$\phi2200\times22500$	42	1	干气脱硫塔
32	产品精制	0234-T-201	$\phi1400/\phi1000\times27500/14$	24	1	气柜气脱硫塔
33		0234-T-301	$\phi2200/\phi1400\times4000/18300$	42.5	1	液化石油气脱硫塔
34		0234-T-401	$\phi1200/\phi800\times3000/19060$	25	1	脱硫抽提塔
35		0215-T-201A	$\phi1600\times13000$	60	1	产品分馏塔
36	柴油加氢	0215-T-202	$\phi3000/\phi3800\times28400$	60	1	汽提塔
37		0215-T-201B	$\phi3000/\phi3800\times28400$	75	1	产品分馏塔
38		T-101A/B	$\phi9000\times24000$	271	1	焦炭塔
39		T-102	$\phi4800\times49900$	145	1	催化分馏塔
40		T-103	$\phi2000\times44153$	43	1	蜡油汽提塔
41	延迟焦化	T-301	$\phi2000\times44153$	43	1	吸收塔
42		T-302	$\phi2000\times40005$	40	1	解吸塔
43		T-303	$\phi1600\times33703$	24	1	再吸收塔
44		T-304	$\phi2400\times4277$	65	1	稳定塔
45		T-401	$\phi4000\times20665\times(12+3)$	41.5	1	接触冷却塔

现场制作的塔有两种四台，见表2。

表2 现场组对的塔安装工程明细表

序号	所在车间	规格编号	容积	单重/t	数量	备注(塔名称)
1	常减压	0201-T-102	$\phi6400\times56163\times31/(24+3)$	550	1	常压塔
2		0201-T-104	$\phi5000\times51000\times(18+3)$	320	1	减压塔
3	延迟焦化	T-101A	$\phi9000\times24000$	271	1	焦炭塔(Ⅰ)
4		T-101B	$\phi9000\times24000$	271	1	焦炭塔(Ⅱ)

下面重点介绍4台塔的制造安装方案，63台塔的吊装方案从略。

四、施工准备

现场制造安装塔要编制切实可行的施工方案，并经过各级审批。

施工现场应做到"三通一平"，尤其一些大型塔进入施工现场时要做好准备，清除现场道路上的障碍物，协调好进场顺序。参加建设单位、监理单位组织的塔图纸审核会和设计单位的设计交底会。

基础验收，要求土建施工单位在基础上明显地画出标高基准线，纵横中心线，并提供基础的质量合格证明书、测量记录等技术资料，基础外观不得有蜂窝、空洞、露筋等缺陷。

基础的尺寸公差按规范要求执行。

五、施工方法

1. 施工顺序

现场制作的塔的施工顺序如下：

施工准备—图纸审查—编制施工方案—安全技术交底—基础复测—塔到货检验—塔设组对平台—裙座组对—裙座焊接—垫铁设置—吊耳焊接—裙座吊座就位—裙座找平找正—筒体组对焊接—设备接管、人孔安装—塔的整体热处理—塔的水压试验沉降观测—塔及管线的保温—塔的检查验收。

2. 塔组对的要求

塔组对时的技术要求如下：

① 塔组对时必须严格按照设计图、排版图、施工方案的要求进行施工。

② 组对前，应再次核对塔的管口方位及对正点是否清晰明确，分段处的外圆周长允许偏差是否符合要求，对不符合要求的项目必须及时进行处理。

③ 塔组对前，应按规范规定要求对其坡口尺寸和质量进行检查，坡口尺寸应符合图样的要求，坡口表面不得有裂纹、分层、夹渣等缺陷。

④ 两段对口前，必须将两段对口端的同长差换算成直径差，在对口时，应将差值均匀分布，以免错边集中在局部而造成超标。

⑤ 用千斤顶或调节丝杠进行间隙调整，用楔子调整对口的错边量，使其沿圈周均匀分布，防止局部超标，达到要求后，进行定位焊，固定。

⑥ 当两板厚度不相等时，对口错边量允许值应以较薄板的厚度为基准进行计算。测量时，不应计入两板厚度差值。

⑦ 组对后，形成的棱角 E，用长度不小于300mm的直尺检查，E 值不得大于钢板厚度 $\delta/10+2$，且不得大于5mm。

⑧ 组对完成后，必须按规范要求进行再次找正与找平，除图样另有规定外，壳体直线度允许偏差应不大于壳体长度1‰，当壳体长度超过30m时，其壳体直线度允许偏差不得大于30mm。

⑨ 定位焊与正式焊的间隔时间不宜过长，以防容器变形。

⑩ 封头和筒体的对口应以内壁对齐。

⑪ 复合钢板的筒节组装时，以复合层为基准，防止错边超标，定位板与组对卡具应焊在基层，防止损伤复合层。

⑫ 不锈钢和复合钢板复合层表面在组装时不得采用碳钢制工具直接敲打，局部伤痕等影响腐蚀性能的缺陷，必须进行修磨，修磨后的厚度不应小于名义厚度减去钢板的负偏差。

塔外形尺寸偏差允许范围见表 3。

表 3　塔外形尺寸偏差允许范围

序号	检查项目		允许偏差
1	圆度		±20mm
2	直线度		15mm
3	上下两封头外侧之间的距离		±0.5mm/m　且不大于±50mm
4	基础环底面至塔器下封头与塔壳连接焊缝距离		1000mm 裙座长,偏差不得大于 2.5mm 且最大为 6mm
5	接管法兰至塔器外壁及法兰倾斜度		±5mm　≤0.5mm
6	接管或人孔的标高	接管	±6mm
		人孔	±12mm

现场组对的塔要严格控制塔的圆度、直线度、上下两封头之间的距离，控制塔基础底面到塔器底面下封头与塔壳连接焊缝的距离，严格控制接管法兰轴线与塔器外壁的垂直度。

下面表 4 列出了塔体安装允许偏差:

表 4　塔体安装允许偏差　　　　　　　　　　单位：mm

序号	检查项目	允许偏差
1	中心线位置	$D \leq 2000$　±5
		$D > 2000$　±10
2	标高	±5
3	铅垂度	不超过 15
4	方位	$D \leq 2000$　10
		$D > 2000$　5

六、塔组对的质量控制措施

塔组对的质量指标如下:

① 材料正确利用率 100%。

② 塔组装一次验收合格率 100%。

③ 塔的焊接无损检测一次合格率 97% 以上。

④ 塔体管口封口率 100%。

施工项目部成立质量管理体系，确保质量体系正常运行。

组对塔的关键工序质量控制点如下，见表 5。

表 5　组对塔的关键工序质量控制点

序号	控制点名称	级别
1	设备材料检验	AR
2	设备基础验收	BR
3	垫铁安装隐蔽检查	AR

续表

序号	控制点名称	级别
4	焊接工艺评定 焊工资格审查	BR
5	分段塔组对焊接检查	AR
6	组对塔压力试验	AR
7	塔基础沉降观测检验	BR

注：A—建设单位、监理单位、施工单位共同检查；B—监理单位、施工单位共同检查；R—检查时形成的资料。

七、焊接的有关要求

1. 焊材的一般规定

焊材仓库负责焊材的保管，要严格执行《焊材一级库管理规定》。焊接材料必须具有质量证明书，出厂合格焊条的药皮不得有脱落，不许有裂纹，焊丝在使用前应清除其表面的油污、锈蚀。

焊接材料的储存保管应按下述要求执行：

焊材库必须通风，库房内不得存放有害气体或有腐蚀性介质，焊接材料应放在架子上，架子离地面高度要有合适的距离以及与墙面距离均不小于300mm。焊材应按种类、牌号、批号、规格和入库时间分别摆放，并有明显的标识。焊材库内应设温度计，湿度计。库房温度不应低于5℃，相对湿度不超过60%，焊材烘干室负责焊材的烘烤和发放，依据《焊材烘烤一览表》的规定进行烘烤与保温，回收的焊条重复烘烤不超过两次，施工中，焊条应存放在保温筒内，随用随取，焊条在保温筒内如超过4h，应重新烘干。

焊接环境出现下列情况下，必须采取有效防护措施，否则禁止施焊。

① 手工电弧焊时，风速不大于10m/s。

② 环境相对湿度不大于90%。

③ 焊接场所存在风、雨、雪天气。

2. 焊前准备

（1）焊接工艺评定　按照NB/T 47014—2011《承压设备焊接工艺评定》进行焊接工艺评定，评定项目包括焊接接头，焊接接头返修，承压件上永久性或临时性焊接接头以及定位焊接接头，并按评定合格的焊接工艺参照NB/T 47015—2011《压力容器焊接规程》的规定制订焊接工艺规程。

（2）焊工资格的审查　电焊工必须持证上岗，在合格的项目范围内施焊。凡参加不锈钢复合钢板的焊工必须进行考试，合格后方可承担焊接作业，考试时，由监理单位和施工单位联合监考。

焊工考试执行《锅炉压力容器焊工考试规则》的有关规定，并按下述原则进行考试。

焊工考试可按基层材质和复层材质分别进行考试，也可按不锈钢复合板进行考试，分别考试时，试件的选择应按复合钢板的总厚度考虑。

不锈钢复合板的基层和复层焊缝可分别由具备相应资格的焊工进行施焊，但焊接过渡层焊缝的焊工应同时具备基层类和复层类材质的焊接资格。

施焊工艺评定试件的焊工，工艺评定合格，可申报相应的焊接资格。

（3）坡口的加工　坡口在制造厂已加工完毕，卷板进场时，要对加工完的坡口进行外观检查，坡口表面不得有裂纹和分层否则应进行修补。

（4）接头的组对　坡口及其两侧各 20mm 范围内进行表面清理，复层距坡口 100mm 范围内应涂防飞溅涂料。

定位焊应焊在基层母材上，且采用与焊接基层金属相同的焊接材料，手工电弧焊和埋弧自动焊相结合进行施焊。

严禁在复层上焊接工卡具，工卡具应在基层一侧，且采用与焊接基层金属相同的焊接材料，去除工卡具时，应防止损伤基层金属，焊疤处要打磨光滑。

（5）焊接方法和焊接材料的选用　现场 4 台组对的塔，焊缝总长度 3156m，为了提高效率，保证焊接质量，保证工期，横焊焊缝采用埋弧自动焊，其余焊缝采用手工电弧焊，复层焊接采用手工电弧焊。

焊接时，要先焊基层，再焊过渡层，再焊复层，且焊接基层时不得将基层金属沉积在复层上。

焊接基层和过渡层以及复层时，都必须进行焊前预热，预热温度根据焊接工艺评定确定。

基层和过渡层预热温度为 200～250℃之前，复层预热温度≥150℃，预热范围在坡口两侧均不得小于 150mm。并且不小于 3 倍壁厚，且应预热均匀。

焊接材料的选用见表 6。

表 6　焊接材料的选用

序号	母材材质	焊材及规格		
		焊条	焊丝	焊剂
1	14Cr1MoR（基层）	CMA96-MB	US511N	PF-200
2	14Cr1MoR+0Cr13（过渡层）	ENiCrFe-3		
3	0Cr13（复层）	ENiCrFe-3		
4	14Cr1MoR+20R（裙座）	J427		

在焊接过程中，由于某种原因中断焊接工作，应维持焊缝坡口两侧各 150mm 范围内处于预热温度下，直到焊接工作重新开始，否则应在暂停工作时立即进行消氢处理。

（6）焊缝焊接完毕后，立即进行后热消氢处理，后热温度为 350℃，时间为 2h。

过渡层焊接采用小热输入多道焊接。

焊接复层前，必须将过渡层焊缝表面坡口边缘清理干净。

在进行纵缝焊接时，应暂不焊接过渡层及复层焊缝两端 30～50mm 处，待环缝基层焊缝焊接完成后，再将纵缝两端焊接完全至成形。

筒体和封头上的所有承压焊缝（包括裙座上部铬钼钢段），应采用全焊透结构。

（7）对于不锈钢复合钢板的焊接接头，复层面端部离基层坡口边缘的距离至少 10mm，且基层焊完后，基层焊缝表面必须磨平，清扫干净，并经磁粉检测。检测合格后，方能进行堆焊焊接，焊缝处的复层对口错边量不得大于 1mm，且应先焊基层后焊复层。

（8）开口接管不得与筒体环焊缝、纵焊缝和封头上的拼接焊缝相碰，且距焊缝边缘距离不小于 100mm。

（9）堆焊构件应在堆焊前，用磁粉探伤检查基体表面有无裂纹，要求其表面不得有微裂纹存在。

（10）禁止在容器的非焊接部分引弧，因电弧擦伤而产生的弧坑或焊疤，必须打磨平滑。

（11）所有铬钼钢（包括复合钢板部分）对接接头的焊缝余高应打磨到与母材平齐。在焊接完成后整体热处理前要进行检查。

焊缝的对口错边量不得大于 3mm。

此堆焊层表面应光滑，不允许存在任何大小裂纹，不许存在未熔合及条状夹渣，堆焊层表面不允许存在任何宏观缺陷。

焊道间搭接接头处应平滑过渡，其不平度均不大于 1.5mm。

八、焊接检验

1. 焊接前的检验

工程中所使用的焊接材料，在使用前，必须进行核查，确认与母材相匹配，方可使用。

使用的焊条必须是按要求烘烤，焊丝表面应清理干净，不得有锈蚀、油污。

施焊前，应检查坡口形式、组对要求、坡口及坡口两侧表面的清理情况，必须符合焊接工艺要求。

2. 焊后外观检查

所有焊接接头表面不允许存在咬肉、裂纹、气孔、弧坑、夹渣等缺陷，焊接接头上的熔渣和两侧的飞溅物必须打磨和清理干净。

3. 无损检测

① 焊缝的透视。焊缝的透视是检验焊缝内部缺陷准确又可靠的方法之一，焊缝透视可分为 X 射线探伤和 γ 射线探伤两种。

② 当射线通过被检查的焊缝时，由于焊缝内的缺陷对射线的衰减和吸收能力不同，因此通过焊接接头后的射线强度不一样，使胶片感光程度不一样，将感光胶片冲洗后，就可以用来判断和鉴定焊缝的内部质量。

③ 对于现场组对塔的所有铬钼钢对接接头（包括开口接管，裙座上的铬钼钢部分和裙座上碳素钢与铬钼钢之间的对接接头）及复合钢板对接接头在焊后热处理之前应按 NB/T 47013.1～47013.13—2015（JB/T 4730）进行 100％射线检测，其检测结果不应低于Ⅱ级。

④ 裙座上碳素钢与碳素钢之间的对接接头应按 NB/T 47013.1～47013.13—2015（JB/T 4730）抽查不少于总长度的 20％进行射线探伤，其检测结果不低于Ⅲ级。

⑤ 超声检测（UT）。所有铬钼钢对接接头（包括开口接管和裙座上的铬钼钢部分），裙座上碳素钢与铬钼钢之间的对接接头及复合钢板对接接头在焊后均应按 NB/T 47013.1～47013.13—2015（JB/T 4730）进行 100％超声检测，如发现超标缺陷，则该部位的整条焊缝应全部进行超声波复测，超声波为Ⅰ级合格。对于小直径接管的对接接头如无法进行超声检测，应采用分层磁粉检测（MT）。

如果在焊后热处理之前对对接接头进行 100％超声检测，则热处理后应抽查 20％进行超声复检，如发现超标缺陷，则该部位的整条焊缝应全部进行超声复检，超声复检的合格级别不变（Ⅰ级为合格）。

焊后热处理之后，对复合钢板部分应抽查 20% 进行超声检测，Ⅰ级合格，若发现不合格缺陷，则应进行全面积的超声检测。

⑥ 磁粉检测（MT）。所有铬钼钢的焊缝坡口、所有铬钼钢焊接接头清根后表面、待堆焊面和焊接接头内外表面，均应按 NB/T 47013.1～47013.13—2015（JB/T 4730）在焊接前或热处理前进行 100% 磁粉检测。当裙座内部的铬钼钢焊接接头不能进行磁粉检测时，可用渗透检测代替。铬钼钢部分所有暂时性的装配件均应去除，去除后的表面应打磨光滑并进行磁粉检测。

在安装过程中，可根据需要对焊接接头进行一次或多次磁粉检测。

⑦ 渗透检测（PT）。焊后热处理之后，所有焊接接头内外表面应按 NB/T 47013.1～47013.13—2015（JB/T 4730）进行渗透检测。

⑧ 硬度检测（HT）。在焊后热处理之后，应对铬钼钢部分进行硬度检测且硬度值不得大于 225HB。

⑨ 检测数量规定。每条环向对接接头（包括筒体与封头之间的环向对接接头），每条纵向对接接头（包括封头上拼接接头），各抽查 2 处，每处包括两侧母材，焊缝金属和两侧热影响区上各一点。

每个开口接管与筒体或封头之间的焊接接头各抽查一处，每处包括两侧母材焊缝金属和两侧热影响区上各一点。

顶部、底部大法兰密封面附近各抽查 3 点，其余每个法兰密封面附近各抽查一点。

⑩ 水压实验后的无损检测。水压试验合格后，应抽查铬钼钢部分的对接接头，总长 20% 进行超声波检测。并对总长 20% 的铬钼钢对接接头进行磁粉检测或渗透检测。

⑪ 合金元素检测。铬钼钢焊接接头及复合钢板焊接接头的基层和复层焊接完毕后，应对其主要合金元素 Cr、Ni、Mo 等合金元素进行光谱分析，以确认该焊接接头的焊接材料，检测点要求如下：

a. 每条环向焊缝接头不少于 2 点；

b. 每条纵向焊缝接头不少于 1 点；

c. 每条接管对接接头及壳体之间的焊接接头至少 1 点。

⑫ 焊缝返修。焊缝返修应注意以下几点。

a. 焊缝返修必须由持证焊工担任实施。

b. 经检测不合格的焊接接头表面缺陷，可用砂轮磨掉，所剩壁厚不得小于名义厚度减钢材厚度负偏差，打磨部位应与周围金属平缓过渡，打磨后需经磁粉检测合格。

c. 返修前，先对缺陷进行定位，当缺陷位置距复层表面不大于 3 mm 时，在复层一侧进行返修，否则应在基层一侧返修，并控制刨槽深度，严禁伤及过渡层焊缝。

d. 经检测不合格的内部缺陷，允许铲掉补焊，缺陷去除后，须经磁粉检测合格后方可补焊。磨削或碳弧气刨清除缺陷时，刨槽底部应修磨成 U 形，槽长不得小于 50mm。

e. 补焊应符合下列规定：

补焊应采用经过评定的焊接工艺（包括预热和焊后热处理）和焊接材料。

返修后的焊缝应修磨成与原焊缝基本一致，并按原无损检测要求进行检验。

焊缝同一部位返修次数不应超过两次，超过两次的应由施工单位技术总负责人进行审批，批准后方可执行。

焊缝返修应在热处理前进行，否则应重新进行热处理。

每个焊工施焊的位置应记录在施焊记录上，以施焊记录作为焊工识别的标识。

九、安全技术措施

安全技术措施主要有以下几点。

① 施工人员进入现场要戴好安全帽，着装整齐并且要进行安全教育。

② 登高作业要系好安全带。

③ 使用砂轮机操作要戴防护眼镜。

④ 进入有限空间作业，照明要使用安全电压。

⑤ 进入有限空间作业要办理有限空间作业证。

⑥ 动火作业要办理动火证。

⑦ 吊装作业要有专人指挥，哨音响亮，旗语鲜明，重物下不许站人，吊装现场要设置警戒绳，非施工人员不得进入。

关于塔的整体吊装，另有吊装方案，此处从略。

附录2　换热器安装方案举例

XX公司换热器安装施工方案

一、编制说明

XX万吨/年合成氨项目已进入设备安装阶段，为保证我公司能高质量、高效率、安全、顺利地完成合成氨工程项目，为下一步工艺配管创造条件，特编制此施工方案。

二、编制依据

本方案的编制依据主要有：

① XX项目施工平面布置图及设备图纸；

② GB/T 151—2014《热交换器》；

③ 国务院令（549）号《特种设备安全监察条例》；

④ TSG 21—2016《固定式压力容器安全技术监察规程》；

⑤ SHS 01009—2004《管壳式换热器维护检修规程》；

⑥ NB/T 47013—2015《承压设备无损检测》；

⑦ SH/T 3536—2011《石油化工工程起重施工规范》；

⑧ JGJ 130—2011《建筑施工扣件式钢管手架安全技术规范》；

⑨ SH/T 3503—2017《石油化工建设工程项目交工技术文件规定》。

三、工程概况

1. 安装设备

安装设备明细见表 7。

表 7　换热器安装设备明细表

序号	设备位号	设备名称	规格/mm	数量/台	单重/kg	安装位置
1	E-101	1# 热交换器	$\phi 500 \times 3300$	1	1400	室外地面卧式
2	E-102	2# 热交换器	$\phi 600 \times 4560$	1	1600	
3	E-103	1# 尾气冷却器	$\phi 600 \times 2800$	1	2100	
4	E-104	1# 反应器冷却器	$\phi 800 \times 7200$	1	6500	
5	E-105	2# 尾气冷却器	$\phi 580 \times 6512$	1	5800	10m 柜架上卧式
6	E-106	进料冷却器	$\phi 480 \times 5085$	1	4600	
7	E-107	成品冷却器	$\phi 460 \times 3850$	1	2400	
8	E-108	1# 合成气冷却器	$\phi 485 \times 5060$	1	1850	室外地面卧式
9	E-109	2# 合成气冷却器	$\phi 600 \times 7000$	1	5800	

2. 现场情况

XX 项目施工现场"三通一平"已完成，可以进行设备安装的前期准备工作。

四、施工准备

① 水、电、气已接到施工现场的指定位置。

② 现场道路畅通。

③ 设备库房布置合理，符合施工要求。

④ 设备安装前应有必要的施工方案和技术交底。

⑤ 设备基础验收交接完毕。

⑥ 对全体施工人员进行质量教育和安全教育。

五、施工方法

1. 施工程序

施工程序为：换热器设备验收—设备试压—安装就位、初找—地脚螺栓孔灌浆—设备最终找正—二次灌浆—附件内件安装—内部清理—刷油保温—最终检查。

2. 施工方法

① 设备验收保管：设备开箱验收应由建设单位、监理单位、施工单位代表参加，并按图纸、技术资料及装箱清单等对机器、设备进行外观检查，核对机器、设备及其零部件的名称、型号、规格、数量是否与图纸、资料相符。

② 设备及附件应无变形、锈蚀、损坏等现象。

③ 换热器应具有设备出厂合格证书、压力容器的产品质量证明书、水压试验记录。

④ 换热器及附件验收后，应将暂不安装的部件放入库房内保存，库房内应保持干燥、通风，注意防潮，避免腐蚀。

⑤ 设备的安装

a. 机械设备就位前，基础表面应进行修整，需二次灌浆的基础表面应铲出麻面，麻点深度一般不小于 10mm，深度以每平方厘米内有 3～5 个点为宜，表面不允许有油污或疏松层，放置垫铁处的基础表面应铲平，其水平度允许偏差为 2mm/m，螺栓孔内的碎石、泥土、杂物等必须清理干净。

b. 安装垫铁的要求：垫铁材质为普通碳钢，垫铁应平整，无氧化皮、毛刺和卷边，配对斜垫铁间应接触密实。垫铁应布置在负荷集中的部位、地脚螺栓的两侧、底板的四角、加强筋部位，相邻两组垫铁一般为 300～700mm，每组垫铁一般不超过四块，其中有一对斜垫铁，高度宜为 30～70mm。

垫铁直接放在基础上，与基础接触紧密且均匀，其接触面积不少于 50%，平垫铁顶面水平度允差为 2mm/m，配对斜垫铁的搭接长度应不小于全长的 3/4，其相互间的偏斜角不大于 3°。

机器找平后，垫铁组应露出底座 10～30mm，地脚螺栓两侧的垫铁组，每块垫铁伸入机器底座底面的长度均应超过地脚螺栓，目的是保证受力均匀，不至于拧紧螺栓时将垫铁挤跑，造成压不实而影响安装质量，从而保证机器底座受力均匀。

机器安装的垫铁组，用 0.25kg 小锤敲击检查，应无松动，垫铁层间用 0.05mm 塞尺检查，垫铁同一断面处，两侧塞入深度之和不得超过垫铁全长的 1/4。检查合格后，将垫铁两侧层间点焊固定。

c. 地脚螺栓的安装要求：地脚螺栓的光杆部分应无油污和氧化皮，螺纹部分应涂上少量油脂。

螺栓应垂直、无歪斜。

安装地脚螺栓时，不应碰孔底，螺栓上的任一部位离孔壁的距离不得小于 20mm。

工作温度下多膨胀或收缩的卧式设备，滑动端地脚螺栓应先紧固，待设备和管线连接完毕后，再松动螺母，留下 0.5～1mm 间隙，同时用锁紧螺母紧固、保持间隙、采用滑动底板时，设备底座的滑动面应进行清理并涂上润滑脂。

d. 换热器吊装就位前，应再次检查设备上的油污、泥土等脏物是否清除干净，同时按设计图纸仔细核对设备管口方位、地脚螺栓孔和基础预埋地脚螺栓的位置、尺寸。

e. 设备吊装应按已批准的吊装方案进行，吊装时设备的接管或附属结构不得由于绳索的压力或拉力而受到损伤，就位后注意保证设备的稳定性。

f. 设备在找正、找平时，调整和测量的基准一般规定为：基础上的标高线、中心线、立式设备的铅垂度以两端部测点为基准，卧式设备的水平度一般以设备的中心线为基准，找平、找正应在同一平面内互成直角的两个或两个以上的方向进行。

设备找平、找正时，应根据要求进行垫铁调整，不应用紧固或放松地脚螺栓及局部加压力等方法进行调整。设备安装允许偏差应符合表 8 的规定。

表 8　设备安装允许偏差　　　　　　　　　　　　单位：mm

项目	一般设备		与机器衔接的设备	
	立式设备	卧式设备	立式设备	卧式设备
中心线位置	$D \leqslant 2000 \pm 5$ $D > 2000 \pm 10$	± 5	± 3	± 3

项目	一般设备		与机器衔接的设备	
	立式设备	卧式设备	立式设备	卧式设备
标高	±5	±5	相对标高 ±5	相对标高 ±5
水平度		轴向 $L/1000$ 径向 $2D/1000$		轴向 $0.6L/1000$ 径向 $D/1000$
铅垂度	$H/1000$ 但不超过 35		$H/1000$	
方位	沿底座环圆周测量 $D\leqslant2000$　10 $D>2000$　15		沿底座环圆周测量 5	

g. 设备的现场试压如下表 9。

表 9　换热器现场试压明细表　　　　　单位：MPa

序号	设备位号	设备名称	材质	设备压力		耐压试验(水压)		气密性试验	
				壳程	管程	壳程	管程	壳程	管程
1	E-101	1# 热交换器	S.S	2.5	3.1	3.96	3.96	—	—
2	E-102	2# 热交换器	S.S	2.5	2.5	3.33	3.33	2.63	2.63
3	E-103	1# 尾气冷却器	S.S	2.5	2.5	3.33	3.33	2.63	2.63
4	E-104	2# 尾气冷却器	S.S	1.0	3.0	1.25	3.845	1.05	
5	E-105	进料冷却器	S.S	2.5	2.3	3.1	3.1	—	—
6	E-106	成品冷却器	S.S	1.2	2.5	3.19	3.19	—	—
7	E-107	成品冷却器	S.S	1.0	1.9	1.25	2.38	1.05	
8	E-108	1# 合成气冷却器	S.S	1.0	1.8	1.25	2.25	1.05	1.89
9	E-109	2# 合成气冷却器	S.S	1.0	1.0	1.5	1.5	—	—

设备在试压、清理、吹洗合格后应马上进行封闭，封闭前应有专人进行检查。

六、安全技术措施及要求

① 技术方案的编制和技术交底要及时、合理、针对性强、能指导施工。

② 施工人员要执行技术方案、技术交底的要求，严格遵守工艺纪律，按图纸和技术要求施工。

③ 施工过程中，施工人员要进行自检，并接受专职质检员的检查。

④ 工序的交接要有工序交接记录，各施工控制点的技术资料要齐全，手续完备。

⑤ 施工中若发现不合格的地方要及时向有关人员汇报并及时整改，以保证施工质量。

⑥ 施工操作必须严格按《安全技术操作规程》执行。

⑦ 施工人员进入施工现场必须正确佩戴好安全防护用品，来往行走，注意头上、脚下以及往来车辆，防止意外伤害。

⑧ 施工人员必须持证上岗，登高作业应系挂安全带。

⑨ 厂区内动火，必须办理动火手续，手续齐全方可动火，动火过程中必须有专人

监护。

⑩ 风力大于 5 级时，严禁进行吊装作业，雷雨天气应有防触电措施。

⑪ 使用的各种电动工具必须配有触电保护器，进入有限空间作业，所用照明要使用安全电压。

⑫ 施工现场必须配有合格的消防器材，规格、数量由安全员提出，消防用水由车间指定地点取用。

⑬ 设备在吊装过程中，应密切配合，在重物下面严禁有人行走和停留。

⑭ 机索具及制作的工具，必须正确使用，经试吊合格后，方可使用。

⑮ 设备在运输、吊装时，应设专人指挥，信号应清晰、准确，施工应听从指挥，协调一致，严禁凭估计猜测，擅自行动。

⑯ 设备就位，穿地脚螺栓时，应使用撬棍，手脚不准放在设备底部，防止挤、砸伤。

⑰ 脚手架搭设要按规范规定办理，搭设合格后，经安全部门检查合格，挂上可以使用的牌子。行走的斜梯、平台要有安全护栏、踢脚板，护栏要牢固可靠，跳板搭设时，要用 8# 线捆绑牢固，符合安全操作规程的要求。

附录 3　管道安装施工方案举例

乙烯装置管道安装施工方案

一、编制说明

XX 公司乙烯装置 XX 车间管道安装工作量大，管道材质多，管道主要材质有 20、20R、1Cr5Mo、0Cr18Ni9Ti 等。管廊上的高空管道多，安装难度大，为了保质保量地完成安装任务，特编制此施工方案，以指导施工。

二、编制依据

施工方案的编制依据如下。

① 设计文件和图纸资料；

② GB 50235—2010《工业金属管道工程施工规范》；

③ SH 3501—2011《石油化工有毒、可燃介质钢制管道施工及验收规范》；

④ GB 50236—2011《现场设备、工业管道焊接工程施工规范》；

⑤ SH/T 3536—2011《石油化工工程起重施工规范》。

三、工程特点

1. 管道预制工作量大，合金钢管道材质占有较大比例，焊接要求严格，合金钢管道的焊接前预热和焊后热处理，以及焊后消氢都很严格，管道的安装工程量见表 10。

表 10 管道安装工程量明细表

序号	材质	无缝钢管/m	管件/个	阀门/个
1	0Cr18Ni9Ti	320	278	各种阀门 3436 个
2	1Cr5Mo	3050	1803	
3	20R	80	120	
4	20G	235	68	
5	20	43656	12368	

2. 工艺管道中易燃、易爆的介质多，防泄漏要求严。

3. 管道布置密集，管廊上的管道多，施工空间小，工期紧，任务重。

四、施工准备及施工方法

1. 编写切实可行的施工方案，逐级审批，尤其要经过监理单位的审批，审批后方可执行。

2. 切实组织好人力物力，保证施工需要。

3. 施工现场做到"三通一平"，吊车、板车的运走道路畅通。

4. 管道施工图经过施工图纸会审，并已对施工人员进行技术交底。

5. 施工工序如下所示。

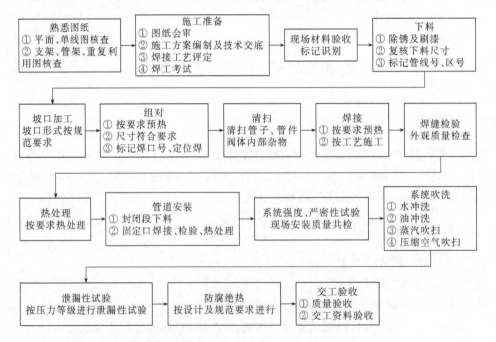

6. 管道组成件检验及材料管理

（1）对管道组成件的一般要求

① 材质、规格、型号、质量应符合设计文件的规定。

② 无裂纹、缩孔、夹渣、折叠、重皮等缺陷。

③ 锈蚀、凹陷及其他机械损伤的深度，不应超过产品相应标准允许的壁厚负偏差。

④ 螺纹、密封面、坡口的加工精度及粗糙度应达到设计要求或制造标准。

⑤ 管道组成件（管子、阀门、管件、法兰、补偿器、安全保护装置等），必须具有质量证明书或合格证，无质量证明书或合格证不得使用。

⑥ 不锈钢管道组成件及支撑件在储存及施工期间不得与碳素钢接触，所有暂时不用的管子均应封闭管口。

⑦ 所有管道组成件，均应有产品标识。

⑧ 任何材料代用必须经设计部门同意，不允许任意不加区别地以大代小，以厚代薄，以较高等级材料代替较低级别的材料。

（2）对管道支、吊架的要求

① 应有合格证明书。

② 弹簧表面不应有裂纹、折叠、分层、锈蚀等缺陷。

③ 尺寸偏差应符合设计要求。

④ 在自由状态下，弹簧各圈节距应均匀，其偏差不得超过自由高度的2%。

（3）管子及管件检验

① 鉴于该工程中使用的同规格（外径），同材质的管子、管件存在壁厚相差不大的特点，在使用前应按单线图及管道规格表核对管子和管件的规格、数量、材质和标记，并审查质量证明书的内容。予以认真核对，保证材料正确使用率达到100%。

② 合金钢管子、管件、法兰、螺栓、螺母，应用光谱分析仪对材质进行复查，每批抽查5%且不少于1件，并做好检验状态标识及材料色标。

③ 螺栓、螺母的螺纹应完整，无划痕、毛刺等缺陷，螺栓、螺母应配合良好，无松动或卡涩现象。

④ 法兰密封面、八角垫、缠绕垫不得有径向划痕、松散、翘曲等缺陷，石棉垫表面应平整、光滑，不得有气泡、分层、褶皱等缺陷。

（4）阀门检验

① 阀门进入现场，必须有质量证明文件，无质量证明文件的阀门不得使用。

② 阀门应进行外观检查，其零部件应齐全完好，不得有裂纹、氧化皮、粘砂、疏松等影响强度的缺陷。法兰密封面平整光滑，无毛刺及径向沟槽。

③ 阀门在安装前，应按要求和施工验收规范对阀体进行液体100%压力试验。

④ 安全阀在安装前应进行调校，按设计要求由建设单位统一定压、调校，合格后在有关人员监督下进行铅封。

（5）工程材料管理

① 工程材料要具备质量证明书，领料时要认真核对材质、型号、规格。

② 材料合格品、不合格品及待检品应分区摆放。

③ 不同材质、等级的管子，管件应有标识，摆放整齐。

④ 材料发放要有详尽的台账，具有可追溯性。

⑤ 施工班组凭单线图限额领料。

⑥ 管道封口率要达到100%，管内清洁率达到100%。

（6）焊接材料的管理发放

① 焊材要设一级库和二级库，一级库为总的焊材库，二级库要从一级库领取焊材，并要保证焊材的保管环境和管理制度。

② 焊接材料的管理及发放应有专人负责。

③ 焊条在使用前应按照生产厂家的说明书进行烘烤和保温。

④ 焊工在领用焊条时应使用焊条保温筒,焊条应随用随取,一次领用数量不得超过4h 的用量。

⑤ 一个焊条保温筒内,不得装入两种或两种以上牌号规格的焊条。

⑥ 当天施工完毕,未用完的焊条和用后的焊条头应退回焊材发放处,由焊材管理人员按照规定统一处理。

⑦ 回收焊条的烘烤次数不得超过 2 次。

⑧ 焊条领用与回收必须有完整的记录,由当事人签名填写焊条领用与回收记录。

7. 管道预制

(1) 根据该工程工艺管道安排时间紧,容易发生交叉作业等特点,建造管道预制厂,进行工厂化预制,预制程度应尽可能完整,这样可以在正式要安装时节省时间。

(2) 管道预制加工前,施工班组应仔细核对设计单线图,并结合现场的实际情况,认真熟悉管段图上材质规格、几何尺寸、方法、发现问题及时反馈技术部门以便联系设计解决,减少误差和返工,供应部门要保证工程所需管材、管件数量,充足供应。

(3) 单线图用于现场预制和施工安装,管道预制前,工程技术人员在管道单线图上标明预制口,现场焊接口时要考虑好活动口的位置,靠近设备管口处不要预制太长,装置与管廊连接处两边最好都考虑用活接头,避免因其他原因造成偏移,引起预制返工。

(4) 管道预制过程中的每一道工序,均应核对管子标识并做好标识的移植。对于不锈钢管道,不得使用钢印作标识。

(5) 预制应严格按单线图执行,每预制一道焊缝都要在单线图上进行标记。

(6) 坡口加工和预制应在经处理硬化的地面或平台上进行,管子切割应保证切口面平整,无裂纹、重皮、毛刺、凹凸、缩口、熔渣、氧化物、铁屑等,端面倾斜偏差不应大于管子外径的 1/100,且不得超过 3mm。

(7) 管子坡口加工,不锈钢管道应采用机械加工或等离子切割,其他管道可采用氧-乙炔火焰方法进行切割加工。

(8) 管子、管件组对时,一律采用 V 形坡口(承插焊口除外)。

(9) 壁厚相同的管道组成件组对时,应使内壁平齐,其错边量不应超过其壁厚的10%,且不大于 2mm,焊口内外边 20mm 处用角向磨光机,将管子表面清理干净,不得留有铁锈,泥砂,油漆,油污等杂物。对于壁厚不相同的管道组成件组对时,应严格遵守SH 3501—2011 的焊前准备的规定,对不同壁厚的管子壁厚进行修整。

(10) 对于直径在 2in(1in=25.4mm)以上的管子,焊接采用氢弧焊打底,手工电弧焊填充盖面的焊接工艺,焊接层数为 2~3 层,层间焊接接头应相互错开。

(11) 不锈钢焊接前应将坡口及其两侧 20~30mm 范围内的焊件表面清理干净,在每侧各 100mm 范围内涂抹白圣粉或其他防粘污剂,以防焊接飞溅物粘污。

(12) 焊后应认真检查,焊缝表面应平滑过渡,不得有裂纹、气孔、夹渣、飞溅、咬肉等缺陷,咬边深度应小于 0.5mm,长度应小于焊缝长度的 10%且小于 100mm,焊缝表面加强高 1~2mm,焊缝宽度超出坡口 2mm 为宜。

(13) 直管段上两道对接焊口中心面间距应符合:当管径大于或等于 150mm 时,不应小于150mm，当管径小于150mm时，焊口间距不应小于管子外径的数值。

（14）当采用承插焊时，管子与管子应同心，角焊缝应该焊两遍，角焊缝焊脚尺寸应不小于1.4倍的管壁厚度，管子插入管件应有1~1.5mm的间隙，目的是使焊接牢固。

（15）焊接时，不准在焊件表面引弧和试电源，应在焊道内引弧或在卡具上引弧，或在引弧板上引弧，目的是保护管道不被损伤。

（16）使用卡具过后，焊疤要打磨干净。

（17）焊缝焊接完毕，应按要求标注焊工、焊口标识，内容包括焊工号、焊口号、焊接日期、管线材质等。

（18）焊缝焊接完毕后，对焊缝进行外观检查，组对、焊接及焊接自检等过程都要如实填写焊接记录，每根管线预制焊接完毕后，质检人员确认合格后，应立即输入焊口数据库，以备按规定比例进行射线探伤。

（19）合格的管段应具备管配件完整性，需无损检测的焊缝应检测合格，管口用塑料布或塑料胶板及时进行封堵，避免脏物进入管内。

（20）对于材质是1Cr5Mo等级壁厚的管段，要进行焊前预热。焊前预热温度要≥250℃，焊后要进行消氢处理。

8. 管道的现场安装

（1）管道安装

① 管道安装顺序本着分片区，分系统，先大直径，后小直径，先上层，后下层，先难后易的原则；与设备相连接的管道原则上是从里向外配管，即从设备接管处向外配管，以减少焊接应力对机器安装精度的影响，管道穿越格栅板时，应将固定口设置在格栅板的上方，便于焊接及检查。

② 管道在安装前应对设备管口、预埋件、预留孔洞钢结构等涉及管道安装的内容进行复核，确认无误后才能进行管道的安装工作。

③ 管子吊起安装前，应对管道倾斜45°敲打，将其内部脏物清理干净，并由专业质检人员检查确认，保证管内无任何杂物后进行安装。

④ 仪表组件的临时替代，所有仪表组件安装时，均可采用临时组件进行替代，待试压、冲洗、吹扫工作结束后，气密性试验前再正式安装就绪。

⑤ 水平段管道的倾斜方向，以及倾斜角度要符合设计文件的要求，倾斜方向要以便于输送介质为原则。

⑥ 蒸汽冷凝水管道上的疏水阀要待管道冲洗干净后，再进行安装。

⑦ 在管道安装过程中，配管不能连续进行，中间有停歇时，各管道开口处务必加盖或用塑料布包扎，以免杂物、灰尘进入。

⑧ 管道需按设计要求作静电接地，并与电气专业设计的接地网连通。

（2）管道安装允许偏差　管道安装时的允许偏差见表11。

表 11　管道安装时的允许偏差　　　　　　　　　　　　单位：mm

项目	允许偏差
坐标	25
标高	±20

续表

项目		允许偏差
水平管道平直度	$DN \leqslant 100$	$2L‰$　最大 50
	$DN > 100$	$3L‰$　最大 80
立管垂直度		$5L‰$　最大 30
成排管道间距		15
交叉管的外壁或绝热层间距		20

注：DN 为管子公称直径；L 为管道有效长度。

（3）与传动设备连接的管道

① 与传动设备连接的管道的固定焊口，应尽量远离设备，并在固定支架之外，以减少焊接应力的影响。

② 管道安装要确保不对机器产生附加应力，做到自由对齐，在自由状态下检查法兰的平行度和同轴度。

③ 与传动设备连接的管道支架、吊架安装完毕后，应卸下设备连接处的法兰螺栓，在自由状态下检查法兰的平行偏差，其平行度允许偏差为 $\leqslant 0.15mm$，螺栓能自由穿入。

④ 传动设备入口管，在系统吹扫前不得与设备连接，应用有标记的盲板隔离。

（4）阀门安装

① 安装前，应核对阀门的规格、型号、材质，并清理干净，保持关闭状态，搬运、存放、吊装阀门时，应注意保护手轮，防止碰撞、冲击，吊装阀门时，严禁在手轮上或手柄上、螺杆上捆绑绳扣。

② 阀门安装前，按介质流向确定其安装方向。

③ 截止阀、止回阀、节流阀等应按阀门的指示标记及介质流向，确保其安装方向正确。

④ 阀门安装时，手轮的方向应按设计要求安装且应便于操作，水平管道上的阀门，其阀杆一般应安装在上半周范围内，安全阀两侧阀门的阀杆，可倾斜安装或水平安装，除有特殊规定外，手轮不得朝下。

⑤ 安全阀安装时，应注意其垂直度，在管道投入运行之前及时调校，开启和回座压力符合设计要求，调校后的安全阀，应及时铅封。

⑥ 法兰或螺纹连接的阀门应在关闭状态下安装，对焊式阀门在焊接时不应关闭，并在承插端头留有 $0.5 \sim 1mm$ 间隙，防止过热变形。

（5）法兰安装　法兰连接应与管道同心，并应保证螺栓自由穿入，法兰螺栓孔应跨中安装，法兰间应保持平行，其偏差不得大于法兰外径的 1.5%，且不得大于 $2mm$，不得用强紧螺栓的方法消除歪斜。

（6）伴热管安装

① 伴热管与主管、伴热管之间应平行安装，且应自行排液。

② 水平伴热管宜在主管斜下方或靠近支架的侧面，垂直伴热管应均匀分布。

③ 伴热管的固定要用镀锌铁丝绑扎，直管段绑扎间距按伴热管规格 $DN15$、$DN20$、$\geqslant DN25$ 分别为 $1000mm$、$1500mm$、$2000mm$，弯头处不得少于 3 个绑扎点。

④ 当碳钢伴管对不锈钢主管伴热时，两者间绑扎处应按设计或规范要求加隔离垫。

（7）支架、吊架安装

① 支架、吊架位置应按设计要求准确无误安装，安装平整牢固，与管子接触紧密，根据现场实际情况可适当调整管架位置和形式，如果需要埋设小型支架，可用膨胀螺栓或焊接的方法来固定。

② 不锈钢管道不得与碳钢支架直接接触，要加垫板，管廊小口径不锈钢管道与结构间应加隔离垫板。

③ 支架、吊架支撑在设备上时均应加设垫板，其材质要与设备材质一致。

④ 支架、吊架焊道长度及高度应符合设计要求。

⑤ 对于进行应力计算的管道应严格按原设计的管架形式、位置进行安装，如因特殊原因要修改，必须由设计工程师重新计算确认。

⑥ 所有假管支托都应开透气孔。

⑦ 滑动支架、导向支架的滑动面应清洁平整，不得有歪斜和卡涩现象，安装位置应向位移方向相反方向偏移 1/2 的位移值。

⑧ 吊架安装时，吊杆一般垂直安装，但有热位移的管道吊点应设在位移的相反方向，按位移值的 1/2 偏位安装。

⑨ 弹簧支架在安装时，要注意先核对弹簧支架安装高度是否正确，然后再确定管道支腿等辅助支架，弹簧支架不能拿来就按原样安装。一般情况下，弹簧支架出厂时，因为运输需要，将中心旋杆调到最低点，甚至顶到底板上，比安装高度小，应调节到安装高度再安装，如果直接安装会造成弹簧支架无法正常工作，严重时会影响装置开工，造成严重后果，弹簧支架的定位销在管道试压完，装置试车前拆卸。

（8）管道焊接检验

① 管道焊接工作开始前，应编制相应的焊接工艺评定，并编写焊接作业指导书，对焊工进行技术交底。

② 施焊人员应有相应位置的焊工合格证，并且应在有效期内。

③ 焊接材料应有质量证明书和合格证，且外观无药皮脱落、锈斑、潮湿等现象。

④ 焊接方法：对于管子公称直径在 2in（1in＝25.4mm）以上的，要进行氩弧焊打底，电焊盖面；而对于管子直径在 2in 以下的要进行氩弧焊打底，氩弧焊盖面，即全部氩弧焊焊接。

⑤ 不锈钢或异种钢焊接时，管内应通氩气保护。

⑥ 若在下列环境中施焊，都必须采取防护措施，否则应停止焊接作业。

a. 焊条电弧焊焊接时，风速等于或大于 8m/s；气体保护焊焊接时，风速等于或大于 2m/s。

b. 相对湿度大于 90％。

c. 下雨或下雪。

⑦ 不锈钢管焊道在焊接完成后，需要进行酸洗、钝化处理。

⑧ 已进行过热处理的设备、管道，焊道上不得再进行焊接作业，如必须动焊时，需与有关的技术人员联系。

⑨ 施工过程中，及时做好焊口标识工作，做好焊接记录，并在单线图上进行标识，

建立数据库。

⑩ 射线检验要求如下。

a. 按照设计提供的管道焊缝检验比例及合格标准进行检测，在能检测的焊缝中，固定焊口检测比例不得少于检测数量的40%，且不少于一道焊口。

b. 管道焊接接头无损检测后焊缝缺陷的等级评定，应符合 NB/T 47013.1～47013.13—2015（JB/T 4730）《承压设备无损检测［合订本］》的规定。

（9）产品保护

① 在运输搬运管道时，为防止防腐油漆的损坏，预制安装管道时，管道、管件的下面要垫方木，任何人不得在管段上行走，不得用硬物磕碰防腐层。

② 管廊上串管时要使用自制滑道，尽量避免硬拉破坏油漆。

③ 管段组对焊接完毕后，焊工应立即将焊道清理干净，管内不得有焊渣、药皮、氧化铁等脏物。

④ 预制完成和安装未完成的管道两端用塑料布进行封闭，避免脏物进入管内。

⑤ 对安装好的仪表，尽可能将其包扎好，避免碰撞。

五、质量管理和保证措施

1. 向施工班组进行详细的施工技术交底，使施工人员明白项目质量目标、施工方法、施工质量控制重点和难点。

2. 进行必要的焊接工艺评定，开展特殊工种的培训考试工作，做到焊接工艺评定覆盖率100%，特殊工种上岗持证率100%。

3. 所有进库材料、配件都必须经过检验，有合格证及质保书，严禁不合格材料进入施工现场。

4. 材料堆放应按规格、材质整齐堆放，立牌作好标识，严禁混放，用道木垫起，防止水淹。材料发放时应做好详细地发放台账记录，并由当事人本人签字，做到材料领用发放具有可追溯性，对于特殊要求的管材要专门堆放，做好标识和发放记录。

5. 要做好过程监控，严格按照质量检验计划的要求对现场质量进行控制。发现问题，及时整改，严格按照施工图纸，施工规范和施工技术文件进行施工，任何现场修改，材料代用都必须取得设计同意，并有书面凭据，严禁自行改变施工图纸或降低使用标准。

6. 组织人员进行现场工艺、纪律检查，发现问题，应立即进行处理，并提出措施，避免类似问题再次发生。

7. 各部门、各班组的施工资料应与现场实际施工情况相吻合，上报的交工资料不能滞后，要与现场的进度同步。

8. 建立一套完整的奖惩制度，对质量好的予以奖励，对质量差的，除要求其整改外，还必须进行处罚。对焊接合格率达不到要求的焊工，清除管道施工班组。

9. 坚持每天早上举行班前质量会议，加强质量宣传工作，坚决贯彻"质量第一、质量终身制"的方针。

10. 管道工程质量保证体系见图1。

11. 工业管道安装工程质量检验计划见表12。

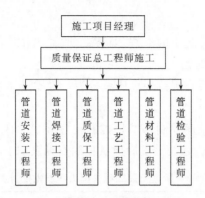

图 1　管道工程质量保证体系

表 12　工业管道安装工程质量检验计划

序号	检验点	检验项目	检验级别		
			自检	专检	监检
1	管件、管材、阀门、焊材的检验	管材、管件、阀门支架、吊架、弹簧、焊材	√	√	√
		安全阀调试	√	√	√
		阀门试压	√	√	√
2	管道加工	管材下料部件制作	√	√	√
		管道预制	√	√	√
3	管道安装	管道安装	√	√	√
		直管口组对	√	√	√
		马鞍口割口组对	√	√	√
		支架、吊架安装	√	√	√
		附件安装(阀门补偿器,接地)	√	√	√
4	管道焊接	焊接工艺评定	√	√	√
		焊工资格确认	√	√	√
		焊接质量	√	√	√
		无损检测	√	√	√
		热处理	√	√	√
5	管道系统试验	压力试验	√	√	√
		真空试验	√	√	√
		泄漏试验	√	√	√
6	管道吹洗	吹扫与脱脂	√	√	√
		管道复位	√	√	√
7	管道涂漆	除防锈漆	√	√	√

12. 开工前技术人员首先应进行全面技术交底,要求施工人员严格按规范及施工图要求施工。

13. 要进一步落实各级质量责任制,明确各级管理人员及操作工人的质量职责,并与个人经济利益挂钩,提高职工自我管理的质量意识。

14. 做好材料的检查验收工作,严把材料质量关,避免因材料给工程带来的不必要的隐患。

15. 认真做好工序施工过程中的巡查、跟踪、监督工作，严格执行自检、互检、监检的三检制，及时发现问题及时纠正。

16. 严格按程序文件办事，规范现场质量行为，以质量体系有效运作作为质量预控的有效保证。

17. 设置施工质量关键工序控制环节，控制工序及 A、B、C 三级质量控制点，严格按质量控制点进行检查和报验，关键工序质量控制点见表 13。

表 13　管道安装工程关键工序质量控制点

序号	质检名称	质检等级	序号	质检名称	质检等级
1	材料进场检查	BR	11	安全阀调试定压	AR
2	焊接前检查	BR	12	试压前管道安装检查	BR
3	预制安装	BR	13	强度试验	AR
4	高压管加工后检查	BR	14	严密性试验	AR
5	补偿器安装检查	BR	15	泄漏性试验	AR
6	高压管件检查	CR	16	吹扫检查	AR
7	管支架、吊架安装检查	C	17	伴热检查	CR
8	弹簧支架、吊架调整	BR	18	化学清洗、钝化、充氮保护检查	AR
9	管道无应力连接检查	B	19	隐蔽工程检查	AR
10	静电接地测试	CR			

注：1. A—建设单位、监理单位、施工单位的质量控制人员共同检查确认。

2. B—监理单位、施工单位的质量控制人员共同确认。

3. C—施工单位的质量控制人员检查确认。

4. R—提交检查记录。

18. 管道安装质量通病及防治措施见表 14。

表 14　管道安装质量通病及防治措施

序号	名称	现象	原因分析	控制措施
1	法兰接口	滴漏返潮	①法兰端面与管道中心不垂直 ②垫片不合格 ③螺栓未紧固	①法兰安装要注意对齐 ②垫片要符合图纸要求 ③螺栓对称紧固,分多次紧固完毕
2	架空管道	管道不平行,坡度不明确,支架不符合要求	①不按图纸施工 ②没有注意管道平齐原则	①严格按图施工 ②管道安装注意平齐,以建筑物为参照
3	管道焊接	碳钢管接口渗漏	焊缝缺陷	注意焊接工艺焊材,按焊接工艺指导书进行
4	不锈钢安装	不锈钢管道内部氧化	①没有充氩保护 ②焊接参数不正确	①不锈钢管道焊接一定要充氩保护 ②按焊接参数正确焊接
5	热处理	硬度值高于母材	热处理温度未到,恒温时间不够	严格按热处理参数进行
6	管架安装	支架不起作用,使管道受损	①支架形式不正确 ②未按图施工 ③管架固定不牢	①分清管道的支架用途 ②严格按图施工 ③管架要固定牢固

序号	名称	现象	原因分析	控制措施
7	阀件安装	阀门影响使用	①阀门型号选用不正确 ②没按图纸要求施工	①正确识别阀门型号 ②注意阀门安装方向,正确施工

六、安全技术措施及文明施工

1. 所有进入施工现场的人员都必须戴安全帽,着装整齐。

2. 登高作业要系好安全带。

3. 应经常检查脚手架、跳板的使用状况,如有松动、下沉、严重锈蚀,应及时处理。

4. 施工现场用电要一机一闸一保护。

5. 雨雪天,在露天工作环境下,尽可能地避免使用电动工具。

6. 严禁在风力六级及六级以上时进行高空作业。

7. 用于吊装管子、管件的倒链、索具等要认真检查,有问题的要处理好之后方可使用,吊装时,一定要捆绑牢固,吊装过程要平缓进行,防止发生窜管现象,以免造成人员、设备、管道伤害。

8. 脚手架搭设要牢固可靠,并设防护栏杆和斜支撑。

9. 起重作业要旗语鲜明,统一指挥,起重人员要持证上岗。

10. 现场施工垃圾及生活垃圾要及时清理,保持现场文明、清洁,酸洗过后的残液不要乱排,尽量收集在一起进行处理,排放到指定地点。

参考文献

[1] 谢忠武、刘勃安、谢英慧等编.石油化工设备安装施工手册.北京：化学工业出版社，2012.

[2] 中国石化公司修订.石油化工设备维护检修规程：第一册通用设备.北京：中国石化出版社，2004.

[3] 任晓善主编.化工机械维修手册：下卷.北京：化学工业出版社，2004.

[4] 李庄主编.化工机械设备安装调试、故障诊断、维护及检修技术规范实用手册.吉林：吉林电子出版社，2003.

[5] 苏军生主编.化工机械维修基本技能.北京：化学工业出版社，2006.

[6] 靳兆文主编.化工检修钳工实操技能.北京：化学工业出版社，2010.

[7] 张麦秋，傅伟主编.化工机械安装与修理.第2版.北京：化学工业出版社，2010.

[8] 马金才，葛亮主编.化工设备操作与维护.北京：化学工业出版社，2009.

[9] GB 50236—2011.

[10] SH 3542—2007.

[11] 范树孙主编.压力管道作业人员培训教材.北京：中国标准出版社，2012.

[12] 胡安定主编.石油化工厂设备检查指南.北京：中国石化出版社，2009.